中国高等教育学会工程教育专业委员会
新工科“十三五”规划教材
阿里物联网技术与系统丛书
浙江省普通高校“十三五”新形态教材

物联网平台 Link Platform探索与实践

陈积明　史治国　贺诗波　编著

ZHEJIANG UNIVERSITY PRESS
浙江大学出版社

图书在版编目（CIP）数据

物联网平台 Link Platform 探索与实践 / 陈积明，史治国，贺诗波编著． -- 杭州：浙江大学出版社，2020.3

ISBN 978-7-308-20073-8

Ⅰ．①物… Ⅱ．①陈… ②史… ③贺… Ⅲ．①互联网络—应用—研究②智能技术—应用—研究 Ⅳ．①TP393.4 ②TP18

中国版本图书馆 CIP 数据核字 (2020) 第 037795 号

物联网平台 Link Platform 探索与实践

陈积明　史治国　贺诗波　编著

责任编辑　黄娟琴

责任校对　刘郡

封面设计　续设计

出版发行　浙江大学出版社

（杭州市天目山路148号　邮政编码　310007）

（网址：http://www.zjupress.com）

排　　版　杭州林智广告有限公司

印　　刷　杭州高腾印务有限公司

开　　本　787mm×1092mm　1/16

印　　张　16

字　　数　332千

版 印 次　2020年3月第1版　2020年3月第1次印刷

书　　号　ISBN 978-7-308-20073-8

定　　价　49.00元

浙江大学出版社市场运营中心联系方式：0571-88925591；http://zjdxcbs.tmall.com

序言

在本书付梓之际，首先对作者表示祝贺。目前业内有关物联网平台技术、理论与实践相结合的书籍少之又少，作者先前出版的《物联网操作系统AliOS Things探索与实践》探讨了阿里物联网操作系统的技术与实践，为物联网系统中“端”的重要技术内容，本书则为物联网系统中“云”的相关技术介绍和实践说明。“云”与“端”的结合涵盖了物联网技术体系中的两个重点模块，沉淀有物联网体系大量的核心技术内容。

物联网是继互联网之后的又一次技术革命浪潮，相信人们对这个领域的前景充满信心，它所带来的变化是我们在生活中就能切身感受到的。但是，在物联网大规模海量应用方面，还存在着不少挑战，特别是物联网技术栈复杂，开发周期长，对初学者而言具有一定难度。其中，对任何场景的物联网系统搭建而言，物联网平台都是必不可少的重要组件，它可以在很大程度上简化整个开发过程。本书作者深入浅出地从技术上详细解读了阿里云物联网平台的组成，并且为平台各功能模块提供了丰富的实践例程，读者能以此快速掌握平台的使用。

相信此书能够为了解和学习使用物联网平台的读者带来帮助。

Xuemin (Sherman) Shen

IEEE Internet of Things Journal主编

IEEE Fellow

加拿大工程院、加拿大皇家科学院院士

中国工程院外籍院士

前言

近年来，随着人工智能、大数据和云计算等技术的迅速发展，作为信息基础设施的物联网又一次成为信息产业的新浪潮。据联发科测算，全球PC互联网时代的联网设备仅为10亿量级，移动互联网时代的联网设备约有数十亿量级，而物联网时代的联网设备将达到500亿的量级。据麦肯锡预测，到2025年，物联网在全球产生的潜在经济影响将达到3.9万亿~11.1万亿美元。这也使物联网成了各大互联网公司的布局新重点。阿里巴巴集团资深副总裁、阿里云总裁胡晓明在2018云栖大会深圳峰会上宣布："阿里巴巴将全面进军物联网领域，IoT是阿里巴巴集团继电商、金融、物流、云计算后新的主赛道。"

在传统的物联网应用开发过程中，下至设备底层，上至云端应用，都需要技术人员自行开发。开发一个物联网应用需要相当强大的人员支持和资源支持，对研发能力要求高，所需开发时间长，这在很大程度上制约了物联网应用的规模化发展。为应对这一困境，物联网平台应运而生。物联网平台向下接入分散的传感设备，以汇集海量传感数据；向上为开发者提供应用开发的基础性平台和面向网络的统一数据接口，以支持物联网应用开发。物联网平台的出现使得物联网应用解决方案的快速实现成为可能，并从开发难度、功能性能和稳定可靠性等多方面提供了服务和保证。

物联网平台Link Platform是阿里云针对物联网开发人员推出的一款设备管理平台，提供安全可靠的连接通信能力，支持连接海量设备的数据采集上云，并通过云端API调用下发指令数据，实现设备的远程控制。同时，Link Platform还提供其他增值能力，如设备管理、规则引擎、数据分析、边缘计算等，为各类物联网场景和行业开发者赋能。

编写本书的意义在于帮助广大物联网应用开发者更快地了解Link Platform的架构和功能，掌握Link Platform的使用方法，并将Link Platform应用于实际项目开发之中，缩短项目的开发周期。本书的主体内容包括对Link Platform各大组件功能的详细介绍以及相应的配套实践例程，让读者通过实践理解并掌握相关知识。本书第1章对物联网平台进行了概述，讨论了物联网的技术架构以及物联网平台的功能优势；第2章详细介绍了相关开发环境的搭建，为后续实验打好基础；第3章是两个热身性的实践例程，帮助读者快速上手，体验将设备接入物联网平台Link Platform的过程；第4~6章分别对Link Platform的IoT Hub组件、设备管理组件以及规则引擎组件进行了重点讲解；第7章介绍了用户服务端获取设备上行消息与主动下发消息的开发方法；第8章给出了3个综合实践例程。

本书依托浙江大学阿里巴巴前沿技术联合研究中心物联网实验室，全书由陈积明、史治国和贺诗波编写与统稿，参加本书编写的其他人员还包括浙江大学的任彤、刘波、王治浩、胡康。本书编著过程中得到了浙江大学本科生院的大力支持，在此表示感谢。

由于编者水平有限，成书时间紧，书中难免存在不足或疏漏之处，敬请读者批评指正。由于平台的更新迭代，平台可能有少许内容与书稿略有出入，也请读者谅解。

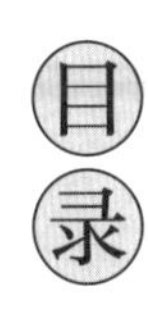

第1章 物联网平台概述

1.1 物联网发展历程

物联网概念最早出现于比尔·盖茨1995年编写的《未来之路》一书。在该书中，比尔·盖茨展望了未来世界可能出现的黑科技，描绘了一个物物互联的世界。美国麻省理工学院的Auto-ID中心于1999年提出了“物联网（Internet of Things, IoT）”术语，但当时的物联网主要是指依托射频识别（Radio Frequency Identification, RFID）技术的物流网络。随着技术的发展，2005年，国际电信联盟发布了《ITU互联网报告2005：物联网》，该文件正式定义了物联网，使物联网不再只是基于RFID技术，扩展了物联网的涵盖范围，并展望了物联网时代的美好前景。

物联网发展的另一个重要时间节点是2009年，IBM首席执行官彭明盛在奥巴马总统的“圆桌会议”上提出“智慧地球”概念，建议美国政府投资新一代智慧型基础设施。同年8月，我国时任国务院总理温家宝在视察中科院无锡高新微纳传感网工程技术研发中心时提出“感知中国”的战略构想，表示中国要抓紧发展物联网技术与产业，此后，全国上下掀起了物联网研究与应用的浪潮。2016年，我国发布的“十三五”规划纲要明确要求“发展物联网开环应用”，加强对通用协议和标准的研究，推动物联网不同行业、不同领域应用间的互联互通、资源共享和应用协同。2017年，工信部又提出要加大对物联网产业发展的扶持力度，目标是2020年物联网总体产业规模突破1.5万亿元。

在各国政府的高度重视下，物联网概念从提出至今获得了较快发展，广泛应用于智慧城市、智慧交通、智慧家居、智慧农业等领域，被称为是继计算机、互联网之后世界信息产业的第三次浪潮。目前较为公认的物联网的定义为：物联网是通过射频识别、各种类型的感应器、全球定位系统、激光扫描仪等信息传感设备，按照约定的协议，将任意物品连接到网络，进行通信和信息交换，以实现智能化识别、定位、跟踪、监控和管理等一系列任务的一种网络。物联网的应用将大大扩展信息通信的维度和深度，为人与人、人与物以及物与物之间带来全新的信息交互方式。

1.2 物联网技术架构

常见的物联网技术体系架构如图1–1所示，自下而上分为四个层次：感知层、网络层、平台层和应用层。

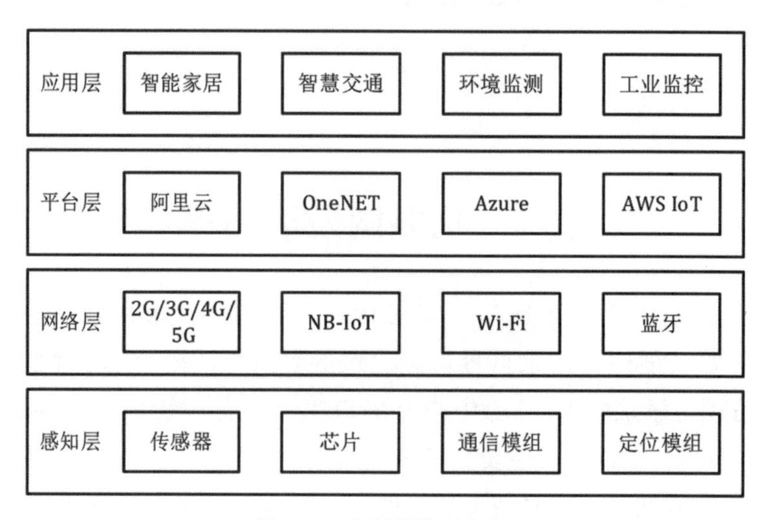

图1–1 物联网体系架构

感知层是实现物联网全面感知的基础，一般包括集成在终端设备中的传感器、芯片、模组等硬件及相应的软件系统，主要负责感知和识别物体，收集和获取信息。根据传感器类型的不同，这些信息可以是位置、温度或者运动状态等。物联网终端纷繁复杂的微处理器，以及传感器电气接口和访问协议的碎片化，阻碍了物联网应用行业的迅速发展，因此，近年来面向解决这些碎片化问题的物联网操作系统作为一种新型的关键技术受到了广泛的关注。目前物联网领域中已经涌现出Amazon FreeRTOS、AliOS Things、Huawei LiteOS等多个物联网操作系统。

网络层是实现万物互联及接入互联网的关键，一般指各种通信网与互联网形成的融合网络，主要负责通过不同的传输介质在感知层与平台层之间安全地传递信息，可能是有线网络接入、总线方式接入或者是无线网络接入。近年来，面向物联网的无线连接技术层出不穷，近距离的连接方式有蓝牙、超宽带、NFC（Near Field Communication，近场通信）等，中等距离的有ZigBee、Wi–Fi等，广域连接技术有传统的2G/3G/4G/5G，以及新一代连接技术LoRa、NB–IoT等。

平台层是实现物联网设备接入管理、操作系统及应用开发以及增值服务管理的基础，向下主要负责接入分散的物联网感知层，进行接入管理，汇集传感数据；向上负责提供面向应用服务开发的基础性平台和面向底层网络的统一数据接口，并通过提供标准化的API（Application Programming Interface，应用程序接口）方便物联网应用的开发。

应用层是物联网与用户的接口，通过将物联网技术与垂直行业应用场景相结合，实现信息技术与各行业的深度融合，实现万物互联的丰富应用，进而为国民经济和社会发展带来广泛而积极的影响。

1.3 物联网平台

在学习物联网平台之前，首先介绍一下云计算。云计算概念为2006年由谷歌首席执行官埃里克·施密特（Eric Emerson Schmidt）提出，是分布式计算、并行计算、网格计算、效用技术、网络存储、虚拟化和负载均衡等传统计算机技术和网络技术融合发展的产物，旨在通过基于网络的计算方式，组织和整合共享的软件/硬件资源和信息，并根据其他计算机和系统的使用需求提供这些资源和信息。

云计算提供IaaS（Infrastructure as a Service，基础设施即服务）、PaaS（Platform as a Service，平台即服务）和SaaS（Software as a Service，软件即服务）这三个层次的服务，如图1–2所示。

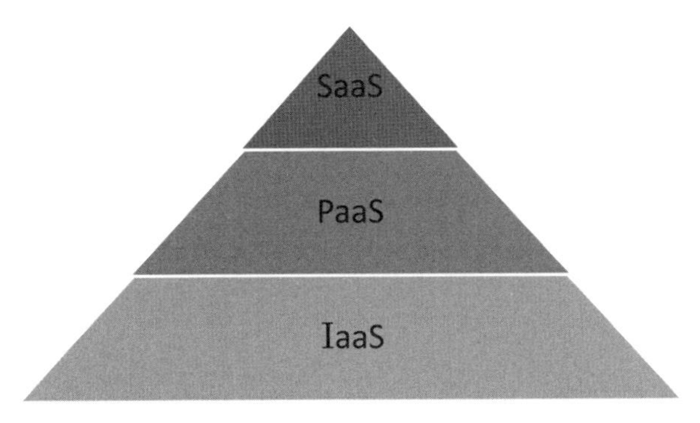

图1–2 云计算三层结构

IaaS是在基础设施层提供的服务，主要包括计算机、服务器、通信设备、存储设备等。IaaS通过虚拟化技术，将各计算设备统一虚拟化为虚拟资源池中的计算资源，将各存储设备、网络设备统一虚拟化为虚拟资源池中的存储资源和网络资源。当用户订购这些资源时，IaaS根据用户的需求提供相应份额的计算、存储或网络能力。PaaS位于IaaS之上，提供用于软件开发和运营的平台，并将平台作为服务提供给用户。SaaS通过互联网提供软件服务，也就是说用户只需要支付费用，就可以通过互联网享受相应的服务，无须耗费大量人力、物力进行软硬件的开发，也无须操心服务系统的运维。

云平台的出现是必然的。最初，物联网应用中从设备底层到云端应用的开发都完全由技术人员自行完成，需要相当强大的技术人员和研究资源支持，对研发能力和开发时间都是不小的挑战，这大大制约了物联网尤其是物联网领域应用的发展。在这样的背景下，一些运营商、互联网企业以及物联网企业发现，物联网应用在安全、运营和管理等方面存在很多共性的需求，于是他们开始提供这样一些能力、组件、工具和基础设施。后来，随着“云化”“平台”和“服务”的理念越来越普及，又有企业想到以云服务的方式为开发者提供平台，将这些功能都集成到平台中，支撑开发者在平台上开发物联网应用，物联网平台因此产生。

物联网平台使物联网应用解决方案的快速实现成为可能，从开发难度、功能性能和稳定可靠性等多方面提供了服务和保证。在整个物联网体系架构中，物联网平台处于软硬结合的枢纽位置，因此也被称为物联网的战略要塞。

近年来物联网平台发展迅速，全产业链都在参与，因此产生了众多的物联网平台，但是各个平台的侧重点有所不同，依据平台的功能可以将其分为以下四类：底层支撑平台、SIM卡管理平台、解决方案平台和垂直行业平台。

1.3.1 底层支撑平台

底层支撑平台的代表为：AWS IoT、阿里云、Azure、腾讯云、IBM、百度IoT。此类平台强调云支撑、云计算能力，一般提供物联网的硬件系统支撑，同时拥有广泛的API供客户调用。此类平台一般由公有云厂商提供，它们利用自身云方面的优势，提供终端、网关和云端的API，下游以物联网平台解决方案公司和行业大型客户为主。

1. AWS IoT

AWS IoT使连接了Internet的设备（如传感器、制动器、嵌入式微控制器或智能设备）能够连接到AWS云，并使云中的应用程序能够与连接了Internet的设备进行交互。

AWS IoT包括设备网关、消息代理、规则引擎、安全和身份服务、Device shadows等组件，如图1-3所示。其中，设备网关负责使设备能够安全高效地与AWS IoT通信。消息代理（Message broker）负责提供安全机制以供设备和AWS IoT应用程序相互发布和接收消息。规则引擎（Rules engine）负责提供消息处理及与其他

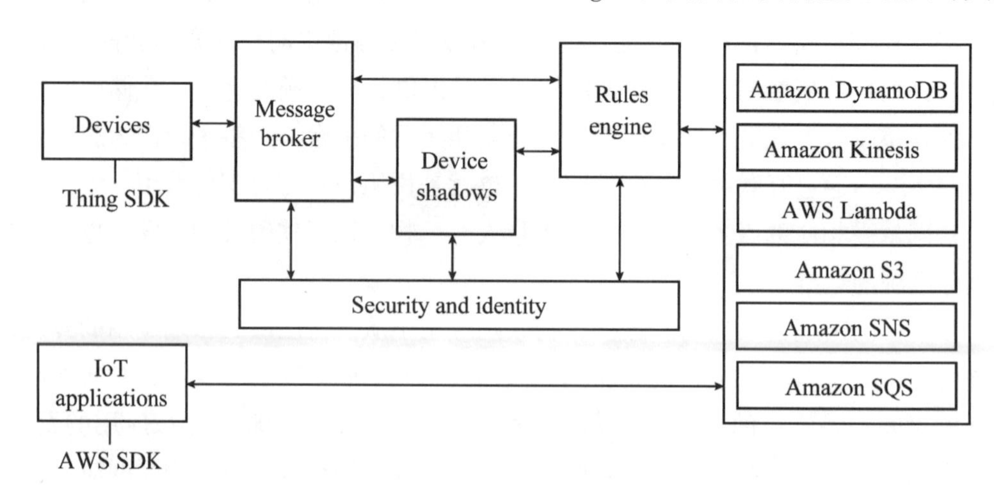

图1-3 AWS IoT平台架构

AWS服务进行集成的功能。用户可以使用基于SQL的语言选择消息负载中的数据，然后处理数据并将数据发送到其他服务如Amazon Simple Storage Service、Amazon DynamoDB 和 AWS Lambda；用户还可以使用消息代理面向其他订阅者重新发布消息。安全和身份服务（Security and identity）在AWS云中负责安全责任，为了安全地将数据发送到消息代理，必须确保设备自身凭证的安全以及消息代理和规则引擎将数据发送到设备或其他AWS服务的安全。Device shadows是JSON格式的文档，用于存储和检索设备的当前状态信息。

2. 阿里云

阿里云物联网平台提供安全可靠的连接通信能力，向下接入海量设备，实现设备数据的采集；向上提供云端API接口，用户可以通过调用API向设备下发指令数据，实现对设备的远程控制。此外，该物联网平台还提供了其他增值能力，如设备管理、规则引擎、数据分析、边缘计算等，为各类IoT场景和行业开发者赋能。阿里云物联网平台架构如图1-4所示。

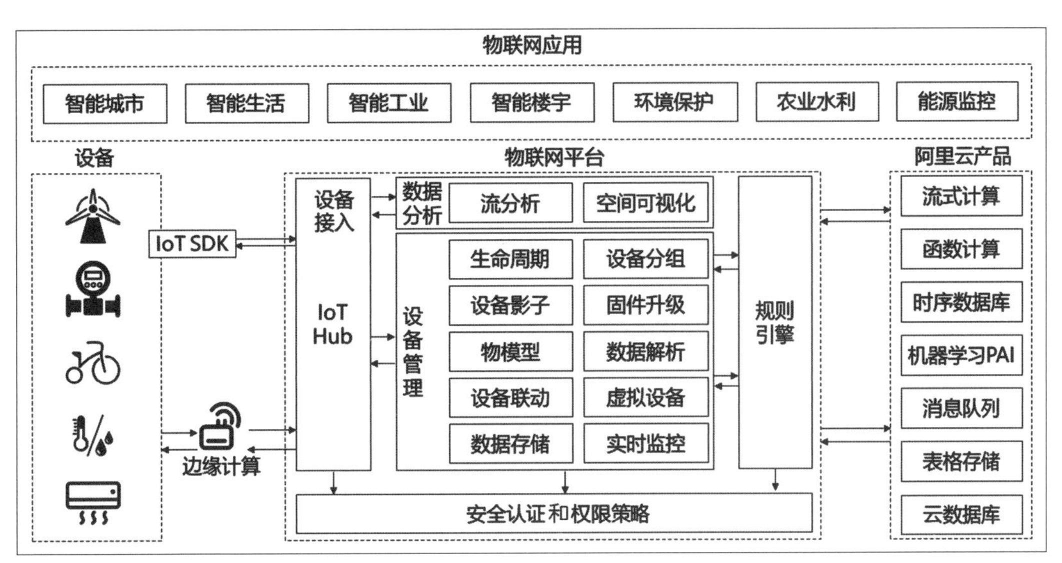

图1-4　阿里云物联网平台架构

3. 百度IoT

百度物接入IoT Hub提供全托管的云服务，帮助在设备与云端之间建立安全可靠的双向连接，服务海量设备的数据采集、监控、故障预测等应用场景。该平台架构如图1-5所示，设备端可以通过集成Edge-SDK或开源的MQTT client连接到云端上对应的物影子并进行消息收发，以实现设备数据的上报以及对设备的控制，同时还可以与其他产品协作完成历史数据的存储化展示等需求。

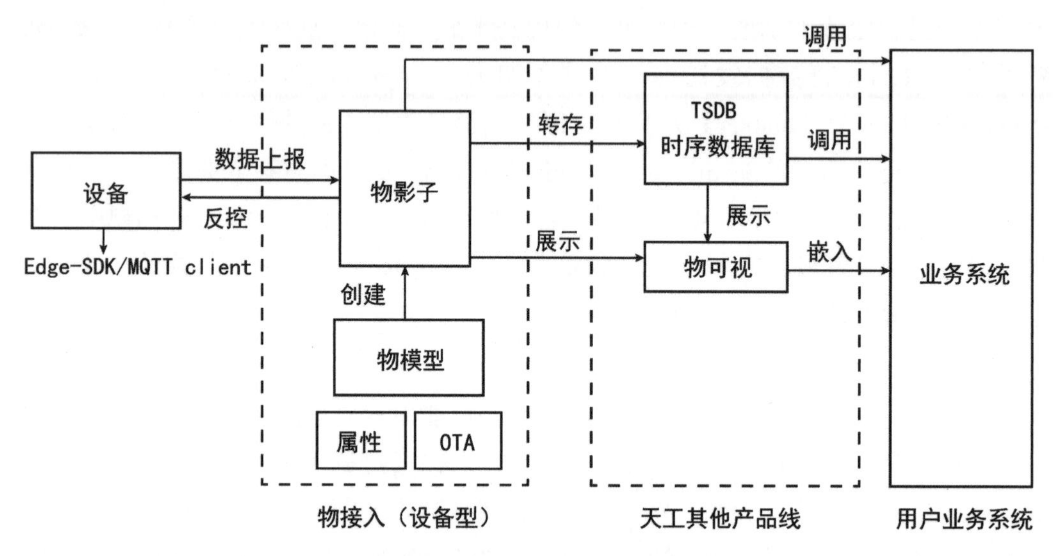

图1-5 百度物接入IoT Hub架构

1.3.2 SIM卡管理平台

SIM卡管理平台的代表为：思科Jasper、爱立信DCP。此类平台强调连接管理，依托运营商合作，提供物联网SIM卡管理服务。

1. 思科Jasper

思科Jasper的物联网云平台 Control Center是一个连接管理平台，聚焦于物联网服务的全生命周期管理，提供物联网应用上线、管理和收益三个阶段的服务，让用户可以通过可视化界面管理覆盖全球的物联网资产。该平台功能包括连接管理（SIM卡生命周期管理、连接及自诊断）、业务管理（自定义规则设置、业务扩展）、计费和成本管理等。Jasper目前已经与全球超过25家移动网络运营商合作，连接服务覆盖全球100多个国家和地区。全球有17000余家企业在使用Jasper的Control Center云平台，以快速且经济高效地部署、管理物联网服务，目前中国联通使用的就是这个平台。

2. 爱立信DCP

2011年，爱立信在巴塞罗那移动通信世界大会上推出了物联网设备连接平台DCP（Device Connection Platform），面向全球各大运营商提供物联网设备连接管理服务。目前爱立信DCP已经与全球37家运营商合作，为超过3000家企业提供了按需自主可管理的、全球化的物联网设备连接管理服务，具备“连接状态，实时掌控”“可靠与安全”等优势。

1.3.3 解决方案平台

解决方案平台的代表为：华为、机智云、中国移动OneNET。此类平台集成了云管端的所有功能，希望提供软硬件全面解决方案。一般通过提供套件的方式，包括终端和云端的API，以及终端模组、网关等硬件，方便用户快速创建实例。目前此类平台在物联网平台中所占比例最大，竞争激烈，但仍呈现碎片化局面。

1. 机智云

机智云平台作为一站式智能硬件开发和云服务平台，不仅面向企业，而且面向个人开发者，它能够提供产品定义、设备开发、云端开发、数据服务、运营管理、应用开发、产品测试等全生命周期的服务能力。此外，机智云平台还提供自助式智能硬件开发工具、SDK（Software Development Kit，软件开发工具包）与开放的云端API服务能力，以降低物联网硬件开发门槛，帮助实现硬件的智能化升级，加快产品的开发速度，降低开发成本。机智云平台架构如图1-6所示。

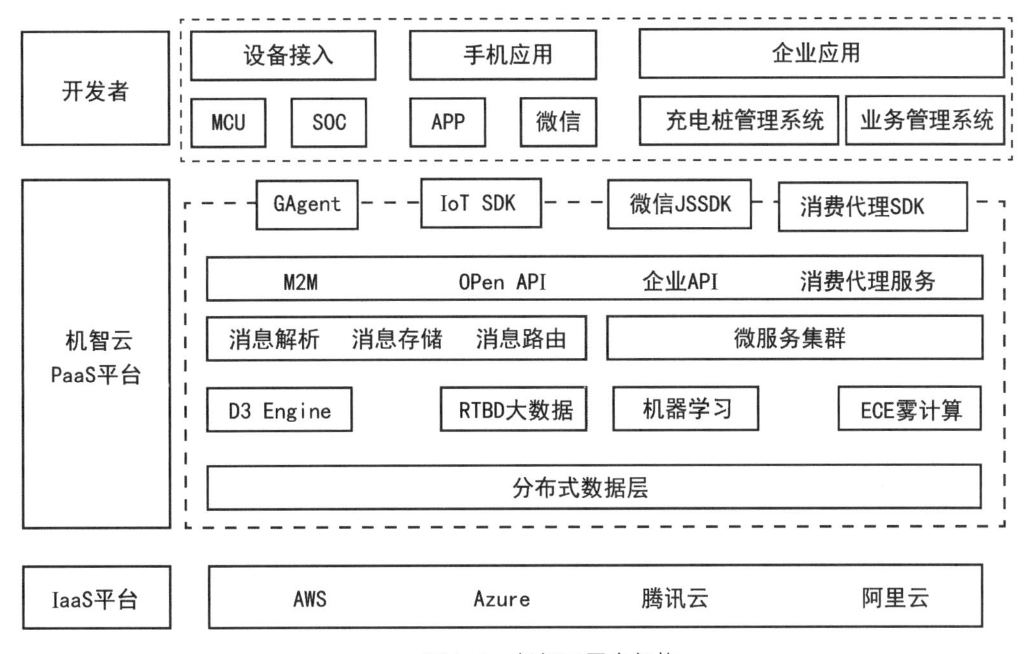

图1-6　机智云平台架构

2. 中国移动OneNET

中国移动物联网开放平台OneNET定位为PaaS服务，在物联网应用和真实设备之间搭建高效、稳定、安全的应用平台，其架构如图1-7所示。该平台面向设备，适配多种网络环境和常见传输协议，提供各类硬件终端的快速接入方案和设备管理服务；面向企业应用，提供丰富的API和数据分发能力以满足各类行业应用系统的开发需求，使物联网企业可以更加专注于自身应用的开发，而不用将工作重心放在设备接入层的环境搭建上，从而缩短物联网系统的形成周期，降低企业研发、运营和维护的成本。

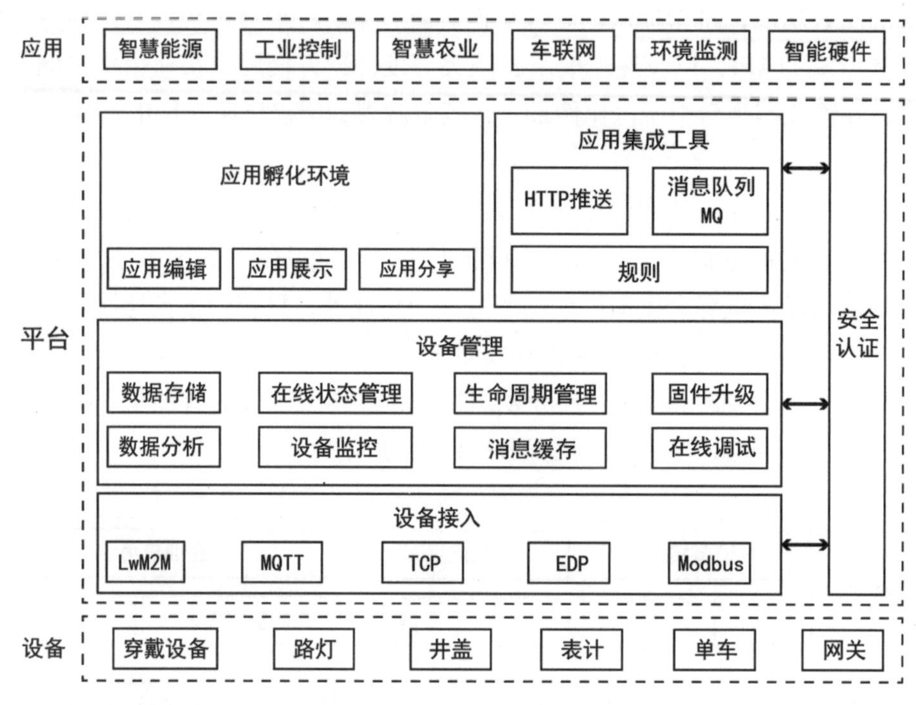

图1-7 OneNET平台架构

1.3.4 垂直行业平台

垂直行业平台的代表为：小米IoT开发者平台。此类平台以具体行业为落地点，针对行业的特别问题提出解决方案，专业化较强，推广难度较大。

小米IoT开发者平台面向智能家居、智能家电、健康可穿戴、出行车载等领域，开放智能硬件接入、智能硬件控制、自动化场景、AI技术、新零售渠道等小米特色优质资源，其开发者平台架构如图1-8所示。

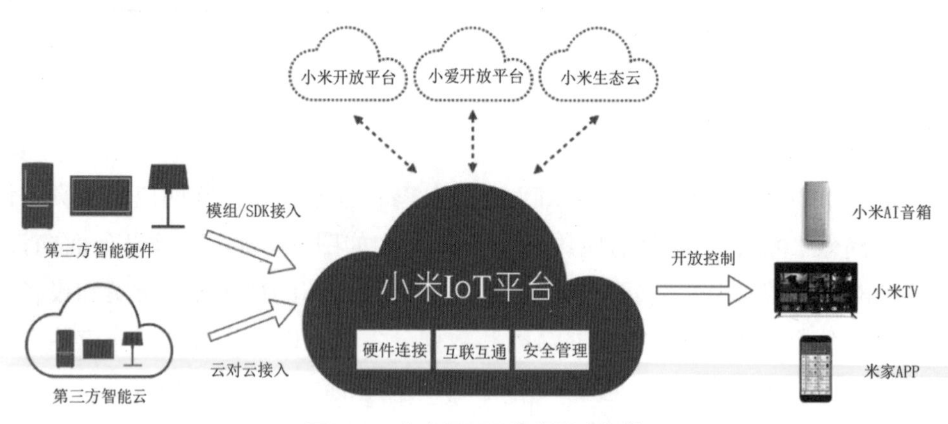

图1-8 小米IoT开发者平台架构

1.4 阿里云物联网平台

阿里云物联网平台Link Platform是阿里云面向物联网开发人员推出的设备管理平台，其强大的接入能力让设备能够与云端进行稳定的双向通信，多重的防护能力能够保障设备和云端的安全，全球多节点的部署使得全球范围内的设备都能够与云端进行低延时通信，丰富的设备管理能力能够帮助用户进行便捷的设备远程维护，稳定可靠的数据存储能力能够实现海量设备数据的存储和实时访问。此外，基于规则引擎，物联网平台还能够与其他阿里云产品打通，通过在Web上编写规则即可实现“数据采集+数据计算+数据存储”的全栈服务，实现物联网应用的灵活快速搭建。

1.4.1 阿里云物联网平台功能

传统企业基于物联网进行业务创新，通过运营设备数据来实现效益的提升，这样的做法基本上已经是行业的共识，但是企业在进行物联网转型或者建设物联网平台的过程中还是会遇到各种各样的阻碍，这严重制约了物联网的发展。阿里云物联网平台正是针对行业的痛点，提供了一系列的功能服务来帮助用户快速地建设稳定可靠、安全可控的物联网应用，平台的主要功能如下。

1. 设备接入

阿里云物联网平台支持海量设备连接上云，提供设备与云端的消息上下行通道，能够稳定可靠地支撑设备上报云端与指令下发设备的场景。阿里云物联网平台提供设备端SDK、驱动、软件包等，帮助不同设备或网关轻松接入阿里云；提供不同网络设备接入方案，例如2G/3G/4G/5G、NB-IoT、LoRa、Wi-Fi等，解决异构网络设备接入管理的痛点；提供多种协议的设备端SDK，例如MQTT、CoAP、HTTPS等，既满足设备长连接保证实时性的需求，又满足设备短连接保证低功耗的需求；同时平台还提供多种设备端开源代码，并且提供跨平台移植手册，让用户能够基于不同平台将设备接入阿里云物联网平台。

2. 设备管理

设备接入云端后，阿里云物联网平台提供完整的设备生命周期管理能力，支持设备注册、功能定义、数据解析、在线调试、远程配置、固件升级、远程维护、实时监控、分组管理、设备删除等功能。具体来说：阿里云物联网平台提供设备上下线变更通知服务，方便用户实时获取设备状态；提供设备物模型，以简化应用的开发；提供数据存储能力，方便海量设备数据的存储和用户的实时访问；提供OTA（Over The Air，空中下载）升级服务，让设备具有远程升级的能力；同时平台还提供设备影子缓存机制，将设备与应用解耦，解决无线网络不稳定情况下的通信不可靠痛点问题。

3. 安全能力

阿里云物联网平台提供多重防护，以有效保障设备云端安全。在身份认证方面，阿里云物联网平台提供芯片级安全存储方案（ID^2）及设备密钥安全管理机制，以防设备密钥被破解；提供一机一密的设备认证机制，给每个设备烧录其唯一的设备证书，当设备与阿里云物联网平台建立连接时，平台对其携带的设备证书信息进行认证，以降低设备被攻破的安全风险，适合有能力批量预分配设备证书并烧录到每个芯片的设备；提供一型一密的设备预烧，给同一产品下所有设备烧录相同产品证书，当设备发送激活请求时，阿里云物联网平台进行产品身份确认，认证通过，下发该设备对应的设备证书，适合批量生产时无法将设备证书烧录到每个设备的情况。在通信安全方面，平台支持TLS（MQTT/HTTP）、DTLS（CoAP）数据传输通道，以保证数据的机密性和完整性；支持TCP（MQTT）、UDP（CoAP）上自定义数据对称加密通道；支持设备权限管理机制，以保障设备与云端的安全通信；支持设备级别的通信资源隔离，以防止设备越权等问题的发生。

4. 规则引擎

阿里云物联网平台通过规则引擎提供数据流转和场景联动功能。用户通过配置简单的规则，即可将设备数据无缝流转至其他设备，实现设备联动。例如可以配置规则实现设备与设备之间的通信，以快速实现M2M（Machine-to-Machine）场景；或者将设备数据流转至其他云产品中，以获得存储、计算等更多服务，例如将数据转发到表格存储中，提供设备“数据采集+结构化存储”的联合方案。

5. 数据分析

阿里云物联网平台提供包括空间数据可视化和流计算在内的数据分析服务。用户可以通过导入二维或三维地图，绑定真实设备，实现设备数据在二维或三维空间上的可视化；还可以通过拖曳流计算组件，编排流计算任务，轻松地完成数据的分析与处理。

6. 边缘计算

阿里云物联网平台提供边缘计算能力，支持用户在离设备最近的位置构建边缘计算节点处理设备数据，提供多种业务逻辑的开发和运行框架，包括场景联动、函数计算和流式计算，且各框架均支持云端开发和动态部署。在断网或弱网情况下，边缘计算便可以缓存设备数据，并在网络恢复后将数据自动同步至云端。

与传统的物联网应用开发方式相比，基于阿里云物联网平台开发的优势如表1-1所示。

表 1-1 基于阿里云物联网平台开发的优势

	基于阿里云物联网平台的开发	传统的物联网应用开发
设备接入	通过提供设备端 SDK，帮助设备快速高效地连接到云端；支持全球设备接入、异构网络设备接入、多环境下设备接入、多协议设备接入	不仅需要搭建基础设施，而且需要嵌入式开发人员与云端开发人员联合开发，开发工作量大，效率低
性能	具有亿级设备的长连接能力、百万级并发的能力，同时架构支撑水平性扩展	需要自行实现扩展性架构，极难做到从设备粒度来调度服务器、负载均衡等基础设施
安全	提供多重防护保障设备云端安全：设备认证保障设备安全与唯一性；传输加密保障数据不被篡改；云盾护航以及权限校验保障云端安全	需要额外开发、部署各种安全措施，保障设备数据安全是一个极大的挑战
稳定	服务可用性 99.9%，去中心化，无单点依赖，拥有多数据中心支持	需要自行发现宕机并完成迁移，迁移过程中服务会中断，稳定性无法保障
简单易用	一站式设备管理服务，用户几乎无须开发成本即可实现实时监控设备场景，并且提供规则引擎无缝与阿里云产品打通，方便用户灵活搭建物联网复杂应用	不仅需要购买服务器搭建负载均衡分布式架构接入设备，而且还要花费大量的人力、物力去开发“接入＋计算＋存储”一整套物联网系统

早期阿里云物联网平台包括两种版本，即基础版和高级版。两者的功能略有不同，高级版物联网平台具备更加丰富的设备管理能力。自2019年4月平台功能变更之后，产品功能统一了基础版和高级版的内容，创建产品时无须再选择基础版或高级版，新建产品包括之前基础版和高级版两个版本的所有功能。本书后续内容均基于功能变更后的阿里云物联网平台展开。

1.4.2 阿里云物联网平台架构

阿里云物联网平台的架构如图1–9所示，向下连接设备，向上打通其他阿里云产品。可以看出，这一物联网平台已成为构建物联网应用的基础。

下面对图1–9中的各部分进行介绍。

1. IoT SDK

设备在集成物联网平台提供的IoT SDK后即可安全地接入IoT Hub，使用设备管理、数据分析、规则引擎等功能。注意，只有支持TCP/IP协议的设备可以集成IoT SDK。

2. 边缘计算

边缘计算能力允许用户在离设备最近的位置构建边缘计算节点，过滤清洗设备数据，并将处理后的数据上传至云平台。

3. IoT Hub

IoT Hub组件能够帮助设备连接阿里云IoT服务，为设备和云端提供发布和接收

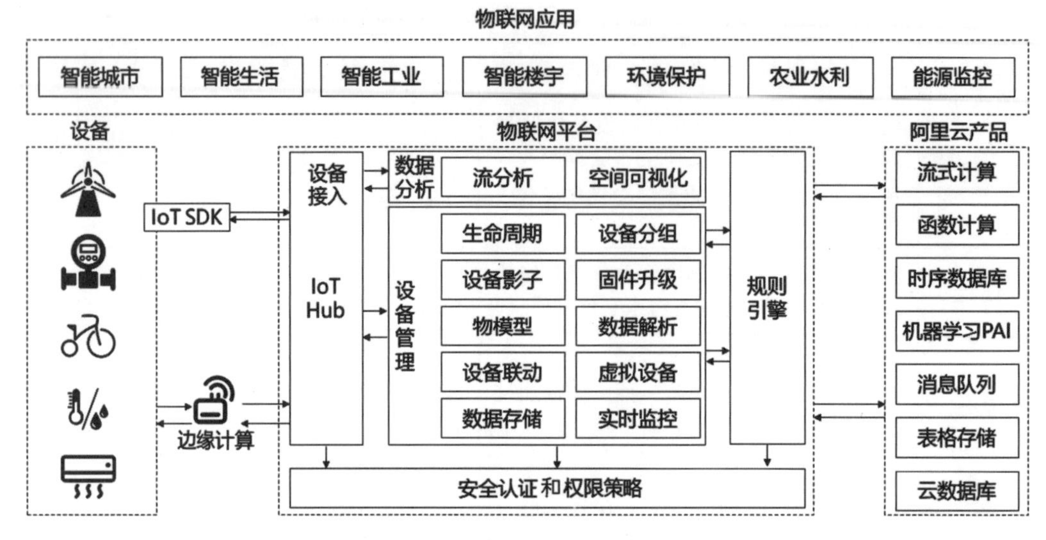

图1-9　阿里云物联网平台架构

数据的安全通道。目前支持设备以CoAP协议、MQTT协议和HTTPS协议接入。

4. 数据分析

数据分析服务包括流数据分析和空间可视化。其中，流数据分析用于设置数据处理任务，空间可视化用于将设备数据实时地在二维地图或三维模型上展示出来。

5. 设备管理

阿里云物联网平台为用户提供功能丰富的设备管理服务，例如设备生命周期管理、设备影子、固件升级、物模型等。

6. 规则引擎

规则引擎支持数据流转和场景联动，用户可以通过编写SQL语句，过滤数据，处理数据，然后配置转发规则将数据发送到其他设备或RDS（Relational Database Service，关系型数据库服务）、消息队列等阿里云服务中去。

7. 安全认证和权限策略

阿里云物联网平台提供多重防护，以有效保障设备安全和云端安全，例如平台为每个设备颁发唯一的证书，设备必须使用证书通过身份验证后才能连接到物联网平台；授权粒度精确到设备级别，任何设备只能对自己所属的Topic发布订阅消息，服务端必须凭借阿里云账号的accessKey才能对账号下所属的Topic进行操作。

本章小结

本章在介绍物联网的演进历史和技术架构的基础上，主要介绍了阿里云物联网平台的架构、功能及其在物联网开发中的优势。

本书的后续章节内容如下：第2章介绍书中各实验所需的设备端开发环境和用

户服务端开发环境的搭建。第3章基于虚拟设备与阿里云的AIoTKIT开发板，介绍设备接入物联网平台的流程，如图1-10的左半部分所示。第4~6章围绕阿里云物联网平台的三大组件展开，分别介绍各个组件的具体功能及相关概念，并通过配套的实验帮助读者加深理解。第7章介绍用户的应用服务器对接到物联网平台并通过平台实现应用与设备间双向通信等功能的实现流程，如图1-10的右半部分所示。

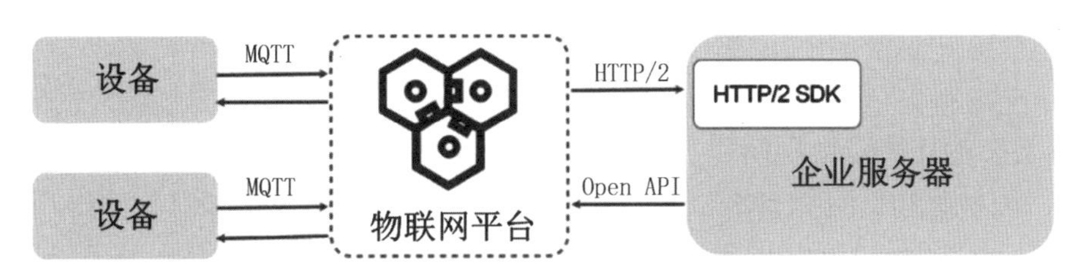

图1-10　设备—物联网平台—服务器架构

通过学习第3~7章的内容，读者可以掌握从设备端到平台侧，再到用户服务器端的完整开发方法。在此基础上，第8章通过给出3个综合开发实践示例，帮助读者学会如何综合运用阿里云物联网平台提供的能力来服务自身应用的开发。

本书附录A列举了物联网平台中相关的产品名词及其解释，供读者随时查阅；附录B详细介绍了阿里云官方提供的设备端C语言版SDK代码，以及当开发者手边没有AIoTKIT开发板时，将设备端C语言版SDK移植到树莓派设备上以实现物联网平台设备接入的方法，读者可以根据需要与兴趣选择阅读。

第2章 开发环境搭建

本书围绕阿里云物联网平台Link Platform展开，注重实践性，配套多个实验，以帮助广大读者更快地掌握物联网平台的功能并将其应用于实际开发之中。为了使读者能够顺利进行后续章节的实验，本章将主要介绍实验所需的软硬件开发编译环境的安装流程。

Visual Studio Code软件是一款代码编辑器，支持C语言、JavaScript语言等的编辑与调试，本书用它来进行设备端代码的开发与编译。alios-studio是AliOS Things提供的集成开发环境（IDE），是Visual Studio Code的一款插件。安装好alios-studio插件并且安装好开发板所需的驱动后，便可以对运行AliOS Things物联网操作系统的开发板进行开发，将其接入物联网平台。Node.js是一个让JavaScript运行在服务端的开发平台，安装好Node.js运行环境后，便可以使用Visual Studio Code编辑器开发Node.js虚拟设备，快速体验物联网平台的设备接入。IntelliJ IDEA软件是一款基于Java语言的集成开发环境，我们用它来进行用户服务器端代码的开发与编译。

2.1 Visual Studio Code安装

2.1.1 Windows系统下安装方法

进入Visual Studio Code 官方网站（https://code.visualstudio.com），如图2-1所示，下载Windows版本安装包并进行安装。

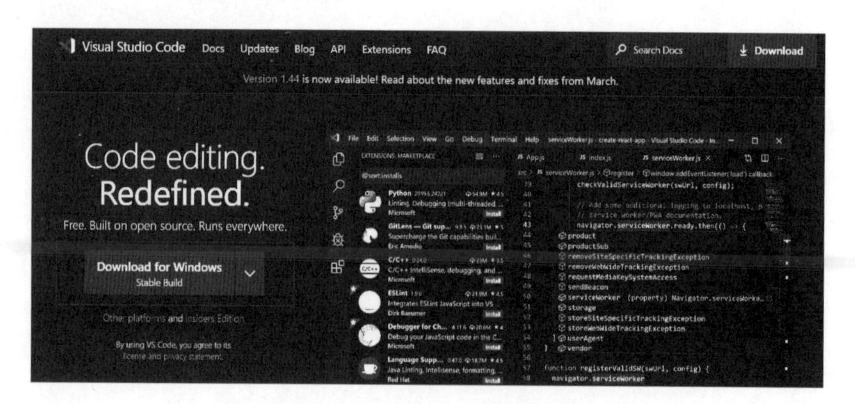

图2-1 下载Visual Studio Code（Windows版本）

安装过程中根据提示点击“下一步”即可，在“选择其他任务”界面上，注意勾选“添加到PATH（重启后生效）”，同时可以勾选“创建桌面快捷方式（D）”，如图2-2所示。

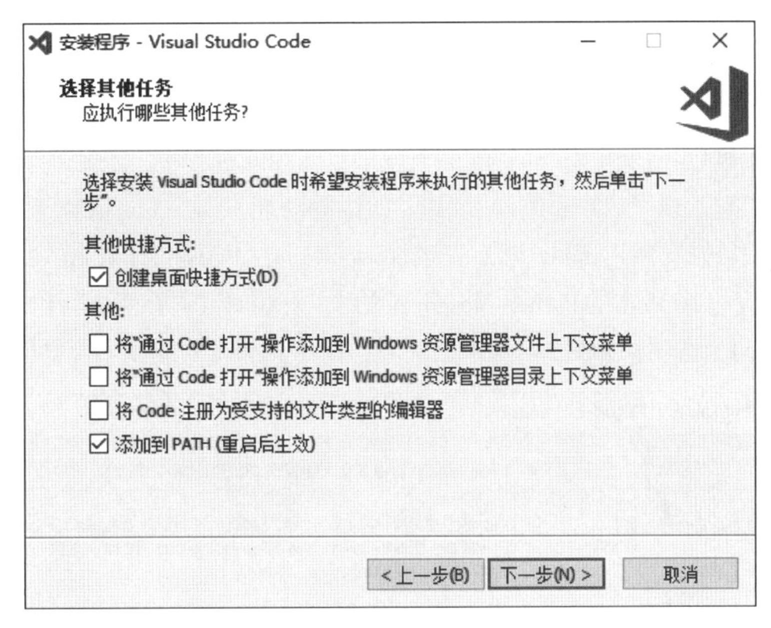

图2-2　安装Visual Studio Code

2.1.2　macOS系统下安装方法

进入Visual Studio Code 官方网站（https://code.visualstudio.com），如图2-3所示，下载macOS版本安装包并进行安装。

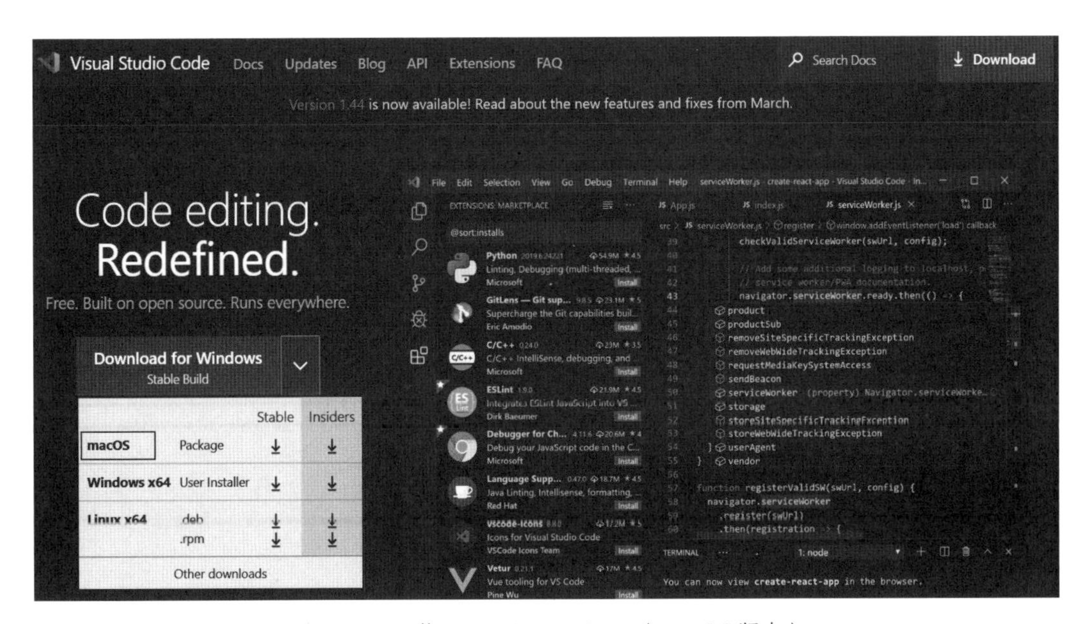

图2-3　下载Visual Studio Code（macOS版本）

2.2 alios-studio安装

2.2.1 Windows系统下安装开发环境

1. aos-cube安装

alios-studio是Visual Studio Code的插件，aos-cube是AliOS Things在Python下开发的项目管理工具包。在利用alios-studio开发项目工程的过程中，需要调用aos-cube 中的Python工具包，以完成项目编译、下载、调试等功能。aos-cube依赖于Python 2.7版本，因此我们首先安装Python，然后安装aos-cube。在Python官网(https://www.python.org) 下载对应的2.7版本的Python MSI安装文件，安装时，选择“pip” 和“Add python.exe to Path” 两个选项，如图2-4所示。注意，请将Python安装到不含空格的路径下。

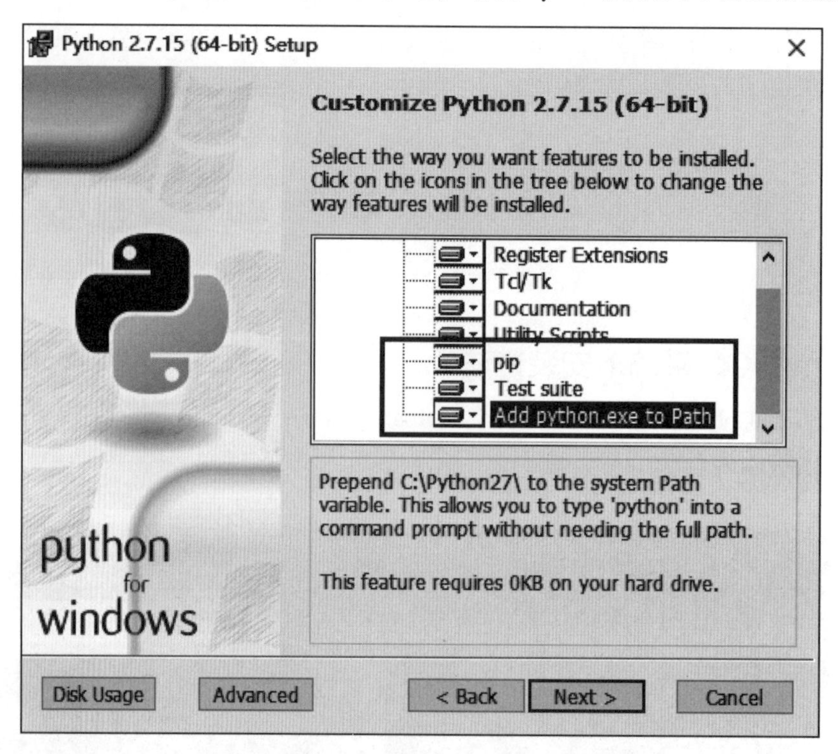

图2-4 Windows系统下Python安装

完成Python的安装配置后，使用如下pip命令安装aos-cube：

```
pip install --user setuptools
pip install --user wheel
pip install --user aos-cube
```

2. 交叉工具链安装

在GCC官网（https://launchpad.net/gcc-arm-embedded/+download）中下载Windows版本的Windows工具链的.exe文件进行安装，注意勾选“Add path to environment variable”选项，如图2-5所示。

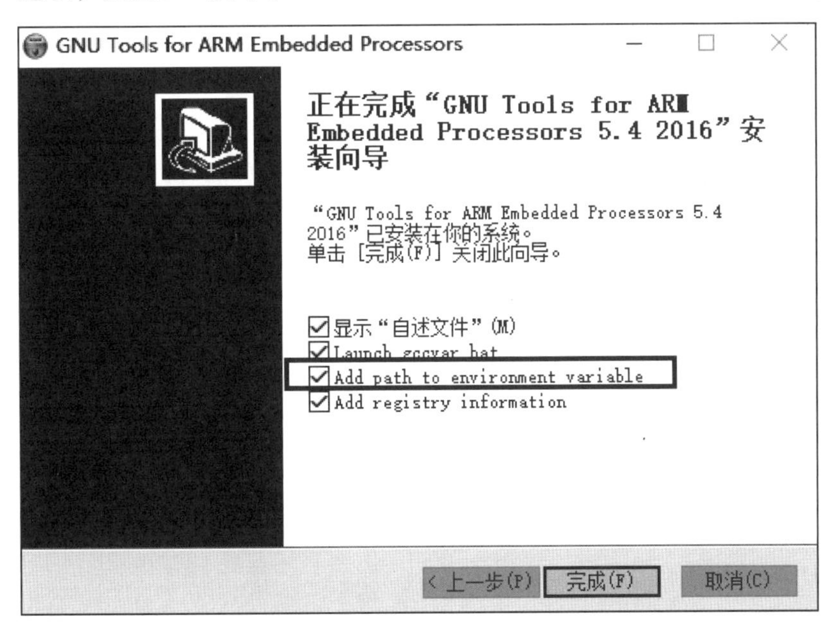

图2-5　Windows系统下工具链安装

2.2.2　macOS系统下安装开发环境

1. aos-cube安装

与Windows系统一样，macOS系统也需要安装Python和aos-cube项目管理工具包。在Python官网（https://www.python.org）下载对应的2.7版本的Python安装包，如图2-6所示。

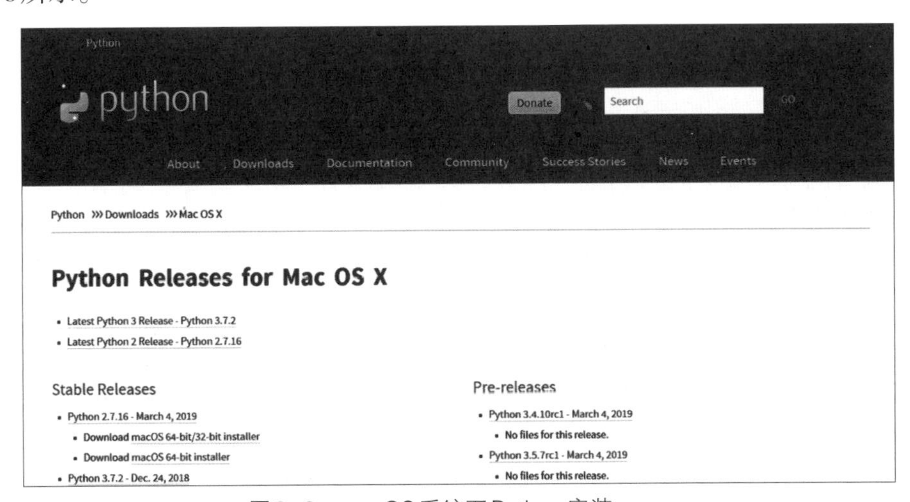

图2-6　macOS系统下Python安装

完成Python的安装配置后，安装 aos-cube 到全局环境，打开Terminal运行以下命令：

```
pip install --upgrade setuptools
pip install --upgrade wheel
pip install aos-cube
```

注意：请确认pip环境是基于Python 2.7的。如果遇到权限问题，可能需要sudo来执行。

2. 交叉工具链安装

在GCC官网（https://launchpad.net/gcc-arm-embedded/+download）中下载macOS版本的压缩包后解压缩并安装，如图2-7所示。

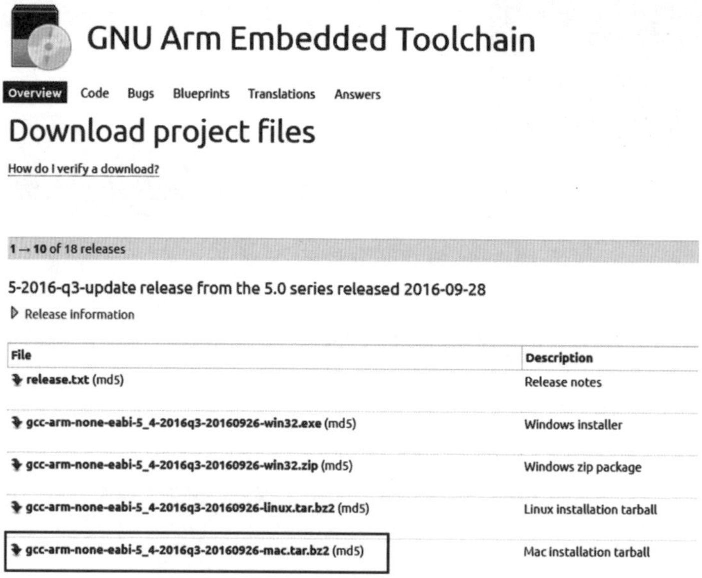

图2-7 macOS系统下工具链安装

2.2.3 alios-studio安装

完成Windows或macOS系统下的开发环境搭建后，可以开始进行alios-studio的安装。

1. 下载安装

alios-studio是Visual Studio Code的插件，所以需要首先安装Visual Studio Code，然后通过插件的方式安装 alios-studio。Visual Studio Code的安装可参见2.1节。

2. alios-studio安装

打开 Visual Studio Code, 点击左侧的扩展按钮，搜索alios-studio，点击“安装”即可，如图2-8所示。

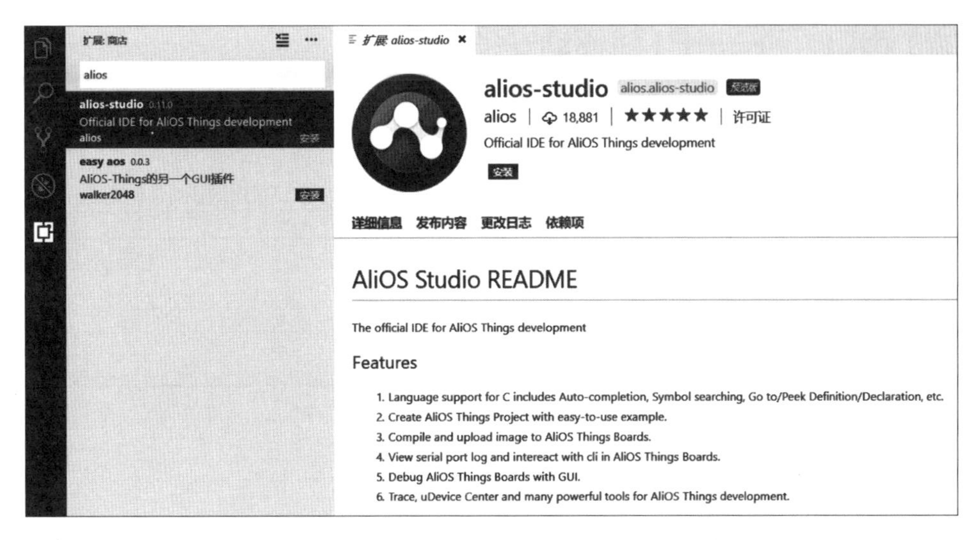

图2-8 Windows系统下alios-studio安装

在完成alios-studio插件的安装之后，还需要安装C/C++插件，操作步骤同上，如图2-9所示。

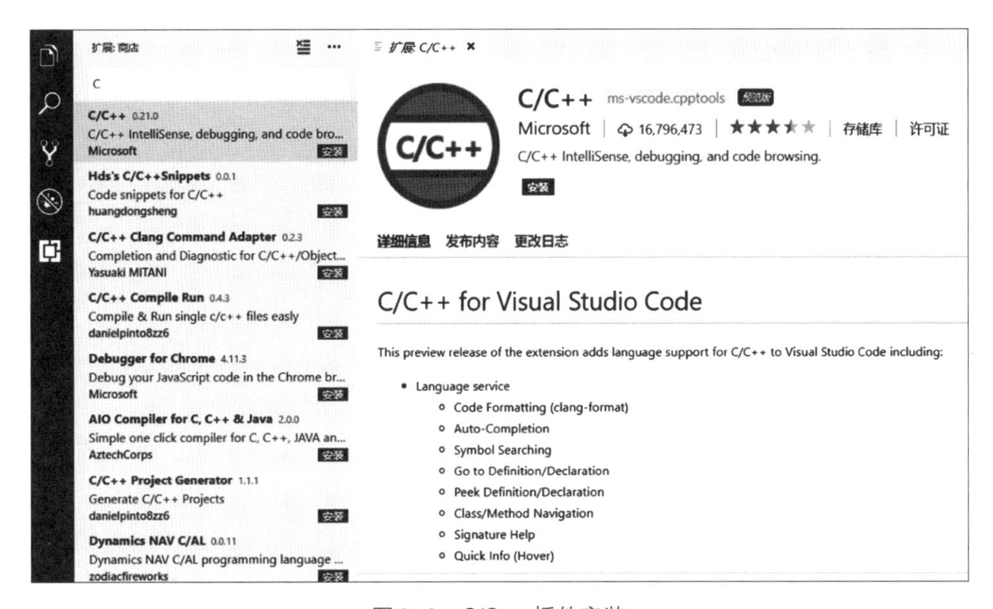

图2-9 C/C++插件安装

安装完成后，会提示重启Visual Studio Code，重启后alios-studio插件生效。

2.3 驱动安装

macOS环境是免驱动的，所有驱动将被自动安装，PC端可以自动识别STM32 STLink。因此本小节将基于Windows系统介绍驱动的安装方法。

2.3.1 串口驱动——FTDI驱动安装方法

FTDI驱动可以在官网（https://www.ftdichip.com/Drivers/D2XX.htm）下载Windows版本的程序并安装，安装完成后，连接设备，可右击“计算机”→“属性”→“设备管理器”→“端口（COM和LPT）”中，查看对应转换端口的状态，如图2-10所示。

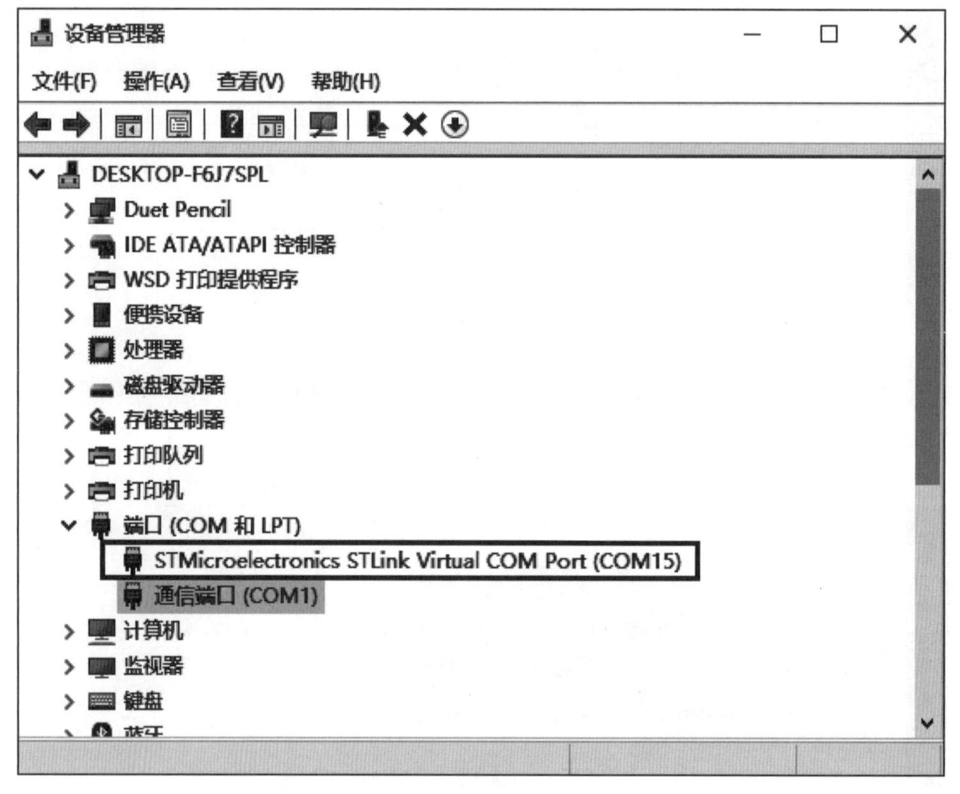

图2-10 FTDI驱动安装

2.3.2 ST-Link驱动安装方法

在本书后续章节中，阿里云的AIoTKIT将作为实验开发板使用。为了方便地进行程序的仿真和烧录，该开发板上已经集成了ST公司的ST-LINK仿真器，读者只需要在计算机上安装ST-LINK驱动程序即可使用。STM32 ST-LINK Utility驱动程序可以在ST官方网站（https://www.st.com）中通过搜索STM32 ST-LINK Utility免费下载。

2.4 Node.js安装

2.4.1 Windows系统下安装方法

进入Node.js官网（https://nodejs.org）下载Windows版本最新Node.js稳定版安装包安装即可，如图2-11所示。

图2-11　下载Node.js（Windows版本）

2.4.2　macOS系统下安装方法

进入Node.js官网（https://nodejs.org）下载macOS版本最新Node.js稳定版安装包安装即可，如图2-12所示。

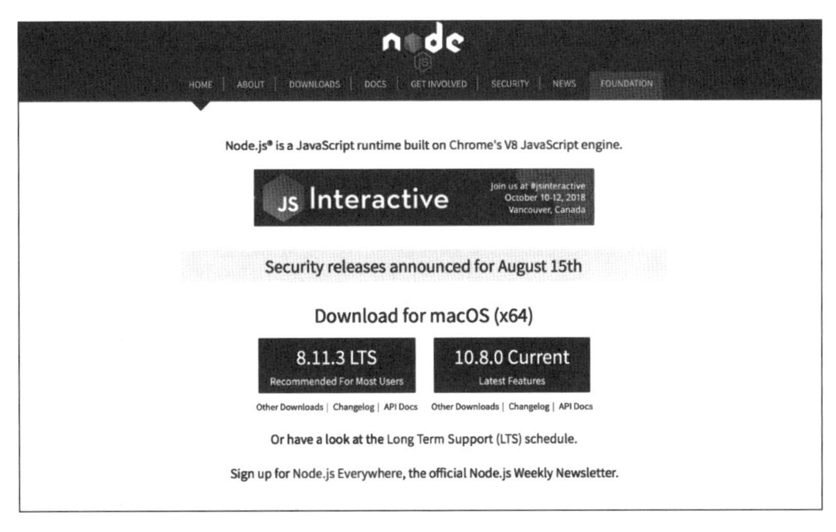

图2-12　下载Node.js（macOS版本）

2.5 Java环境与IntelliJ IDEA安装

由于IntelliJ IDEA是一款基于Java语言的集成开发环境，因此在安装IntelliJ IDEA前都需要先安装好JDK（Java SE Development Kit）。JDK是Java语言的开发工具包，用于编译Java程序。

2.5.1 Windows 系统下安装方法

1. Java安装与环境配置

（1）JDK安装包下载

下载地址：https://www.oracle.com/technetwork/java/javase/downloads/index.html。该下载页面显示的最新版本会不断更新，读者下载JDK8系列即可，推荐下载Java SE 8u181版本，如图2-13所示（64位Windows系统下载Windows x64.exe即可，读者根据计算机操作系统位数自行对应下载）。

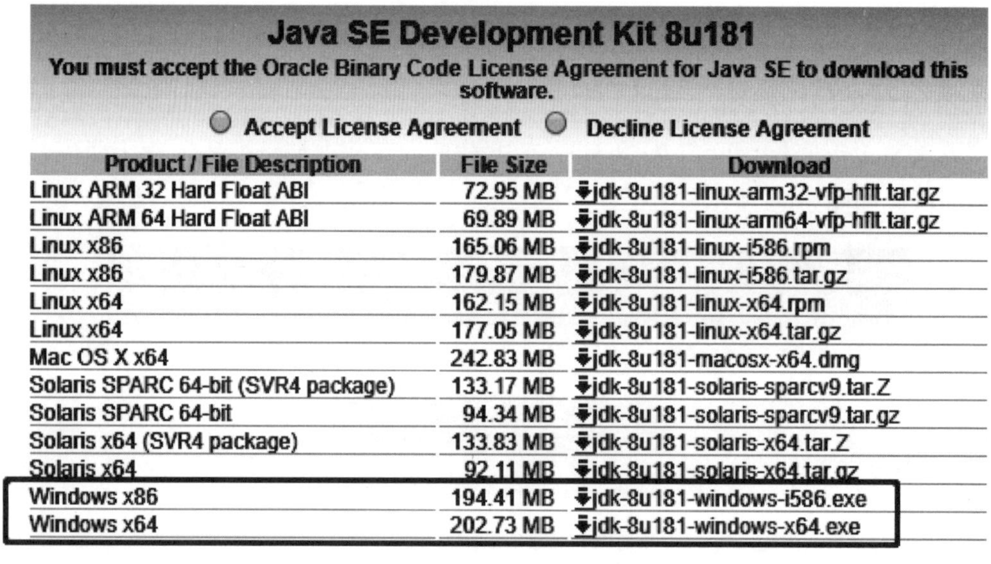

Java SE Development Kit 8u181

You must accept the Oracle Binary Code License Agreement for Java SE to download this software.

Accept License Agreement　Decline License Agreement

Product / File Description	File Size	Download
Linux ARM 32 Hard Float ABI	72.95 MB	jdk-8u181-linux-arm32-vfp-hflt.tar.gz
Linux ARM 64 Hard Float ABI	69.89 MB	jdk-8u181-linux-arm64-vfp-hflt.tar.gz
Linux x86	165.06 MB	jdk-8u181-linux-i586.rpm
Linux x86	179.87 MB	jdk-8u181-linux-i586.tar.gz
Linux x64	162.15 MB	jdk-8u181-linux-x64.rpm
Linux x64	177.05 MB	jdk-8u181-linux-x64.tar.gz
Mac OS X x64	242.83 MB	jdk-8u181-macosx-x64.dmg
Solaris SPARC 64-bit (SVR4 package)	133.17 MB	jdk-8u181-solaris-sparcv9.tar.Z
Solaris SPARC 64-bit	94.34 MB	jdk-8u181-solaris-sparcv9.tar.gz
Solaris x64 (SVR4 package)	133.83 MB	jdk-8u181-solaris-x64.tar.Z
Solaris x64	92.11 MB	jdk-8u181-solaris-x64.tar.gz
Windows x86	194.41 MB	jdk-8u181-windows-i586.exe
Windows x64	202.73 MB	jdk-8u181-windows-x64.exe

图2-13　下载JDK安装包

（2）JDK安装

下载完成后点击安装，安装时全部点击“下一步”即可。注意：安装路径中最好避免出现中文。记录下该安装路径，后续配置计算机的环境变量时将会用到。

（3）环境变量配置

JDK需要配置三个环境变量：JAVA_HOME、CLASSPATH、Path。

点击“计算机”→“属性”→“高级系统设置”，点击弹出窗口的右下角“环境变量”按钮，如图2-14所示。

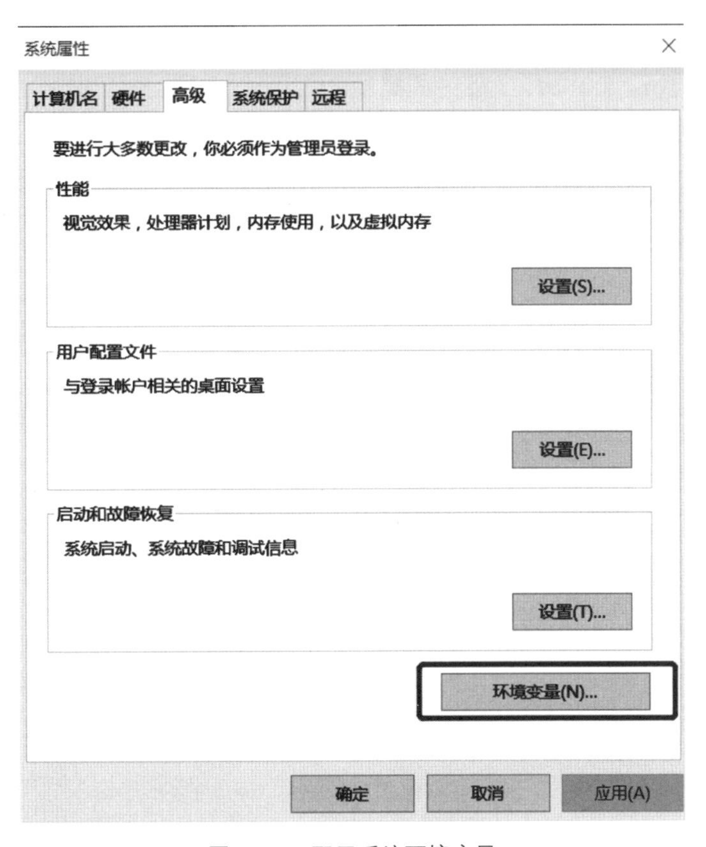

图2-14　配置系统环境变量

点击“系统变量”列表框下的“新建”按钮，如图2-15所示。新建变量名为“JAVA_HOME”，变量值为Java的安装路径，如图2-16所示。

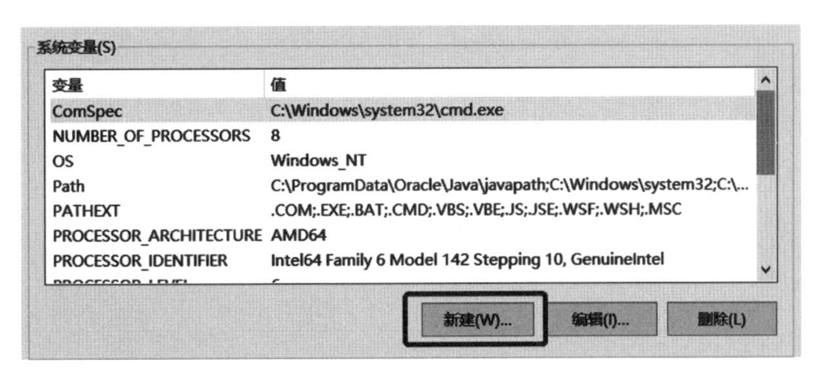

图2-15　新建JAVA_HOME系统变量（1）

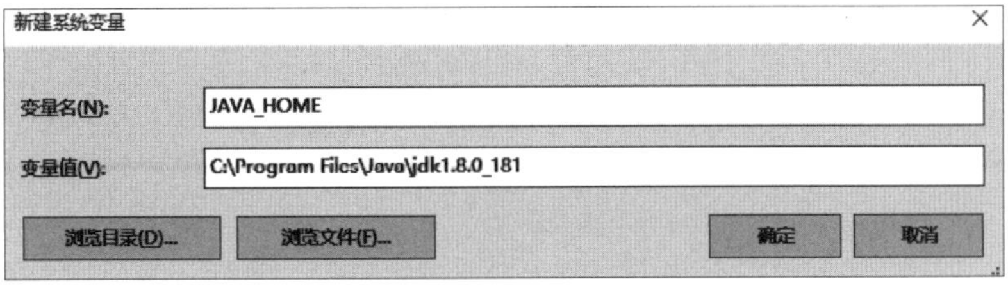

新建系统变量

变量名(N):　JAVA_HOME

变量值(V):　C:\Program Files\Java\jdk1.8.0_181

浏览目录(D)...　浏览文件(F)...　确定　取消

图2-16　新建JAVA_HOME系统变量（2）

再点击“新建”按钮，设置变量名为“JRE_HOME”，变量值为与刚刚Java的安装路径同级的jre1.8.0_181文件夹的路径，如图2-17所示。

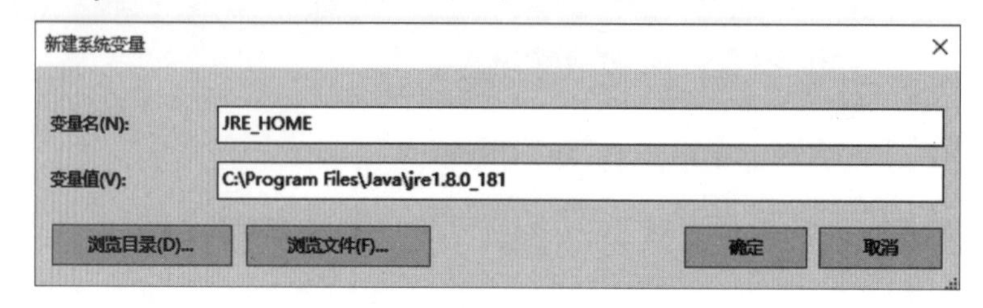

图2-17　新建 JRE_HOME 系统变量

再次点击“新建”按钮，设置变量名为“CLASSPATH”，变量值为“.;%JAVA_HOME%\lib;%JRE_HOME%\lib”，如图2-18所示。注意：最前面有一个“.”表示当前路径，千万不要遗漏。

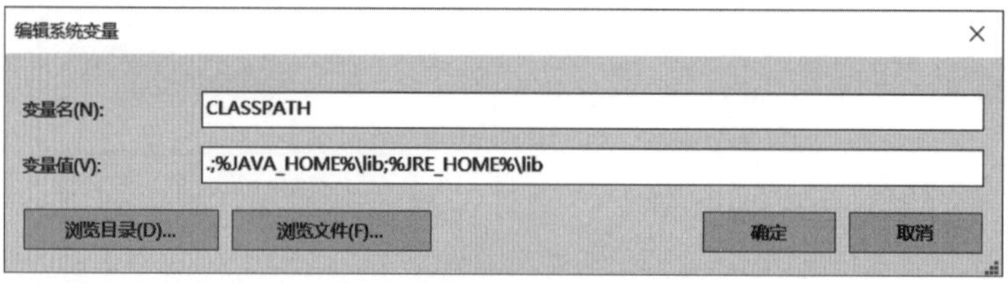

编辑系统变量
变量名(N): CLASSPATH
变量值(V): .;%JAVA_HOME%\lib;%JRE_HOME%\lib
浏览目录(D)...　浏览文件(F)...　确定　取消

图2-18　新建CLASSPATH系统变量

然后双击系统变量中已经存在的Path，在弹出窗口中点击“新建”按钮，添加“%JAVA_HOME%\bin”和“%JRE_HOME%\bin”变量值，如图2-19所示。

图2-19　Path环境变量

（4）检验JDK能否正常运行

全部设置完成后，点击“确定”，退出环境变量设置。使用快捷键Win+R打开cmd命令行窗口，输入java-version或者java后按“Enter”键，出现图2-20所示结果，即说明JDK可以正常运行。

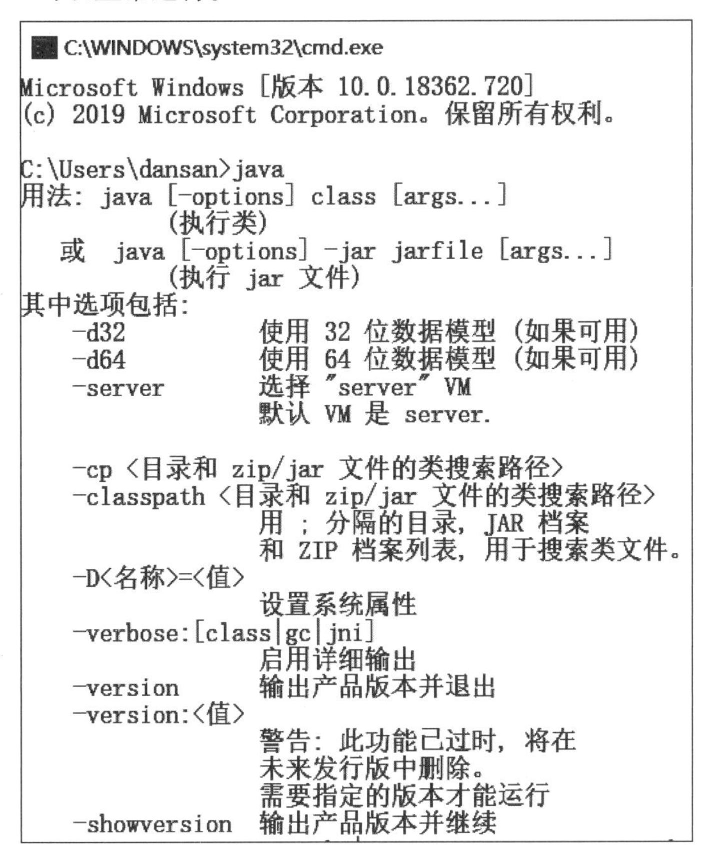

图2-20　Java安装验证

2. IntelliJ IDEA 下载安装

（1）IntelliJ IDEA安装包下载

下载地址：https://www.jetbrains.com/idea/download/#section=windows。

如图2-21所示，IntelliJ IDEA分为旗舰版（Ultimate）和社区版（Community）两种。旗舰版比社区版功能更为完善，旗舰版收费使用，社区版免费使用。

（2）IntelliJ IDEA安装

选择Windows版本，下载完成后点击安装，安装时全部点击“Next”即可。注意：安装路径中避免出现中文字符。

安装完毕后运行软件，选择“接受用户协议”，会弹出激活窗口，如图2-22所示。

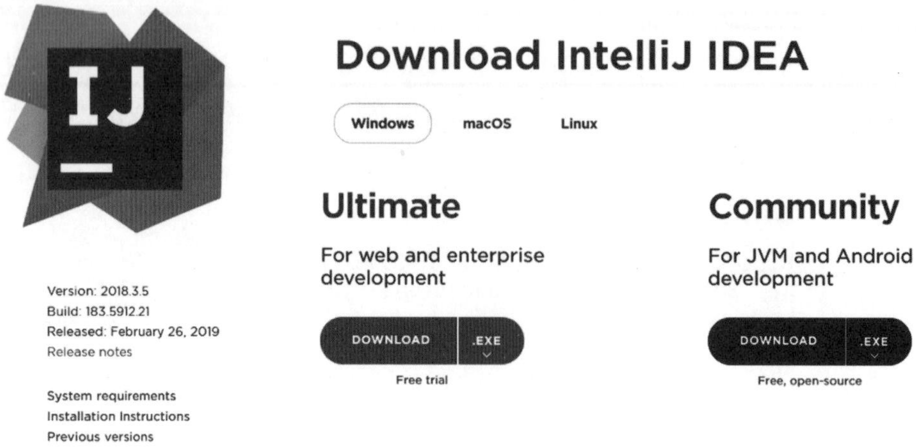

图2–21　IntelliJ IDEA安装包下载

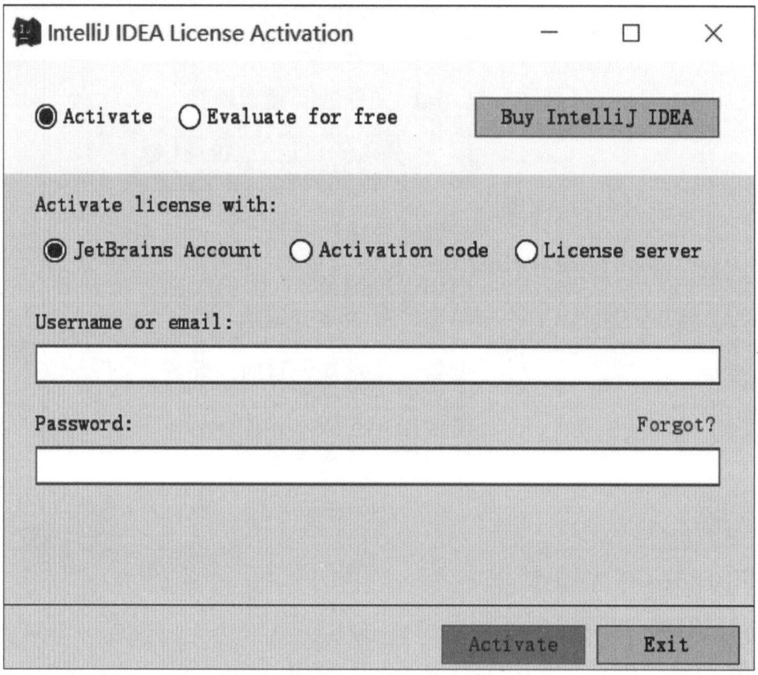

图2–22　激活IntelliJ IDEA

（3）配置SDK

在IntelliJ IDEA的菜单栏选择“File” → “Project Structure”，选择左侧的“SDKs”，点击“+”号，然后点击下拉栏中的“JDK”，如图2–23所示。

选择之前Java的安装目录，如C:\Program Files\Java\jdk1.8.0_152，如图2–24所示。

此后，打开项目时如果提示“SDK is undefined”，点击“Setup SDK”，选择刚刚设置好的JDK即可。

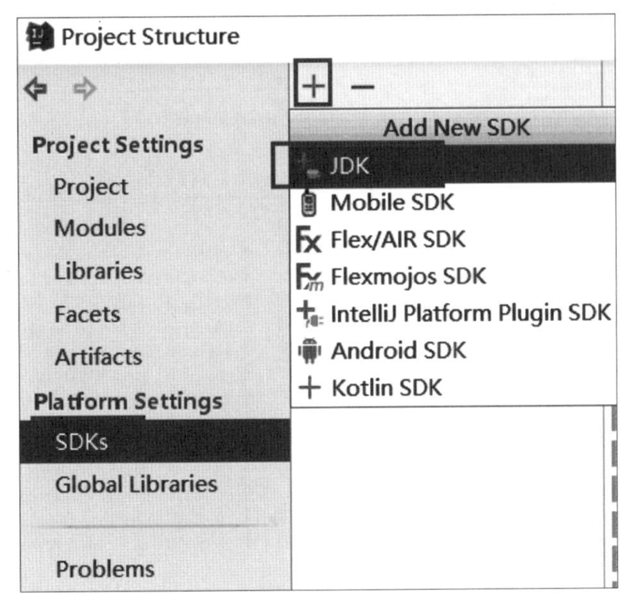

图2-23 配置SDK

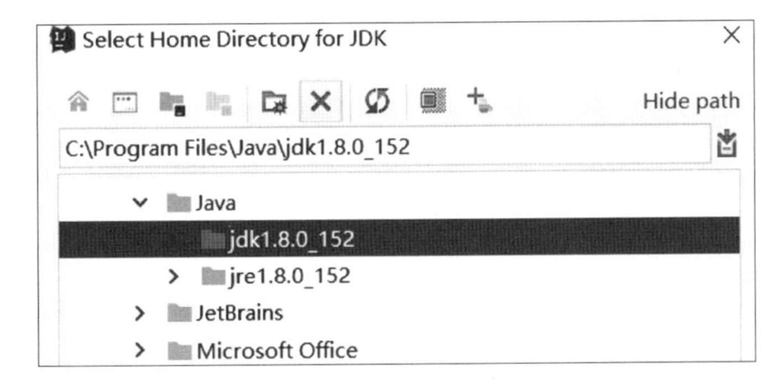

图2-24 选择Java SDK目录

2.5.2 macOS系统下安装方法

1. Java安装与环境配置

（1）JDK安装包下载

下载地址：https://www.oracle.com/technetwork/java/javase/downloads /index.html。与Windows系统下的操作相同，下载Java SE Development Kit 8u181版本，如图2-25所示。

（2）JDK安装

下载完成后，点击dmg文件，打开如图2-26所示页面。

双击进入JDK安装界面，如图2-27所示，全部按照提示进行下一步即可。

（3）检验JDK能否正常运行

安装完成后，打开Terminal命令行窗口，输入java -version或者java后按“Enter”键，出现图2-28所示结果，即说明JDK可以正常运行。

Java SE Development Kit 8u181

You must accept the Oracle Binary Code License Agreement for Java SE to download this software.

Accept License Agreement　Decline License Agreement

Product / File Description	File Size	Download
Linux ARM 32 Hard Float ABI	72.95 MB	jdk-8u181-linux-arm32-vfp-hflt.tar.gz
Linux ARM 64 Hard Float ABI	69.89 MB	jdk-8u181-linux-arm64-vfp-hflt.tar.gz
Linux x86	165.06 MB	jdk-8u181-linux-i586.rpm
Linux x86	179.87 MB	jdk-8u181-linux-i586.tar.gz
Linux x64	162.15 MB	jdk-8u181-linux-x64.rpm
Linux x64	177.05 MB	jdk-8u181-linux-x64.tar.gz
Mac OS X x64	242.83 MB	jdk-8u181-macosx-x64.dmg
Solaris SPARC 64-bit (SVR4 package)	133.17 MB	jdk-8u181-solaris-sparcv9.tar.Z
Solaris SPARC 64-bit	94.34 MB	jdk-8u181-solaris-sparcv9.tar.gz
Solaris x64 (SVR4 package)	133.83 MB	jdk-8u181-solaris-x64.tar.Z
Solaris x64	92.11 MB	jdk-8u181-solaris-x64.tar.gz
Windows x86	194.41 MB	jdk-8u181-windows-i586.exe
Windows x64	202.73 MB	jdk-8u181-windows-x64.exe

Back to top

图2-25　下载JDK安装包

图2-26　JDK安装

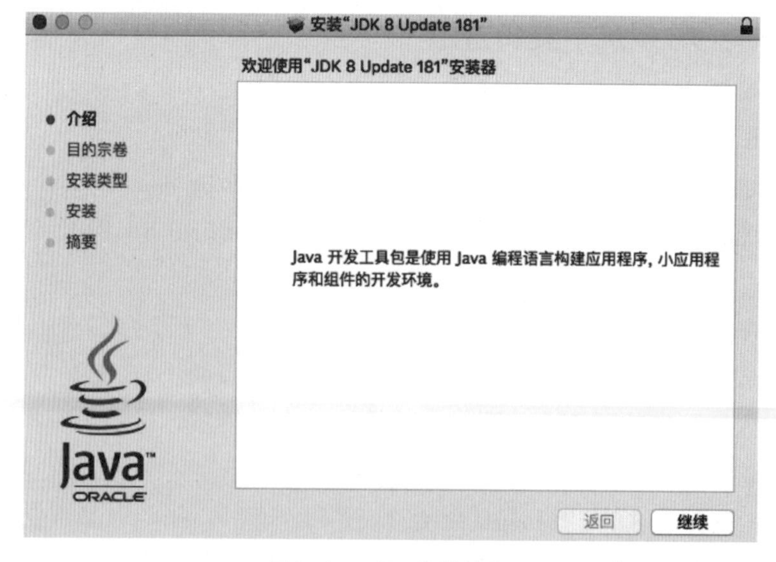

图2-27　JDK安装流程

```
[chenhuimin@chenhuimindeMacBook-Pro ~ % java
用法: java [-options] class [args...]
           (执行类)
   或  java [-options] -jar jarfile [args...]
           (执行 jar 文件)
其中选项包括:
    -d32          使用 32 位数据模型 (如果可用)
    -d64          使用 64 位数据模型 (如果可用)
    -server       选择 "server" VM
                  默认 VM 是 server,
                  因为您是在服务器类计算机上运行。


    -cp <目录和 zip/jar 文件的类搜索路径>
    -classpath <目录和 zip/jar 文件的类搜索路径>
                  用 : 分隔的目录, JAR 档案
                  和 ZIP 档案列表, 用于搜索类文件。
    -D<名称>=<值>
                  设置系统属性
    -verbose:[class|gc|jni]
                  启用详细输出
    -version      输出产品版本并退出
    -version:<值>
                  警告: 此功能已过时, 将在
                  未来发行版中删除。
                  需要指定的版本才能运行
    -showversion  输出产品版本并继续
```

图2-28　Java安装验证

2. IntelliJ IDEA下载安装

(1) IntelliJ IDEA安装包下载

下载地址：https://www.jetbrains.com/idea/download/#section=mac。

如图2-29所示，IntelliJ IDEA分为旗舰版和社区版两种。旗舰版比社区版功能更为完善，旗舰版收费使用，社区版免费使用。

图2-29　IntelliJ IDEA安装包下载

（2）IntelliJ IDEA安装

选择macOS版本，下载完成后，点击dmg文件，显示如图2-30所示界面，将IntelliJ IDEA拖入Applications。

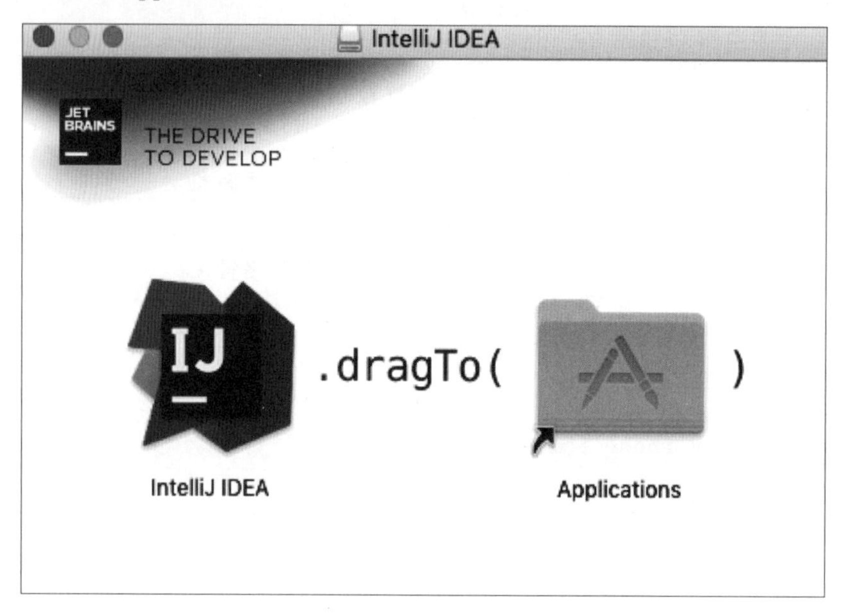

图2-30　将IntelliJ IDEA拖入Applications

（3）打开IntelliJ IDEA

点击Applications中的IntelliJ IDEA图标，打开软件。第一次打开IntelliJ IDEA软件时需要进行配置，如图2-31所示，按照个人情况选择，第一次安装此软件可以选择“Do not import settings”，点击“OK”。

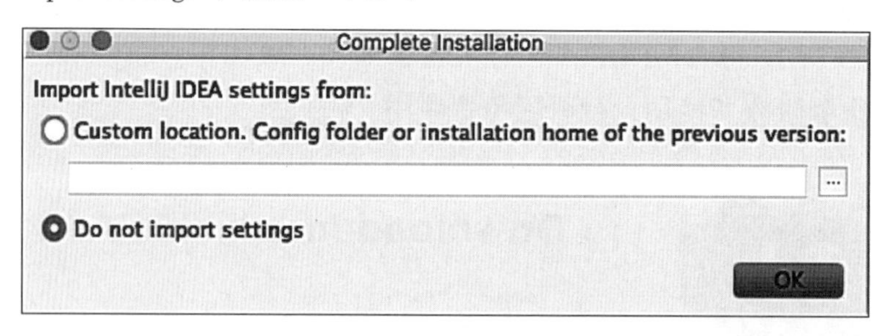

图2-31　导入IntelliJ IDEA配置

运行软件，选择“接受用户协议”，会弹出激活窗口，如图2-32所示。对于之前用校园邮箱注册成功的用户来说，在这里填入自己的用户名和密码后即可激活，免费使用。

激活成功后，将进入IntelliJ IDEA操作界面，如图2-33所示。

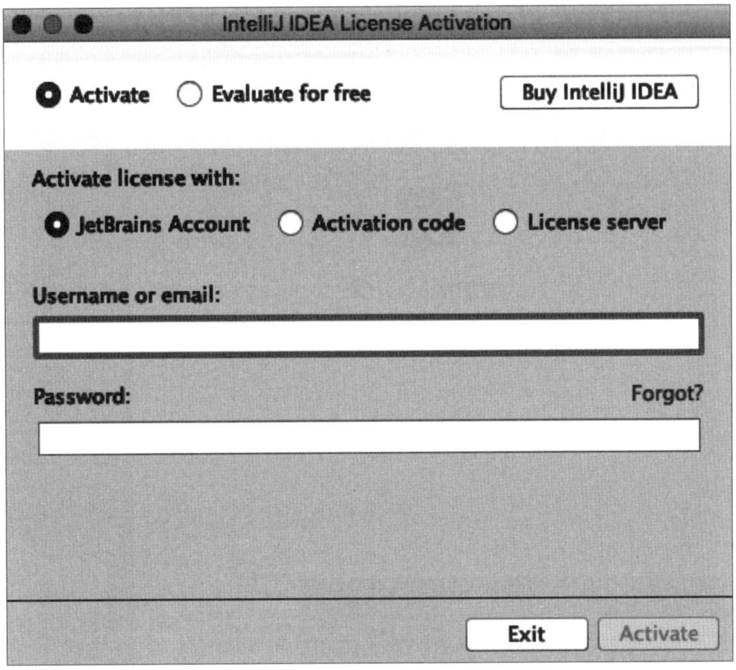

图2-32　激活IntelliJ IDEA

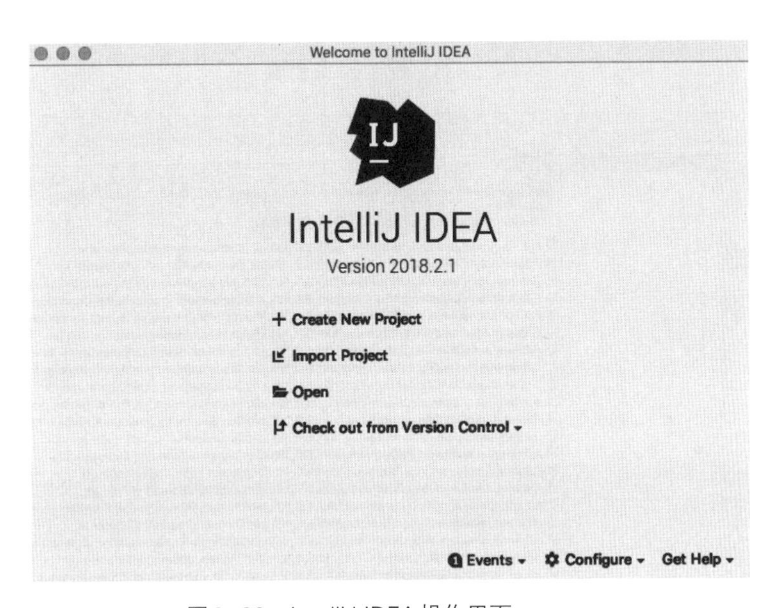

图2-33　IntelliJ IDEA操作界面

（4）配置SDK

如图2-34所示，在IntelliJ IDEA操作界面选择“Configure”→“Project Defaults”→“Project Structure”，进入工程设置界面，如图2-35所示。IntelliJ IDEA会自动引入先前安装好的Java 1.8的SDK。如果未自动引入，可以选择手动引入，选择左侧“SDKs”，点击中间栏上方的“+”号，添加JDK，选择预先下载的JDK的安装目录即可。

此后，打开项目时如果提示“SDK is undefined”，点击“Setup SDK”，选择刚刚设置好的JDK即可。

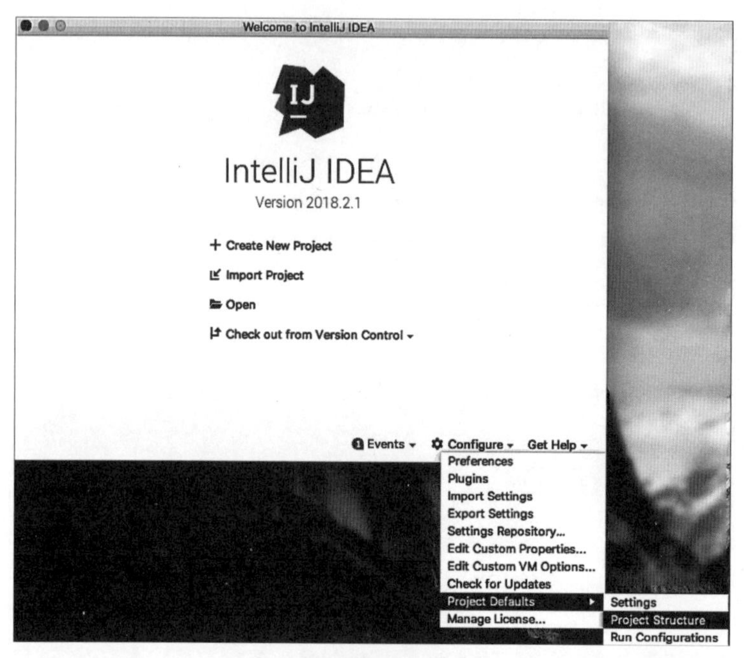

图2-34　配置SDK步骤

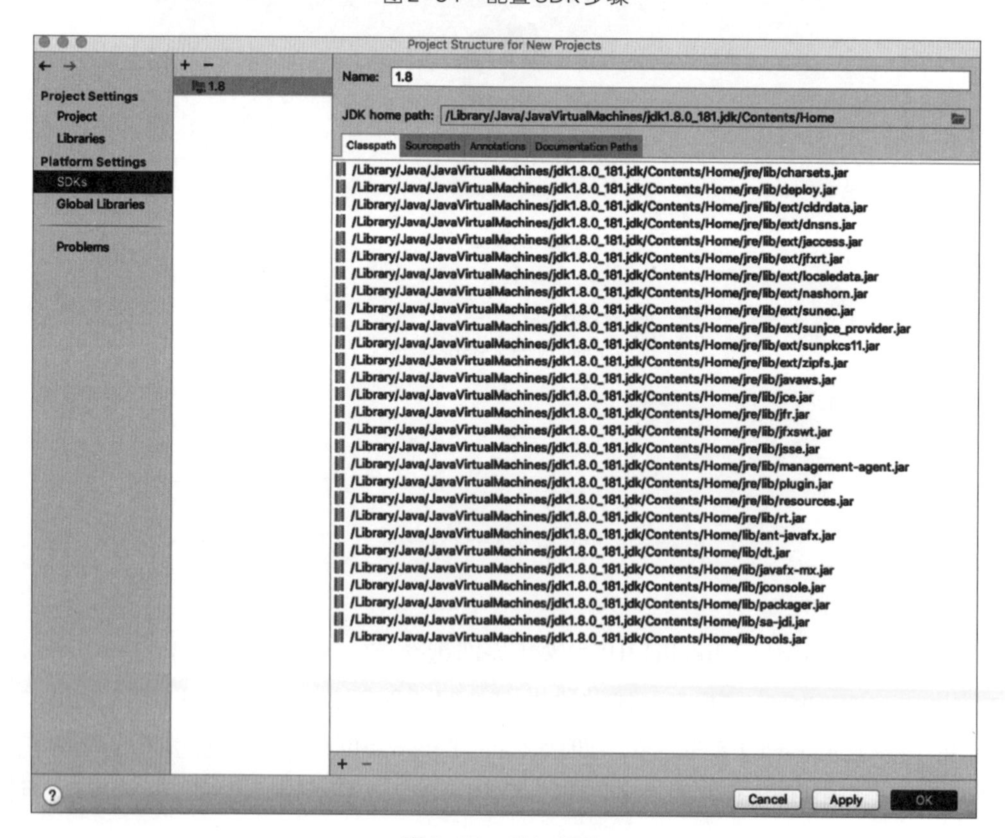

图2-35　引入SDK

本章小结

本章内容主要用于引导读者在进行后续实验前，安装配置好软硬件开发所必备的开发环境。本章主要介绍了Windows和macOS两种操作系统下开发环境的搭建过程，其他操作系统下的开发环境搭建需要读者自行完成。

第3章 物联网平台的设备接入

阿里云物联网平台内部集成了IoT Hub组件，支持设备以多种协议接入，同时支持设备与平台之间以多种模式通信。

具体来说，开发者可以通过以下几种方式将设备接入物联网平台。

1. 使用阿里云官方提供的设备端SDK

这是将设备接入物联网平台最基本的方式。设备在物联网平台上线，需要根据物联网平台的相关规范，完成设备身份注册、设备安全认证、加密等一系列交互流程。在物联网平台提供的设备端SDK中，设备端与云端交互的协议已经被封装好，大大简化了开发过程，开发者使用SDK便可使设备快速上云。

目前物联网平台提供以下语言/环境的SDK: C SDK，JAVA SDK，NodeJS SDK，iOS SDK，Android SDK，Python SDK。其中C SDK为目前官方主推版本，功能最为完善，推荐读者使用。读者也可以根据实际的设备情况，选择对应的SDK进行移植开发。有关不同SDK的使用介绍，读者可以进一步参考阿里云官网资源：https://help.aliyun.com/document_detail/42648.html。

2. 在设备上移植/运行 AliOS Things 物联网操作系统

AliOS Things是阿里云推出的针对物联网应用的实时操作系统（Real Time Operating System，RTOS），可应用于大量物联网终端嵌入式产品的开发中。该操作系统内部已经集成了接入阿里云物联网平台所需的SDK，因此在运行AliOS Things的设备上可以非常方便地实现与物联网平台的对接。

3. 使用开源的MQTT、CoAP和HTTP协议自行开发

由于物联网应用需求众多、环境复杂，若已提供的设备端SDK不能满足开发需求，也可以参考相关教程，自行封装数据，建立设备与云端的通信。需要注意的是，目前官方提供的C SDK已经实现了丰富的物联网平台相关功能，比如认证逻辑、OTA、设备影子、网关主设备和网关子设备功能等，如果使用开源协议自行开发，那么相关的扩展能力也需要按照已有规范自行实现。

4. 使用阿里云认证过的通信模组

阿里云目前已经与众多芯片和模组厂商合作，共同推出了许多具备接入物联网平台能力的通信模组（包含2G/3G/4G/5G、Wi-Fi、NB-IoT等）。如果在终端产品上使用这些经过认证的模组，通过简单的AT指令和控制命令，即可将设备接入物联网平台。

可以看到，使用官方设备端SDK的方式是设备接入物联网平台最基础的方法，使用AliOS Things和认证模组这两种方法，从原理上讲也是因为操作系统和模组的开发者已经替用户完成了SDK的集成和移植工作。

为了让读者快速了解设备接入物联网平台的操作流程，本章将分别以基于官方NodeJS SDK的虚拟设备和运行AliOS Things操作系统的AIoTKIT开发板为例，介绍如何将设备接入物联网平台。使用运行AliOS Things的AIoTKIT真实开发板作为终端，可以让读者更加直观地了解设备与物联网平台的对接流程。而对于手头没有开发板的用户，也可以选择在PC上搭建Node.js开发环境，使用官方NodeJS SDK，实现虚拟设备与物联网平台的对接。

3.1 Node.js虚拟设备接入物联网平台

本节将以阿里云官方提供的NodeJS SDK为例，介绍物联网平台的设备接入，以及设备与平台间的上下行通信，适用于想要了解设备接入过程但是手边没有开发板的场景。

1. 新建项目

打开Visual Studio Code软件，点击“查看”→“调试控制台”，如图3-1所示，打开控制台界面。

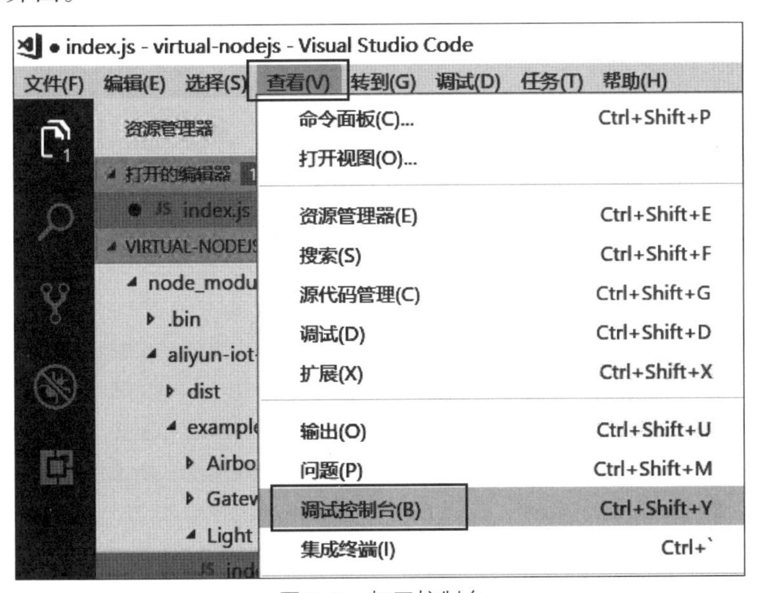

图3-1 打开控制台

如图3-2所示，点击“终端”。然后在命令窗口中执行如下指令，新建项目目录：

```
mkdir virtual-nodejs
cd virtual-nodejs
```

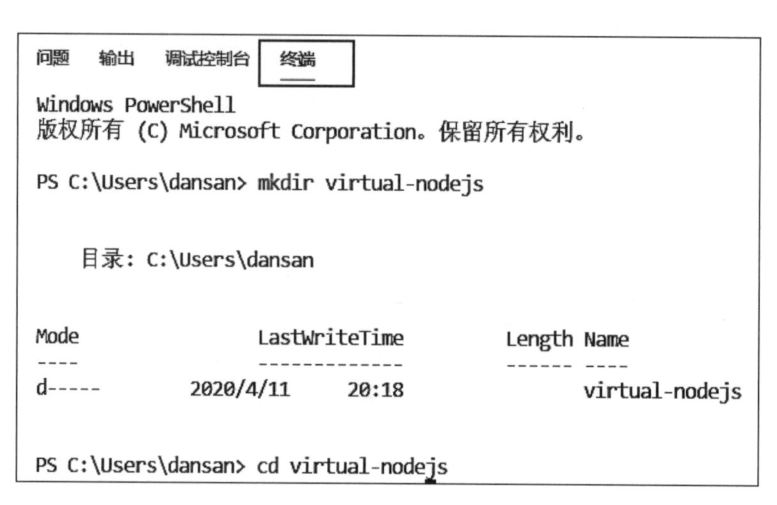

图3-2　新建项目目录

成功执行后，进入对应目录即可看到新建的virtual-nodejs文件夹，如图3-3所示。

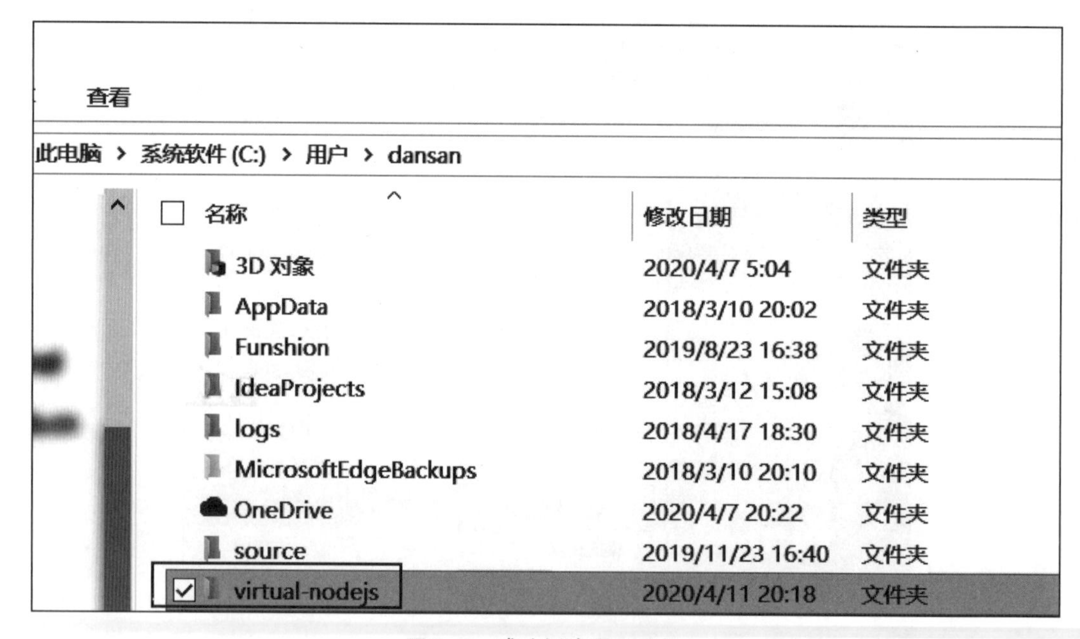

图3-3　成功新建项目目录

随后，执行“npm install --save aliyun-iot-device-sdk”命令，安装SDK。命令成功执行后，可以看到上一步新建的文件夹下不再为空。

2. 编码

点击“文件”→“打开文件夹”，如图3-4所示，选择上一步新建的virtual-nodejs文件夹，如图3-5所示。

成功打开项目后，点击资源管理器下“VIRTUAL-NODEJS”右侧的“新建文件”按钮，如图3-6所示，然后在项目下新建index.js文件。

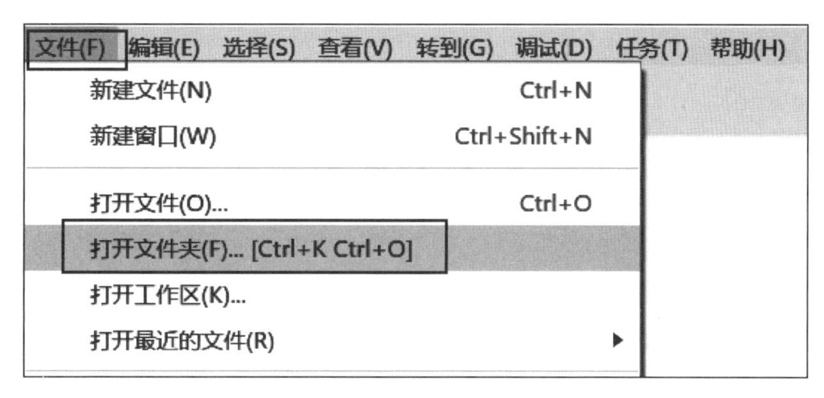

图3-4　打开项目文件夹

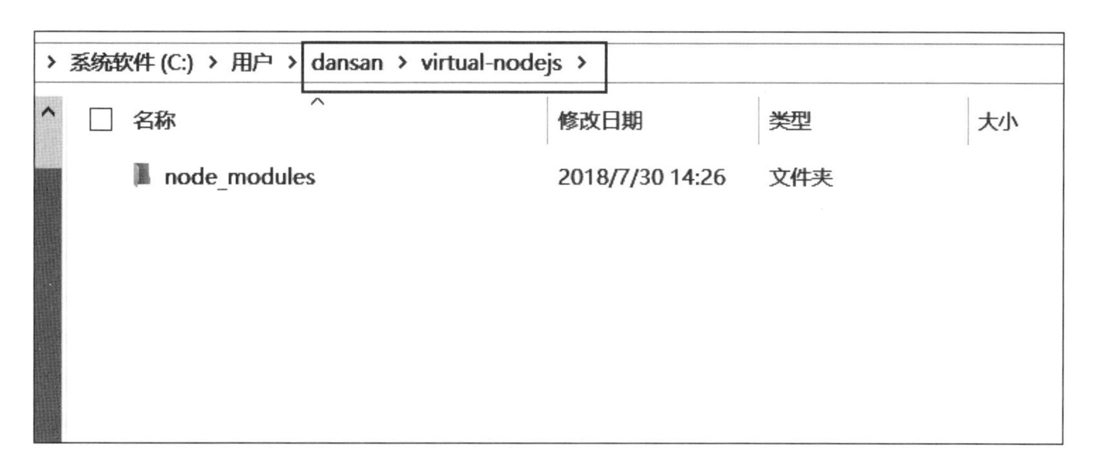

图3-5　选择项目目录

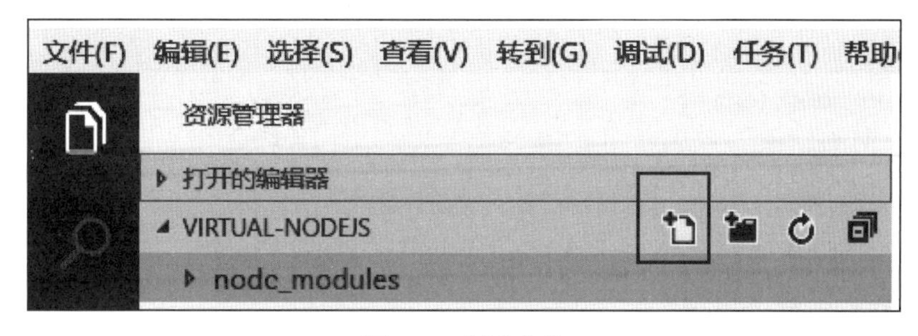

图3-6　新建文件

在index.js文件中编辑写入如下代码内容。

```
const aliyunIot = require('aliyun-iot-device-sdk');
/*创建设备实例*/
const device = aliyunIot.device({
      /*激活凭证,这里替换成上一步申请到的激活凭证*/
     productKey: '<ProductKey>',
     deviceName: '<DeviceName>',
     deviceSecret: '<DeviceSecret>',
});

device.on('connect', () => {
    /*连接成功*/
   console.log('connect successfully');
   /*监听云端消息*/
   device.serve('property/set', params => {
        console.log('receive params:', params);
        /*原样上报*/
       console.log('post props:', params);
       device.postProps(params, err => {
           if (err) {
              return console.log('post error:', err);
           }
           console.log('post successfully!');
       });
   });
});

device.on('error', (err) =>{
   console.log('error', err);
});
```

3. 创建产品和设备

接下来需要在云端创建产品和对应设备。产品是一类设备的集合，该类设备都具有相同的功能。

进入阿里云官方网站https://www.aliyun.com，登录阿里云账号，无账号的读者可先自行完成注册。搜索“物联网平台”后，点击“物联网平台 控制台”，如图3-7所示。

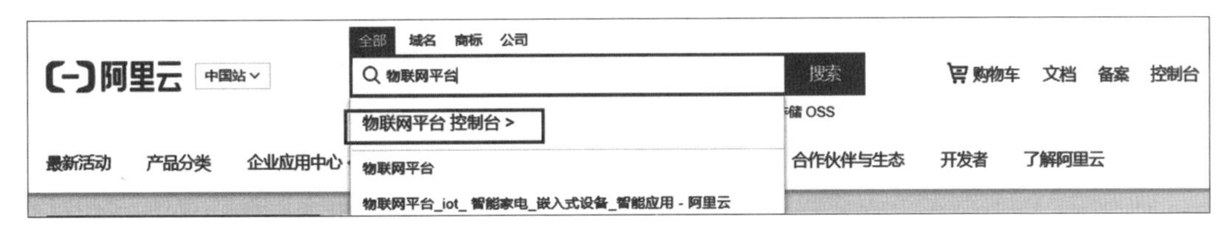

图3-7　阿里云官网

未开通“物联网平台”产品的读者可以点击“立即开通”，开通后即可进入物联网平台控制台界面。进入后选择区域为“华东2（上海）”，如图3-8所示。后续实验中除非特别说明，否则区域均默认选择为“华东2（上海）”。

图3-8　选择区域

首先在“设备管理”下的“产品”页面，点击右侧“创建产品”按钮，如图3-9所示。

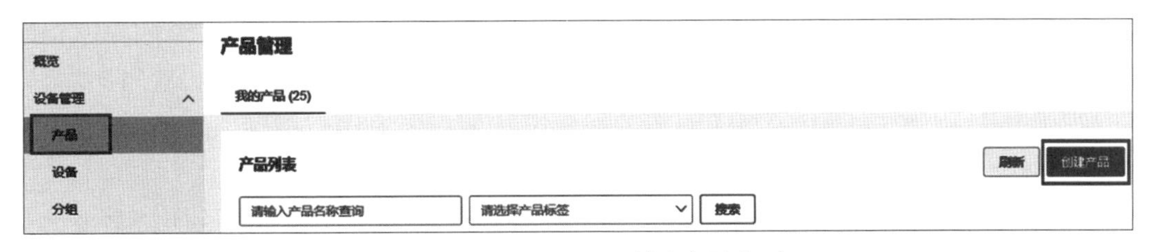

图3-9　创建产品（1）

在弹出页面中输入产品名称，并选择设备类型、节点类型和数据格式等信息后，确定即可。如图3-10所示，产品名称为“Example1”，所属分类为“智能城市/能源管理/水表”，节点类型为“设备”，不接入网关，连网方式为“WiFi”，数据格式为“ICA标准数据格式（Alink JSON）”，不使用ID²认证。

各参数说明如下：

（1）产品名称：用于为产品命名，需要在账号内唯一，可以填写产品型号等信息。

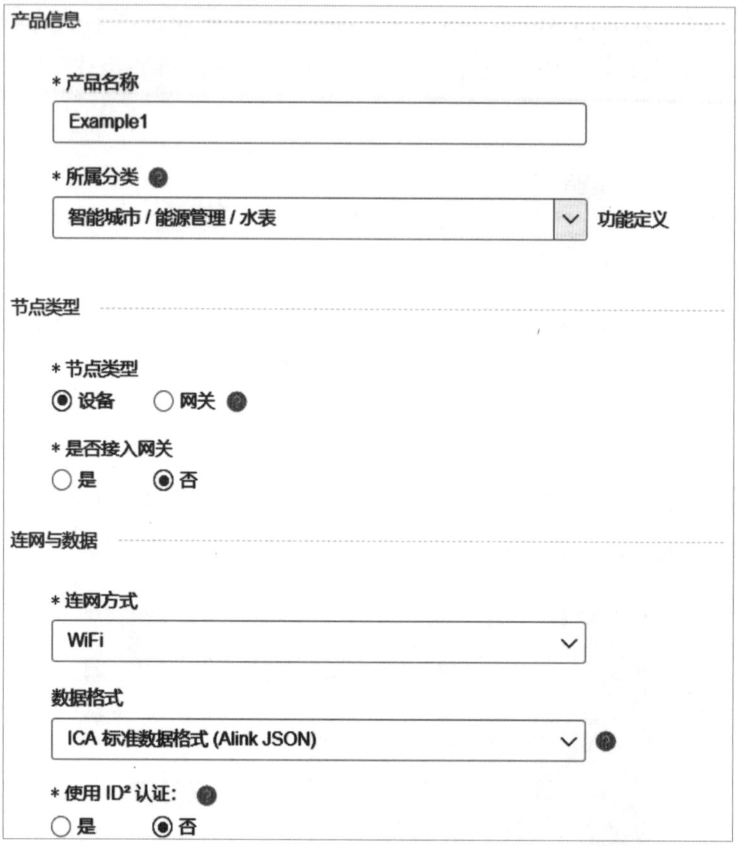

图3-10 创建产品（2）

（2）所属分类：用于定义产品的物模型。物联网平台为用户提供了多种已有的产品功能模板，并且已经预定义了相关标准功能，例如，在“电表”类型中预定义了用电量、电压、电流、总累计量等标准功能；在“水表”类型中预定义了用水量、地理位置等标准功能。创建产品时用户可以选择已有的产品功能模板，在其基础上编辑、修改或新增功能，以快速完成产品的功能定义。当然，用户还可以选择“自定义品类”，平台将不会预先创建任何标准功能，需要用户根据实际需要自行定义，具体操作方法可参见本书5.8节“基于产品的物模型实验”。

（3）节点类型：包括“设备”和“网关”两类，“设备”类型不能挂载子设备，“网关”类型可以挂载子设备。“设备”类型可以直接连接到物联网平台，也可以作为“网关”的子设备，通过“网关”接入物联网平台。“网关”类型具有子设备管理模块，能够维护子设备的拓扑关系，并将该拓扑关系同步到云端。此处需注意区分“设备与网关”和“产品与设备”这两组定义中“设备”的不同含义。

（4）是否接入网关：当节点类型选择为“设备”时，需要选择该产品是否会接入网关产品，成为网关的子设备。

（5）数据格式：设备上下行的数据格式，可以选择为“ICA标准数据格式(Alink JSON)”或“透传/自定义”。ICA标准数据格式（Alink JSON）是物联网平台为开发者提供的设备与云端的数据交换协议，采用JSON格式；如果用户希望使用自定义的串口数据格式，可以选择数据格式为“透传/自定义”，此时用户需要在云端配置数据解析脚本，将自定义格式的数据转换为Alink JSON格式。

（6）使用ID²认证：用于设置该产品下的设备是否使用ID²认证。ID²认证能够提供设备与物联网平台的双向身份认证能力，通过建立轻量化的安全链路（iTLS）来保障数据的安全性。

产品创建成功后，进入“设备管理”下的“设备”页面，选择已创建的产品Example1，点击右侧“添加设备”按钮，输入设备名称即可，如图3-11所示。

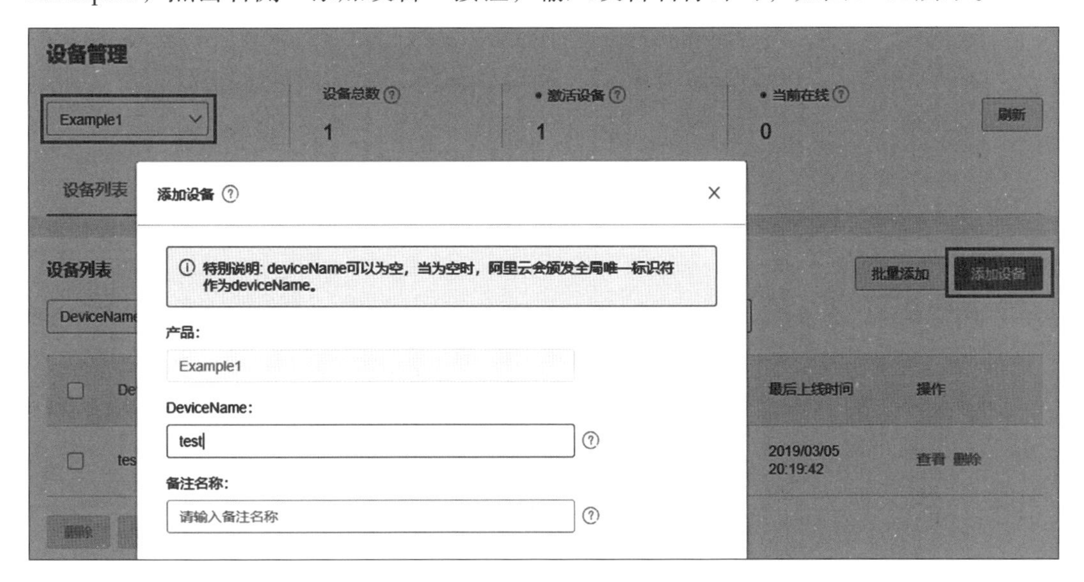

图3-11　创建设备

其中，DeviceName（即设备名称）需要在产品内唯一，用作设备的唯一标识符，与物联网平台进行通信。

test设备添加成功后，网页会弹出该设备的三元组证书信息，即ProductKey、DeviceName和DeviceSecret。其中，ProductKey是物联网平台为该产品颁发的全局唯一标识符；DeviceName是该设备在该产品内的唯一标识符，用于设备认证和通信；DeviceSecret是物联网平台为该设备颁发的设备密钥，用于认证加密，一般与DeviceName成对使用。

阅读前几步中定义的index.js文件内的设备代码可以发现，设备端的运行逻辑是：当成功连接到物联网平台后，便一直监听云端下发的“属性设置”消息，当收到“属性设置”的消息后，又将属性内容原样上报到物联网平台。为了验证设备端的功能，还需要在当前产品下创建一个可读可写的“属性”。

从“设备管理”下的“产品”页面中找到刚才创建的产品Example1，点击右侧的“查看”进入产品详情界面，点击“功能定义”栏目，如图3-12所示。

图3-12 新增功能定义

点击下方的“编辑草稿”按钮对物模型进行编辑，点击“添加自定义功能”，选择功能类型为“属性”，填写必填项，如图3-13所示，然后点击“确认”，点击“发布更新”按钮。注意：“读写类型”一定要选择为“读写”，因为只读类型的属性不具备“设置”方法，只具有“获取”方法。

图3-13 新增属性

4. 运行调试

修改index.js文件内容中的“激活凭证”信息，如图3-14所示。

上述待修改的三元组信息可以在物联网平台控制台上查看，在“设备管理”下的“设备”页面中找到之前创建的test设备，点击查看设备详情，即可获取ProductKey、DeviceName、DeviceSecret信息，如图3-15所示。

```
1  //加载SDK
2  const aliyunIot = require('aliyun-iot-device-sdk');
3  // 创建设备实例
4  const device = aliyunIot.device({
5    // 激活凭证，这里替换成在平台申请到的真实设备凭证
6    productKey: 'YourProductKey',
7    deviceName: 'test',
8    deviceSecret: 'YourDeviceSecret',
9  });
```

图3-14　修改index.js文件

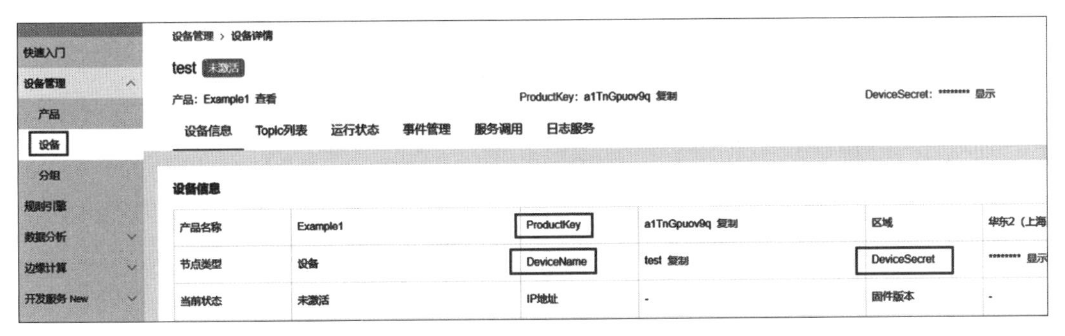

图3-15　设备的三元组信息

index.js文件编辑完成后点击“保存”，然后用终端在项目目录下执行“node index.js”命令，看到提示“connect successfully”，如图3-16所示，即表示当前Node.js虚拟设备已经成功连接到了云端。此时刷新物联网平台页面，我们可以看到test设备处于在线状态，如图3-17所示。

```
问题　输出　调试控制台　终端

Windows PowerShell
版权所有 (C) Microsoft Corporation。保留所有权利。

PS C:\Users\dansan\virtual-nodejs> node index.js
connect successfully
```

图3-16　设备连接到云端

图3-17　设备上线

此时进入“监控运维”下的“在线调试”页面，选择Example1产品下的test设备进行在线调试，即下发设置设备属性的命令，如图3-18所示。

选择“调试真实设备”，调试功能为“测试（test）”，方法选择为“设置”，然后编辑下方JSON编辑器中的内容，例如替换为{"test":66}，如图3-19所示。

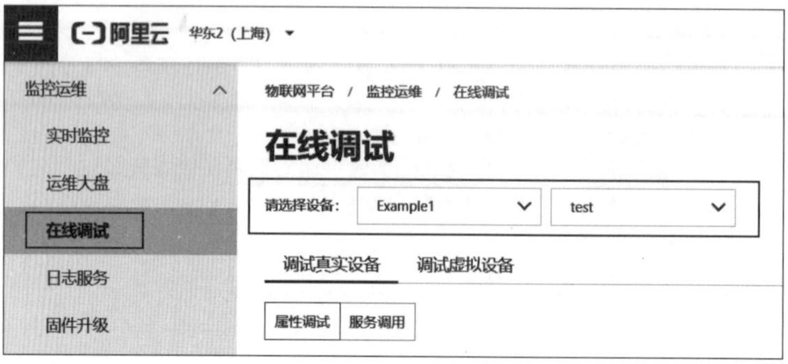

图3-18 在线调试设备

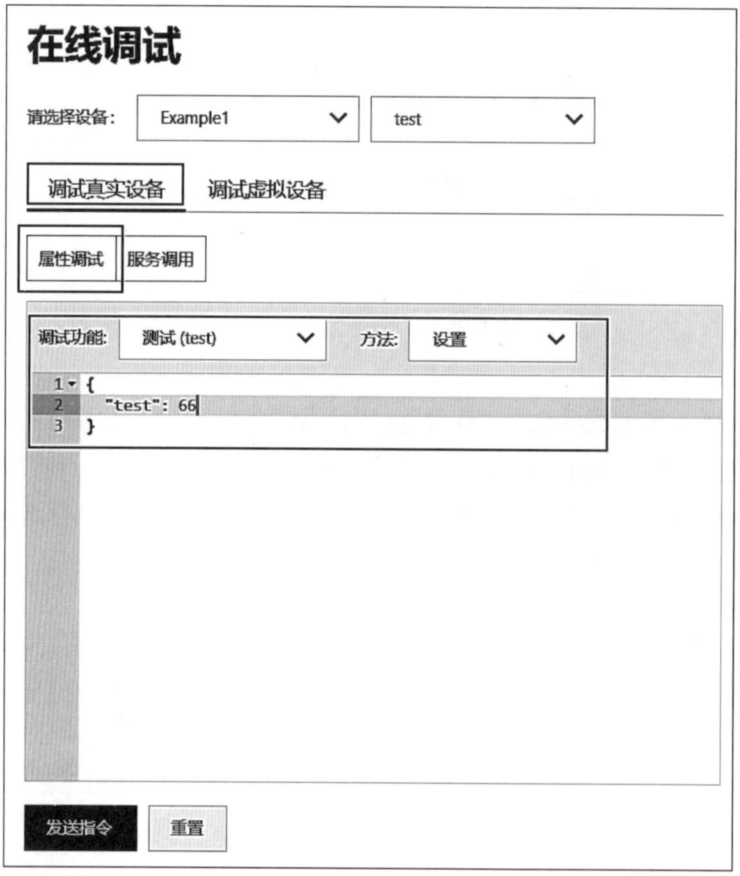

图3-19 设置属性

然后点击“发送指令”按钮，片刻后便可以在“实时日志”栏中看到，云端收到了一条包含{"test":66}内容的属性上报（post）消息，如图3-20所示。

查看Visual Studio Code终端控制台会发现，终端也打出了“receive params:{test:66}”和“post successfully!”的日志，说明虚拟设备成功接收数据并将其成功上报，如图3-21所示。

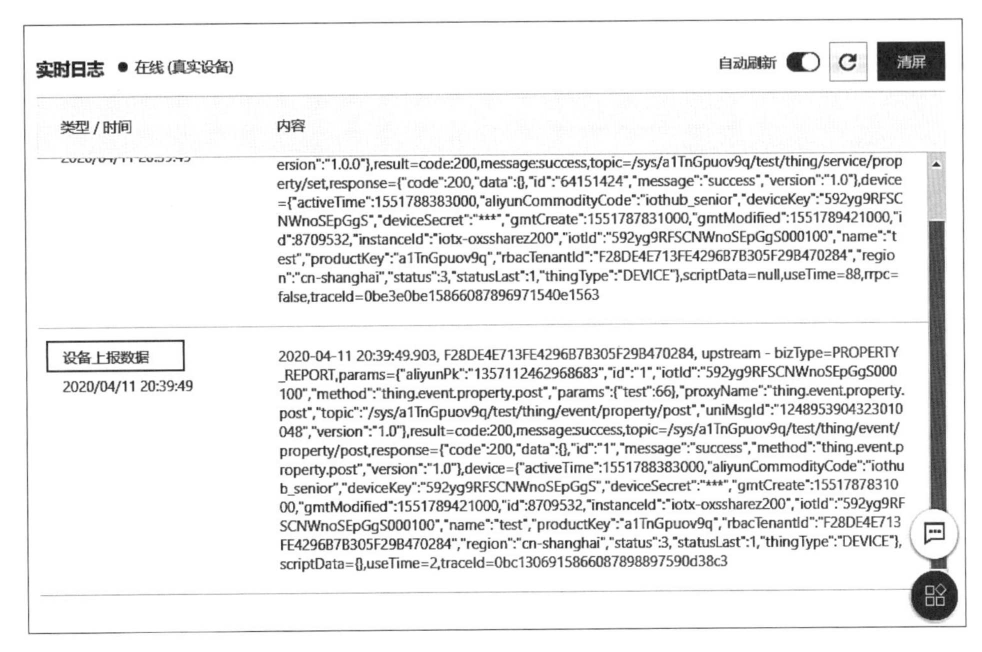

图3-20 云端日志

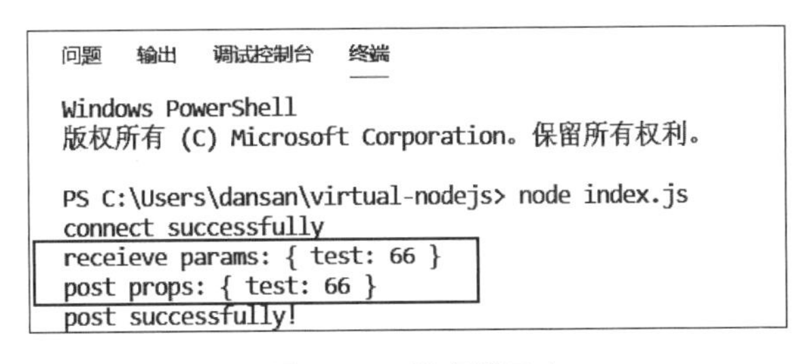

视频1 虚拟设备接入物联网平台

图3-21 设备端日志

至此，将Node.js虚拟设备端接入物联网平台的操作就完成了。

3.2 AIoTKIT设备接入物联网平台

本节以阿里云的AIoTKIT实际开发板为例，介绍终端设备接入物联网平台并与平台进行上下行通信的方法。AIoTKIT开发板通过Wi-Fi模组接入网络，与物联网平台之间采用MQTT协议进行双向通信。由于开发板运行AliOS Things物联网操作系统，因此可以十分便捷地实现物理设备与云平台的无缝对接。

1. 创建产品，添加设备

在将开发板接入物联网平台之前，我们首先需要在物联网平台上创建好对应的产品和设备。进入阿里云官方网站https://www.aliyun.com，登录阿里云账号，无账号的读者可先自行完成注册。搜索“物联网平台”后点击“物联网平台 控制台”，如图3-22所示。

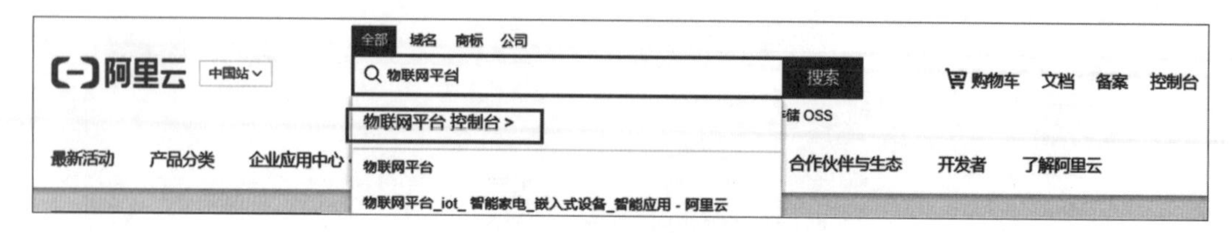

图3-22　阿里云官网

未开通“物联网平台”产品的读者可以点击“立即开通”，开通后即可进入物联网平台控制台界面。进入后选择区域为“华东2（上海）”，如图3-23所示。

图3-23　选择区域

首先在“设备管理”下的“产品”页面，点击右侧“创建产品”按钮，如图3-24所示。

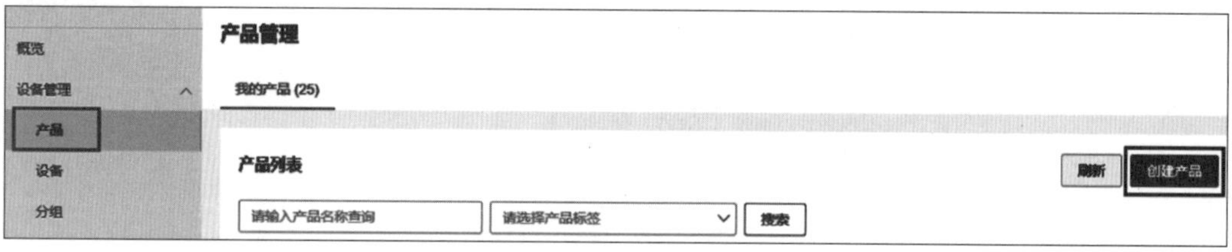

图3-24　创建产品（1）

在弹出页面中输入产品名称，并选择设备类型、节点类型和数据格式等信息后，点击“确定”即可。如图3-25所示，产品名称为“Example2”，所属分类为“自定义品类”，节点类型为“设备”，不接入网关，连网方式为“WiFi”，数据格式为“ICA标准数据格式（Alink JSON）”，不使用ID²认证。

3.1节中已对各参数进行了详细说明，故此处不再重复。

产品创建成功后，进入“设备管理”下的“设备”页面，选择已创建的产品“Example2”，点击右侧“添加设备”按钮，输入设备名称即可，如图3-26所示。

DeviceName（即设备名称）需要在产品内唯一，用作设备的唯一标识符，与物联网平台进行通信。

test设备添加成功后，会弹出该设备的证书信息，即ProductKey、DeviceName和DeviceSecret三元组信息。ProductKey是物联网平台为产品颁发的全局唯一标识符；DeviceName是设备在产品内的唯一标识符，用于设备认证和通信；DeviceSecret是物联网平台为设备颁发的设备密钥，用于认证加密，需与DeviceName成对使用。

图3-25　创建产品（2）

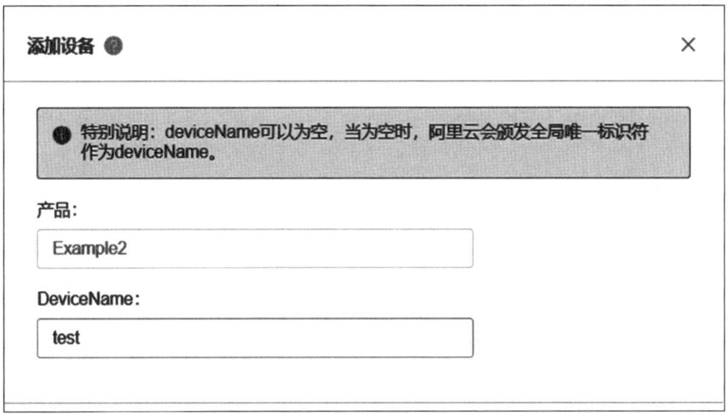

图3-26　添加设备

完成产品和设备的创建后，接下来我们进行设备端的开发。

2. 新建设备端项目工程

首先下载本实验所需的代码（https://gitee.com/terabits/AliLP_Book_Example），然后打开Visual Studio Code软件，点击“文件”→“打开文件夹”（或者直接按下快捷键Ctrl+O），打开工程示例程序。打开以后的工程界面如图3-27所示。

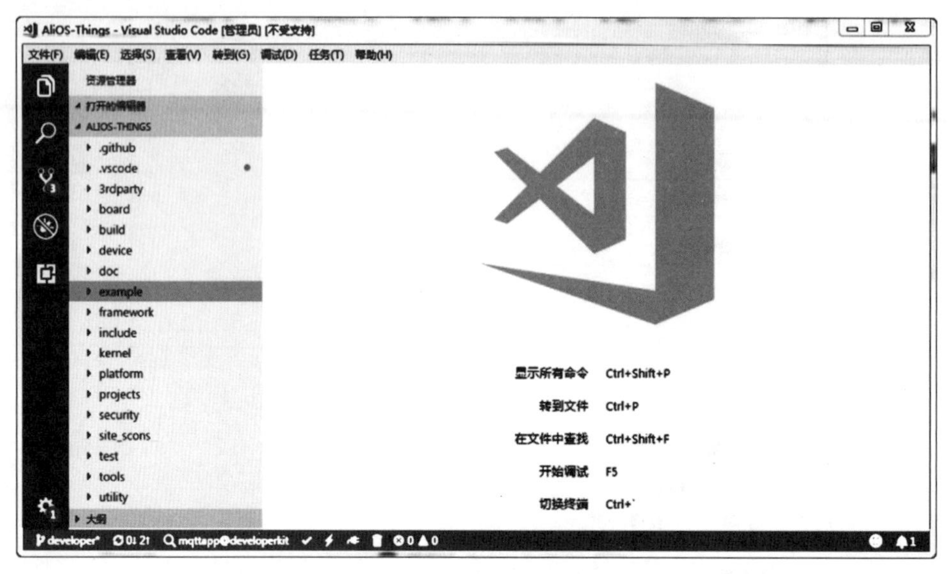

图3-27　打开项目工程

点击工程界面左下角，选择项目模板，设置项目为mqttapp例程，如图3-28所示。

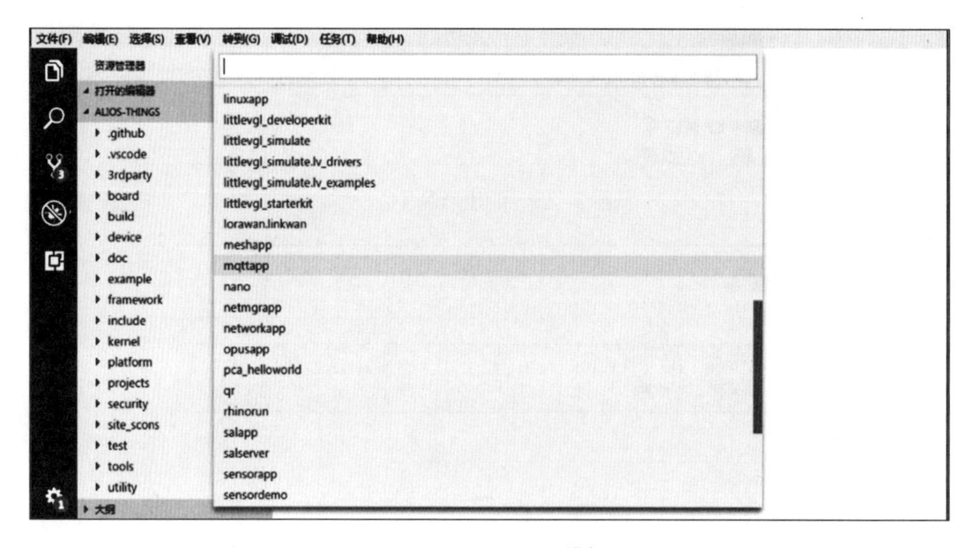

图3-28　设置项目模板

设置项目模板后选择开发板为AIoTKIT开发板，如图3-29所示。

3. 主要代码分析

在进入mqttapp例程代码讲解之前，我们首先介绍一下该mqttapp的编译框架。

（1）mqttapp.mk编译文件分析

顶层example/mqttapp/mqttapp.mk文件如下：

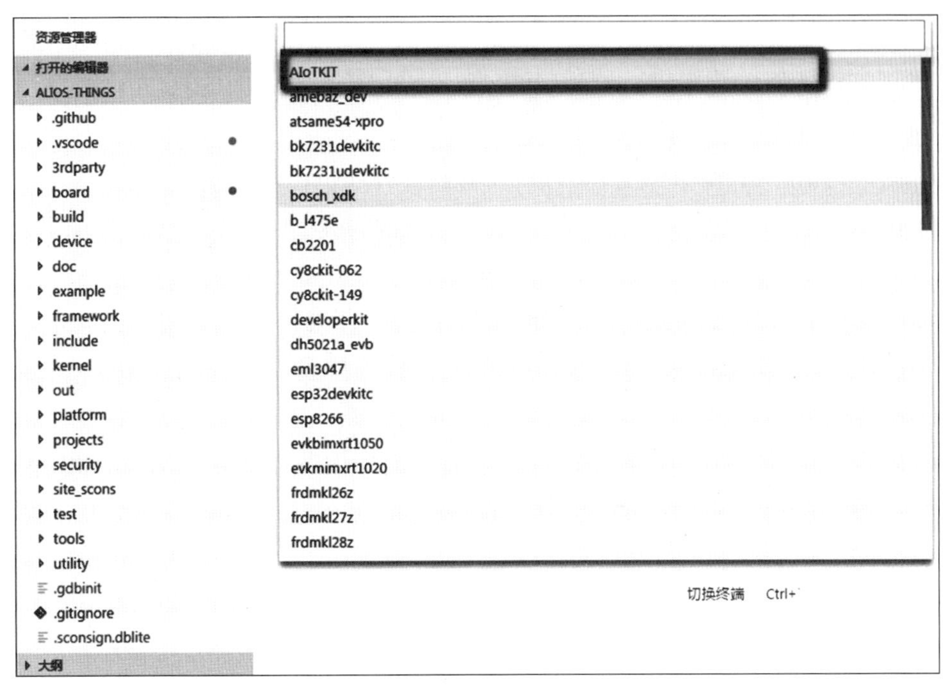

图3-29 设置开发板

```
NAME := mqttapp
GLOBAL_DEFINES+= MQTT_TEST ALIOT_DEBUG IOTX_DEBUG USE_LPTHREAD
CONFIG_OTA_CH = mqtt
$(NAME)_SOURCES := mqtt-example.c
$(NAME)_COMPONENTS:=cli protocol.linkkit.iotkit connectivity.mqtt cjson fota
                        netmgr framework.common
LWIP := 0
ifeq ($(LWIP),1)
    $(NAME)_COMPONENTS += protocols.net
    no_with_lwip := 0
endif
ifeq ($(no_tls),1)
    GLOBAL_DEFINES += IOTX_WITHOUT_TLS  MQTT_DIRECT
endif
ifeq ($(press_test),1)
    GLOBAL_DEFINES += MQTT_PRESS_TEST
endif
```

由该mk文件我们可以知道，编译的顶层源程序为mqtt-example.c。在该mk文件中还包含了其他的一些组件，比如cli组件、iotkit组件、mqtt组件、cjson组件、fota组件和netmgr组件等。

cli组件为命令行相关的组件，代码位置位于/tools/cli文件夹下。

iotkit组件为IoT连接工具包，主要负责设备端和阿里云物联网平台端的连接、鉴权认证等功能。其代码位置位于/framework/protocol/linkkit/iotkit文件夹下。

mqtt组件是与MQTT协议相关的部分程序代码，主要负责实现MQTT协议的相关方法，MQTT客户端的建立与取消等操作。其代码位置位于/framework/connectivity/mqtt文件夹下。

cjson组件主要应用在数据格式转换方面，因为设备端和平台端是以JSON格式进行数据通信，所以应用cjson组件可以成功地将要发送的数据转换为JSON格式，其代码位置位于/utility/cjson文件夹下。

fota组件主要用于固件升级，在本例程中没有用到。

netmgr组件主要用于配网的功能，其代码位置位于/framework/netmgr。

除了以上包含的组件和指定源程序之外，在mqttapp.mk文件中，还进行了全局的宏定义：

GLOBAL_DEFINES+= MQTT_TEST ALIOT_DEBUG IOTX_DEBUG USE_LPTHREAD

其中MQTT_TEST宏定义用于指定在iotkit组件/sdk-encap/imports/iot_import_product.h文件中的三元组信息，如图3-30所示。

```
#elif  MQTT_TEST
#define PRODUCT_KEY           "a1DIzp6kKHD"
#define DEVICE_NAME           "test"
#define DEVICE_SECRET         "5GGC8rUJUukvQBCvrnG4csoUP1te8JRJ"
#define PRODUCT_SECRET        ""
#else
#define PRODUCT_KEY           "a1AzoSi5TMc"
#define PRODUCT_SECRET        "Z9Ze6qgMrWgTOezW"
#define DEVICE_NAME           "test_light_03"
#define DEVICE_SECRET         "oIdAOeech8fM7aHtq0QSvV1oSle30SxP"
#endif
#endif
```

图3-30 MQTT_TEST指定三元组信息示例

在mqttapp.mk文件中具有如下条件编译的选项：

```
ifeq ($(press_test),1)
    GLOBAL_DEFINES += MQTT_PRESS_TEST
endif
```

该条件编译表明，如果设置press_test为1（aos make mqttapp@ stm32f412zg-nucleo press_test=1），那么就增加一个全局的宏定义MQTT_PRESS_TEST。该全局宏定义用于打开压力测试开关。在本次的mqttapp例程代码中并没有设置此选项。

mqttapp例程默认使用的是MQTT客户端直连方式，带有TLS。如果不使用TLS，可以使用如下条件编译指令关闭TLS，不过一般建议将TLS打开。

```
ifeq ($(no_tls),1)
    GLOBAL_DEFINES += IOTX_WITHOUT_TLS  MQTT_DIRECT
endif
```

（2）mqttapp例程代码解析

在mqttapp例程代码中，mqtt-example.c是通过AT联网指令联网并上传与接收数据的。我们将详细介绍mqtt-example.c文件，即使用AIoTKIT开发板进行联网的例程。

①int application_start(int argc, char *argv[])

该函数为开发者真正的应用入口函数。在此函数中完成的主要功能为：

- AT指令初始化，SAL框架初始化；
- 设置输出的LOG 等级 aos_set_log_level(AOS_LL_DEBUG)；
- AliOS Things定义了一系列系统事件，程序可以通过aos_register_event_filter注册事件监听函数，进行相应的处理，比如 Wi-Fi事件；
- 在配网过程中，netmgr负责定义和注册Wi-Fi回调函数netmgr_init；
- 通过调用aos_loop_run进入事件循环。

```
int application_start(int argc, char *argv[])
{
    #if AOS_ATCMD              /*AT指令初始化*/
        at.set_mode(ASYN);
        at.init(&at_uart, AT_RECV_DELIMITER, AT_SEND_DELIMITER, 1000);
    #endif
    #ifdef WITH_SAL              /*SAL框架初始化*/
        sal_init();
    #endif
    aos_set_log_level(AOS_LL_DEBUG);    /*设置LOG等级*/
    aos_register_event_filter(EV_WIFI, wifi_service_event, NULL);
    netmgr_init();            /*用于对 netmgr 组件进行初始化*/
```

```
    netmgr_start(false);     /* 可选，它的作用是启动配网流程 */
    aos_cli_register_command(&mqttcmd);
    aos_loop_run();
    return 0;
}
```

②static void wifi_service_event(input_event_t *event, void *priv_data)

该函数为Wi-Fi事件处理函数，当有Wi-Fi事件发生时运行该函数。在该函数中完成的主要功能为进行Wi-Fi事件的判断，包括事件类型的确认等，在确认无误后调用mqtt_client_example。此函数内容如下：

```
static void wifi_service_event(input_event_t *event, void *priv_data)
{
    if (event->type != EV_WI-FI) {
        return;
    }
    if (event->code != CODE_WIFI_ON_GOT_IP) {
        return;
    }
    LOG(" wifi_service_event!");
    mqtt_client_example();
}
```

③int mqtt_client_example(void)

mqtt_client_example函数是本次mqttapp例程中的鉴权连接函数，该函数所实现的主要功能是：

- 获取设备进行鉴权注册时的相关参数；
- 通过Wi-Fi连接IoT平台，进行设备注册。

该函数的具体内容如下：

```
int mqtt_client_example(void)
{
    memset(&mqtt, 0, sizeof(MqttContext));
    /* 获取设备连接时的相关参数 */
    strncpy(mqtt.productKey,PRODUCT_KEY,sizeof(mqtt.productKey)- 1);
```

```
    strncpy(mqtt.deviceName,DEVICE_NAME,sizeof(mqtt.deviceName)- 1);
    strncpy(mqtt.deviceSecret,DEVICE_SECRET,sizeof(mqtt.deviceSecret) - 1);
    mqtt.max_msg_size = MSG_LEN_MAX; /* 消息的大小限制 */
    mqtt.max_msgq_size = 8;        /* 消息队列的大小限制 */
    mqtt.event_handler = smartled_event_handler;
    mqtt.delete_subdev = NULL;
    if (mqtt_init_instance(mqtt.productKey, mqtt.deviceName, mqtt.deviceSecret,
      mqtt. max_msg_size) < 0) {
        /* 初始化并建立 MQTT 连接 */
        LOG("mqtt_init_instance failed\n");
        return -1;
    }
    aos_register_event_filter(EV_SYS,  mqtt_service_event, NULL);
    /* 监听 mqtt 服务事件 */
    return 0;
}
```

④static void mqtt_service_event(input_event_t *event, void *priv_data)

该函数为mqttapp例程中事件触发后调用的函数，其主要功能为进行事件合法性检查，以及调用mqtt_work主函数。此函数内容如下：

```
static void mqtt_service_event(input_event_t *event, void *priv_data)
{
    if (event->type != EV_SYS) {
        return;
    }
    if (event->code != CODE_SYS_ON_MQTT_READ) {
        return;
    }
    LOG("mqtt_service_event!");   /* 输出 LOG 信息 */
    /* 调用本次例程的主要函数 mqtt_work*/
    mqtt_work(NULL);
}
```

⑤static void mqtt_work(void *parms)

mqtt_work函数是本次mqttapp例程中的MQTT上云发送数据函数，该函数所实现的主要功能是：

- 订阅相关Topic；
- 向指定Topic循环发送自定义数据。

该函数中发送的自定义数据为自身模拟的温度数据，该温度值随着循环次数的增加而不断增加，循环200次后终止发送数据。如果需要可以将要发送到云端的数据内容修改为自身需要的数据内容。

具体函数解析如下：

```
static void mqtt_work (void *parms)
{
    int rc = -1;
    /*订阅Topic标记，初始化为0*/
    if(is_subscribed == 0) {
     /*订阅GET Topic*/
      rc = mqtt_subscribe(TOPIC_GET, mqtt_sub_callback, NULL);
      if (rc<0) {
         LOG("IOT_MQTT_Subscribe() failed, rc = %d", rc);
      }

      is_subscribed = 1;          /*置位订阅标记*/
      aos_schedule_call(ota_init, NULL);
    }

    #ifndef MQTT_PRESS_TEST
    else{
         /*产生要发送的数据内容*/
           int msg_len =
              snprintf(msg_pub,sizeof(msg_pub),"{\"attr_name\":\"temperature\",
                     \"attr_value\":\"%d\"}", cnt);
           if (msg_len < 0) {
              LOG("Error occur! Exit program");
           }
           /*发送预定数据到指定的Topic*/
           rc = mqtt_publish(TOPIC_UPDATE, IOTX_MQTT_QOS0, msg_pub, msg_len);
```

```
            /*打印输出发送的message*/
            LOG("packet-id=%u, publish topic msg=%s", (uint32_t)rc, msg_pub);
    }

    cnt++;
    if(cnt < 200) {
        /*每隔3s重新发送一次数据*/
        aos_post_delayed_action(3000, mqtt_work, NULL);
    }
    else {
        /*发送超过200次，则取消订阅Topic，清除订阅标记，释放存储区*/
        mqtt_unsubscribe(TOPIC_GET);
        aos_msleep(200);
        mqtt_deinit_instance();
        is_subscribed = 0;
        cnt = 0;
    }
    #endif
}
```

4. 修改设备端相关参数

修改鉴权信息：打开该工程framework\protocol\linkkit\iotkit\sdk-encap\imports目录下的iot_import_product.h文件，将其中设备相关信息修改为之前在物联网平台创建的产品Example2下的test设备对应的PRODUCT_KEY、DEVICE_NAME和DEVICE_SECRET信息。具体参数修改如图3-31所示。

```
#elif  MQTT_TEST
#define PRODUCT_KEY             "yfTuLfBJTiL"
#define DEVICE_NAME             "TestDeviceForDemo"
#define DEVICE_SECRET           "fSCl9Ns5YPnYN8Ocg0VEel1kXFnRlV6c"
#define PRODUCT_SECRET          ""
```

图3-31 更改鉴权信息

开发板通过Wi-Fi模组将消息上发至物联网平台。消息发送函数为example\mqttapp目录下的mqtt-example.c文件中的mqtt_publish函数。该函数将msg_pub消息发送至TOPIC_UPDATE对应的Topic。消息发送函数代码如图3-32所示。

```
int msg_len = snprintf(msg_pub, sizeof(msg_pub), "{\"attr_name\":\"temperature\", \"attr_value\":\"%d\"}", cnt);
if (msg_len < 0) {
    LOG("Error occur! Exit program");
}
rc = mqtt_publish(TOPIC_UPDATE, IOTX_MQTT_QOS1, msg_pub, msg_len);
if (rc < 0) {
    LOG("error occur when publish");
}

LOG("packet-id=%u, publish topic msg=%s", (uint32_t)rc, msg_pub);
```

图3-32　消息上行代码

开发板在项目中订阅TOPIC_GET对应的Topic实现下行消息的接收。订阅函数将下行消息处理函数mqtt_sub_callback注册到回调函数中，在接收到下行消息时打印下行消息。消息接收函数代码如图3-33所示。

```
static void mqtt_sub_callback(char *topic, int topic_len, void *payload, int payload_len, void *ctx)
{
    LOG("----");
    LOG("Topic: '%.*s' (Length: %d)",
        topic_len,
        topic,
        topic_len);
    LOG("Payload: '%.*s' (Length: %d)",
        payload_len,
        (char *)payload,
        payload_len);
    LOG("----");

#ifdef MQTT_PRESS_TEST
    sub_counter++;
    int rc = mqtt_publish(TOPIC_UPDATE, IOTX_MQTT_QOS1, payload, payload_len);
    if (rc < 0) {
        LOG("IOT_MQTT_Publish fail, ret=%d", rc);
    } else {
        pub_counter++;
    }
    LOG("RECV=%d, SEND=%d", sub_counter, pub_counter);
#endif MQTT_PRESS_TEST
}
```

图3-33　消息下行代码

5. 编译与下载

如图3-34所示，点击Visual Studio Code状态栏中的“编译”按钮，编译程序。

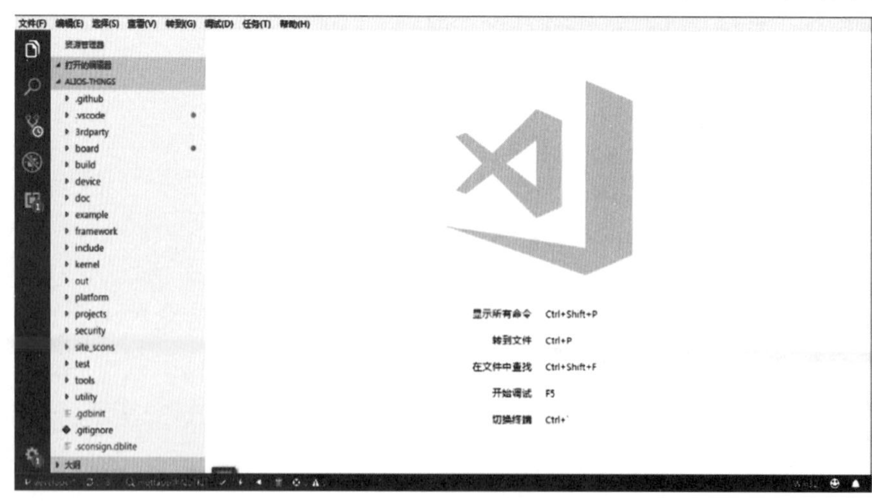

图3-34　工程编译

编译时，在 Visual Studio Code 的输出栏中可以看到编译的详细 log。编译成功时，可以在 Visual Studio Code 的输出栏看到如图 3-35 所示信息。

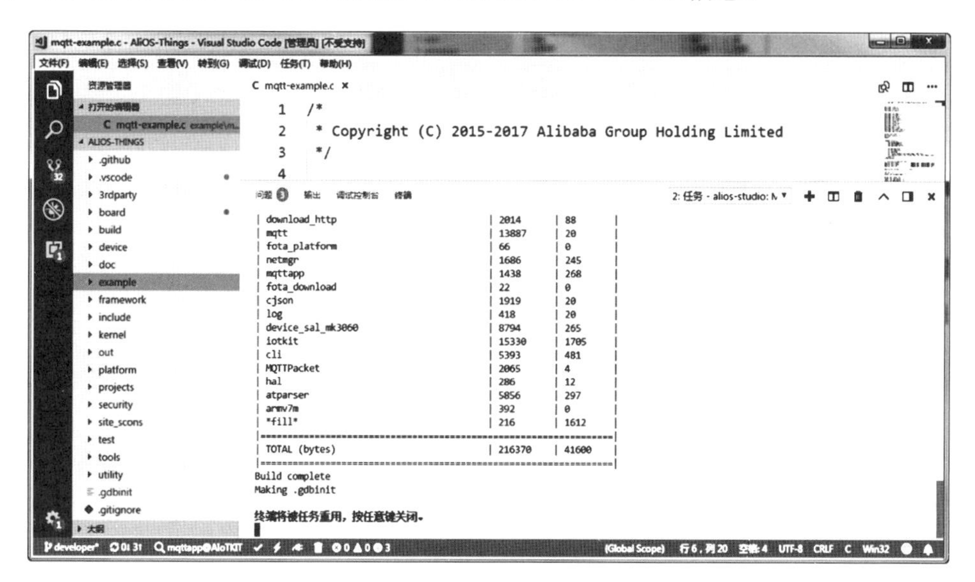

图 3-35 工程编译成功界面

使用USB串口线将开发板和计算机连接起来。当编译完成后，在确保设备和计算机连接无误且可以通过 Visual Studio Code 与设备建立连接的情况下，点击“烧录”按钮，如图3-36所示。

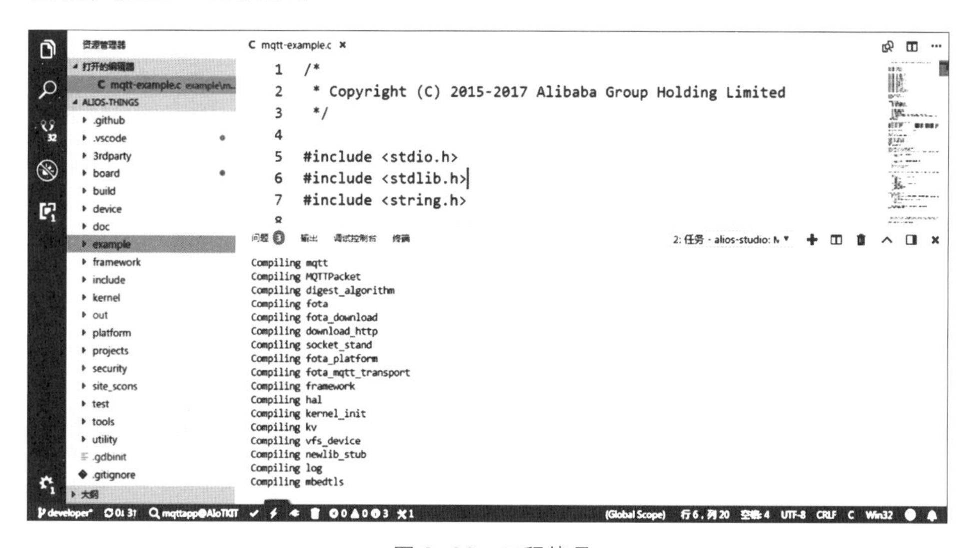

图 3-36 工程烧录

6. 运行调试

经过编译下载操作，相应的mqttapp已经成功烧录到了AIoTKIT开发板中。项目下载完成后，点击导航栏底部的“AliOS Studio: Connect Device”选项，将开发板日志串口连接至软件控制台。第一次连接时需要设置COM号与波特率，我们使用默认的就可以，如图3-37所示。

图3-37　设备连接

开发板正常启动之后，通过命令行使Wi-Fi模组能正确连接到对应的路由器，即在Visual Studio Code的终端下输入netmgr connect WIFINAME　WIFIPASSWORD（Wi-Fi名称以及Wi-Fi密码）联网指令，如图3-38所示。

图 3-38　输入设备联网指令

正常联网后，mqttapp会真正开始运行。图3-39为mqttapp例程运行日志。

图 3-39　mqttapp例程运行日志

联网成功以后，程序会在每一个循环中上报自定义温度数据，且上报的Topic为TOPIC_UPDATE所定义的Topic。由物联网平台控制台可知，该Topic具有发布权限，具体产生的日志如图3-40所示。

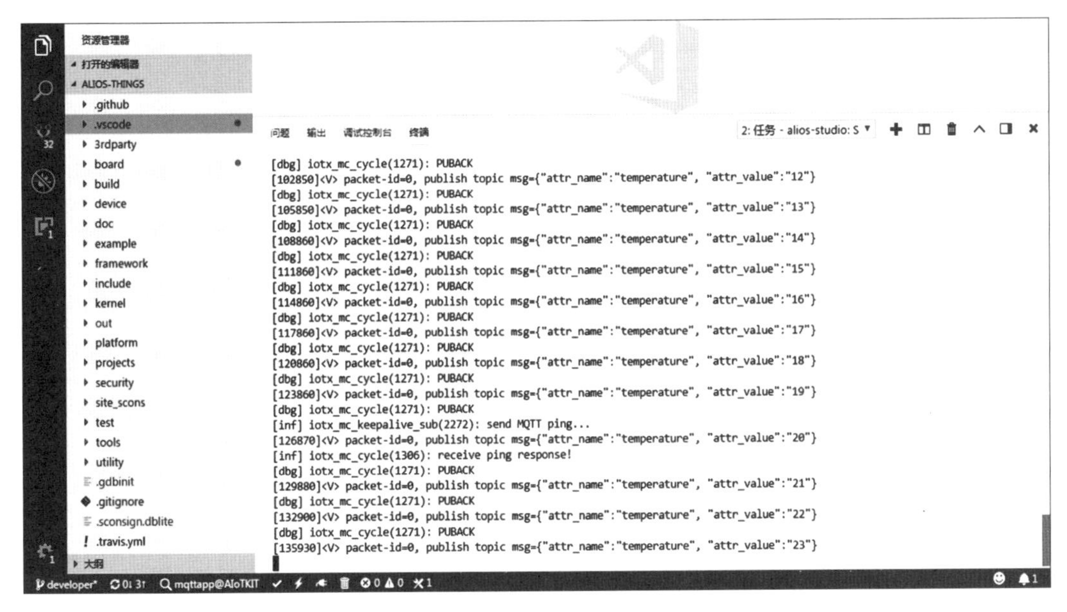

图3-40　设备上报数据日志

设备端上传到阿里云物联网平台控制台的消息同样可以在控制台上的消息上报记录中查看，点击“监控运维”→“日志服务”→“上行消息分析”，选择对应产品后即可查询到设备相关的日志信息，如图3-41所示。

时间	MessageID	DeviceName	内容(全部)	状态以及原因分析
2019/02/26 11:13:15	1100232297745043456	Alios_Things_device	Send message to RuleEngine, topic:/a1cs...	成功
2019/02/26 11:13:15	1100232297745043456	Alios_Things_device	Publish message to topic:/a1cs4ErKkBN/A...	成功
2019/02/26 11:13:12	1100232285120331776	Alios_Things_device	Transmit data to MNS,queue:aliyun-iot-a1...	成功
2019/02/26 11:13:12	1100232285120331776	Alios_Things_device	Send message to RuleEngine, topic:/a1cs...	成功
2019/02/26 11:13:12	1100232285120331776	Alios_Things_device	Publish message to topic:/a1cs4ErKkBN/A...	成功
2019/02/26 11:13:09	1100232272508092416	Alios_Things_device	Transmit data to MNS,queue:aliyun-iot-a1...	成功
2019/02/26 11:13:09	1100232272508092416	Alios_Things_device	Send message to RuleEngine, topic:/a1cs...	成功

图3-41　云端设备上报消息日志

同时，在控制台上，我们可以直接向开发板下发消息。由于设备在代码中订阅了get Topic，因此此处我们选择get Topic下发消息。进入该项目test设备的详情界面，选择“Topic列表”，如图3-42所示。

点击右侧的“发布消息”按钮。在消息弹窗中填写消息内容后点击“确认”即可，如图3-43所示。

此时，终端将接收到下行的消息，并将内容打印在日志窗口上，如图3-44所示。

设备的Topic列表

设备的Topic	设备具有的权限	发布消息数	操作
/sys/a1jRCCHa5uF/test/thing/event/property/post	发布		
/sys/a1jRCCHa5uF/test/thing/service/property/set	订阅		
/sys/a1jRCCHa5uF/test/thing/event/${tsl.event.identifer}/post	发布		
/sys/a1jRCCHa5uF/test/thing/service/${tsl.event.identifer}	订阅		
/sys/a1jRCCHa5uF/test/thing/deviceinfo/update	发布		
/a1jRCCHa5uF/test/user/update	发布	0	发布消息
/a1jRCCHa5uF/test/user/update/error	发布	0	发布消息
/a1jRCCHa5uF/test/user/get	订阅	0	发布消息

图3-42　云端下发消息

图3-43　云端发送消息内容

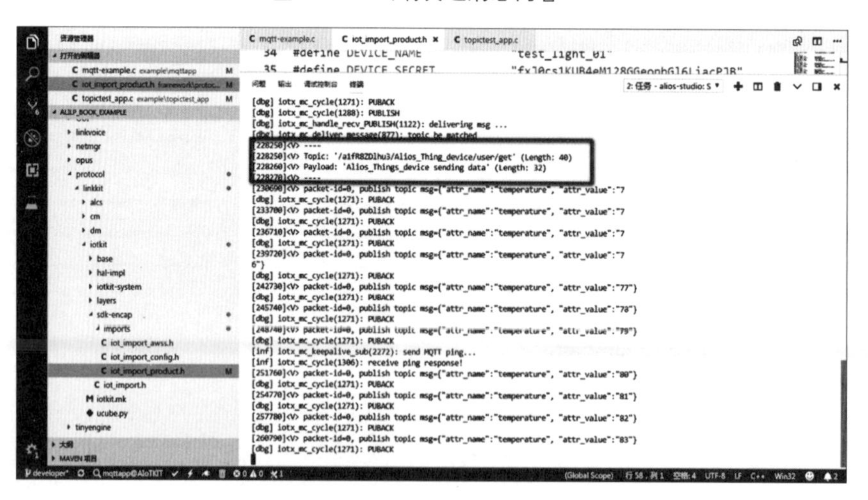

图3-44　设备端显示云端下发消息

3.3 设备接入实验对比

上两节内容分别介绍了将Node.js虚拟设备和运行AliOS Things操作系统的AIoTKIT开发板接入物联网平台的方法。这两节内容中除了所使用的设备不同，设备与物联网平台通信所使用的Topic也不同：Node.js虚拟设备使用系统Topic（物模型）进行通信，而AIoTKIT开发板使用自定义Topic进行通信。下面以设备接入平台并上报温湿度数据的场景为例说明这两种方式的区别，更多有关设备与平台通信机制以及Topic的介绍可参考4.4节“Topic”与4.5节“通信模式”。

1. 物模型定义

当设备与平台基于系统Topic进行通信时，用户在创建产品时就需要为产品定义好物模型，即定义好属性、服务和事件等功能，有关物模型的详细介绍与使用示例可参考5.7节“物模型”与5.8节“基于产品的物模型实验”。

因此，当设备需要上报温湿度数据时，如果使用自定义Topic，则无须进行功能定义；如果使用系统Topic，则需要定义“温度”属性和“湿度”属性这两个产品功能。

2. 数据格式

设备通过自定义Topic传输的数据的格式可以完全由用户自行定义，而设备通过系统Topic传输的数据则必须采用平台根据物模型定义好的数据格式。例如当设备通过系统Topic上报温湿度属性数据时，必须向相应的Topic中发送如下格式的内容：

```
{
    "id": "123",
    "version": "1.0",
    "params": {
        "Temperature": 30.5,
        "Humidity": 60.7
    },
    "method": "thing.event.property.post"
}
```

设备通过自定义Topic发送温湿度数据时，则可以采用任何自定义的JSON格式，例如直接发送如下内容：

```
{
    "Temperature": 30.5,
    "Humidity": 60.7
}
```

相信通过后续章节内容的学习，读者会对以上内容有更加深刻的理解。

本章小结

本章基于Node.js虚拟设备和AIoTKIT开发板，带领读者学习了物联网平台的基本操作和设备接入方法。后续章节中的各个实验都将基于运行AliOS Things操作系统的AIoTKIT开发板，进一步向读者介绍物联网平台的各功能和使用方法。

第4章 IoT Hub

4.1 功能介绍

如图4-1所示，IoT Hub是物联网平台中负责设备连接与通信的组件，能够为设备和物联网应用程序提供发布和接收消息的安全通道，帮助设备连接阿里云IoT，并进行安全可靠的数据通信。

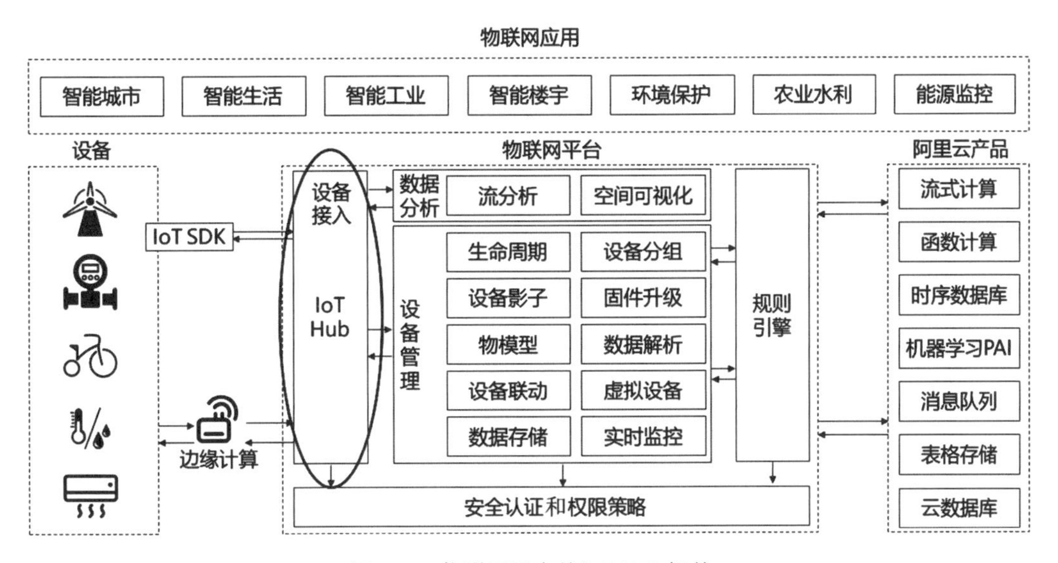

图4-1 物联网平台的IoT Hub组件

IoT Hub具备以下几大功能：

1. 高性能的扩展能力

IoT Hub支持线性动态扩展，可以支撑十亿设备同时连接。

2. 全链路加密

整个通信链路以RSA、AES加密，保证数据传输的安全。

3. 支持多种设备接入协议

目前IoT Hub支持设备以CoAP协议、开源的MQTT协议和HTTPS协议接入。

4. 消息实时到达

当设备与IoT Hub成功建立数据通道后，两者间会保持长连接，以减少握手时间，保证消息的实时到达。

5. 支持数据透传

IoT Hub支持以二进制透传的方式将设备数据传到自己的服务器上，且物联网平台不保存设备数据，以保证用户对数据的安全可控性。

6. 支持多种通信模式

IoT Hub支持RRPC（Revert-RPC）同步通信和基于pub/sub（发布/订阅）的异步通信两种模式，以满足用户的不同应用场景需求。

4.2 MQTT协议

4.2.1 协议介绍

IoT Hub支持设备以MQTT协议、CoAP协议和HTTPS协议接入。本书各实验中的设备均采用MQTT协议接入方式，即设备基于MQTT协议接入物联网平台并与平台进行双向通信。

MQTT（Message Queuing Telemetry Transport）协议，全称为消息队列遥测传输协议,是IBM公司面向计算能力有限且工作在低带宽或不可靠网络下的远程传感器和控制设备而开发的、运行于TCP协议栈之上的即时通信协议。MQTT协议基于轻量级代理的发布/订阅模式进行消息传输，能够提供实时可靠的双向网络连接和消息服务，具有低开销和低带宽占用的特点，在物联网、移动应用等方面应用广泛。

4.2.2 工作原理

MQTT协议中有三种角色，即代理（broker）、发布者（publisher）和订阅者（subscriber），其工作原理如图4-2所示。

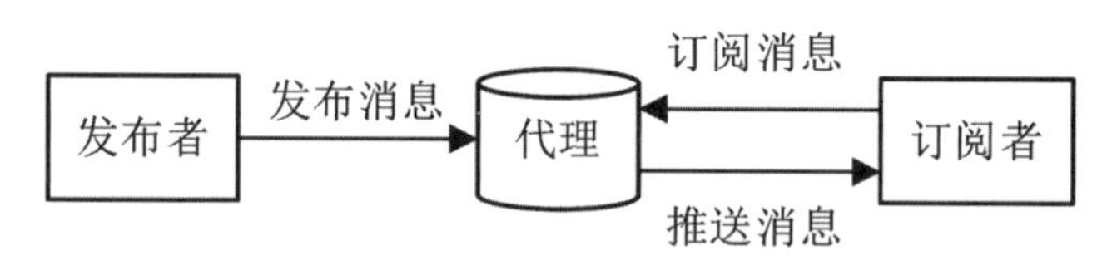

图4-2 MQTT协议工作原理

订阅者：某些设备对特定的信息感兴趣，并希望订阅它，这些设备就叫订阅者。

发布者：负责为其他设备生成数据的就叫发布者。一个设备可以既是订阅者，又是发布者。

代理：负责将来自发布者的消息进行存储处理，并将这些消息发送给正确的订阅者。

发布/订阅（pub/sub）模式使发布者和订阅者互不知道对方的存在，只知道代理服务器，实现了发布者和订阅者的解耦。

通过MQTT协议传输的消息分为Topic和payload两部分：

Topic：可以理解为消息的类型，发布和订阅操作都是基于Topic进行的。发布者往某个Topic中发布消息，订阅者订阅该Topic后，即可收到消息。

payload：可以理解为消息的内容，是指订阅者具体要使用的消息内容。

4.2.3 协议特点

MQTT协议是轻量、简单、开放且易于实现的协议，特别适用于机器与机器（M2M）通信以及物联网等资源受限的场景中。其特点包括：

①发布/订阅消息模式提供了一对多消息分发，实现了与应用程序的解耦。

②具有屏蔽payload内容的消息传输机制。

③用户可以根据需要从三种传输消息的服务质量（QoS）中选择，如表4-1所示。

表4-1 QoS等级

QoS等级	传输次数	说明
0	至多一次	可能发生消息丢失
1	至少一次	确保消息到达，但可能发生消息重复
2	只有一次	确保消息到达一次

④最小化数据传输和协议交换，协议头部仅2字节，以减少网络流量。

⑤具有通知机制，当连接异常中断时通知传输双方。

4.2.4 物联网平台MQTT协议实现说明

目前阿里云物联网平台支持MQTT标准协议接入，兼容3.1.1版本和3.1版本协议，具体的协议内容请参考MQTT 3.1.1和MQTT 3.1协议文档。

与标准的MQTT相比，阿里云物联网平台不支持will、retain msg；不支持QoS2；支持MQTT的PUB、SUB、PING、PONG、CONNECT、DISCONNECT和UNSUB等报文；支持cleanSession；并且物联网平台还基于原生的MQTT Topic支持RRPC同步模式，使服务器可以同步调用设备并获取设备回执结果。

在安全等级上，阿里云物联网平台支持多种加密方式：

①TCP通道基础+TLS协议（TLSV1、TLSV1.1和TLSV1.2版本）：安全级别高。

②TCP通道基础+芯片级加密（ID^2硬件集成）：安全级别高。

③TCP通道基础+对称加密（使用设备私钥做对称加密）：安全级别中。

④TCP方式（数据不加密）：安全级别低。

4.3 CoAP协议与HTTP协议

除上面介绍的MQTT协议以外，阿里云物联网平台还支持设备以CoAP协议和HTTP协议接入。

4.3.1 CoAP协议规范

CoAP协议（Constrained Application Protocol）是一种专门的网络传输协议，适用于物联网场景中受限的节点与受限的网络，如资源受限的NB-IoT低功耗设备。阿里云物联网平台支持RFC 7252 Constrained Application Protocol协议，使用DTLS v1.2来保证通信通道的安全。

与标准的CoAP协议相比，阿里云支持的CoAP协议暂不支持资源发现；仅支持UDP协议，目前支持DTLS和对称加密两种安全模式；CoAP的URI资源应与MQTT中的Topic保持一致。注意，目前仅有“华东2（上海）”地域支持CoAP通信。

4.3.2 HTTP协议规范

HTTP协议（HyperText Transfer Protocol，超文本传输协议）是互联网领域应用最为广泛的一种网络协议，阿里云物联网平台支持HTTP/1.0协议和HTTP/1.1协议，使用HTTPS（Hypertext Transfer Protocol Secure，超文本传输安全协议）保证通信通道安全。

与标准的HTTP协议相比，阿里云支持的HTTP协议不支持以“?”形式传递参数，暂时不支持资源发现，仅支持HTTP，且HTTP的URI资源应与MQTT中的Topic保持一致。

更多关于CoAP协议与HTTP协议的内容，读者可自行查阅协议官网和阿里云物联网平台帮助文档。

4.4 Topic

物联网平台与设备之间基于Topic来进行消息的路由转发，每类Topic都具有自身的设备操作权限：发布或订阅。发布表示设备可以往该Topic中发布消息，订阅则表示设备可以从该Topic中订阅消息。设备端或者服务端通过向物联网平台发布订阅消息实现双向通信。下面，首先对Topic类和Topic的概念进行介绍。

4.4.1 Topic类

为了方便海量设备基于海量Topic与平台进行pub/sub通信，简化授权操作，物联网平台增加了“Topic类”概念。Topic类是针对产品的概念，Topic是针对设备的概念。也就是说，Topic类是一类Topic的集合。举个例子，Topic类/${ProductKey}/${DeviceName}/user/update（update为Topic名）是具体Topic/${ProductKey}/device1/user/update、/${ProductKey}/device2/user/update等的集合。

用户创建产品后，只需在产品下定义Topic类或者直接使用平台为产品自动创建的默认Topic类，平台会自动根据Topic类将Topic映射到该产品下的所有设备上，生成用于消息通信的具体设备Topic，不需要用户单独为每个设备授权Topic，如图4-3所示。

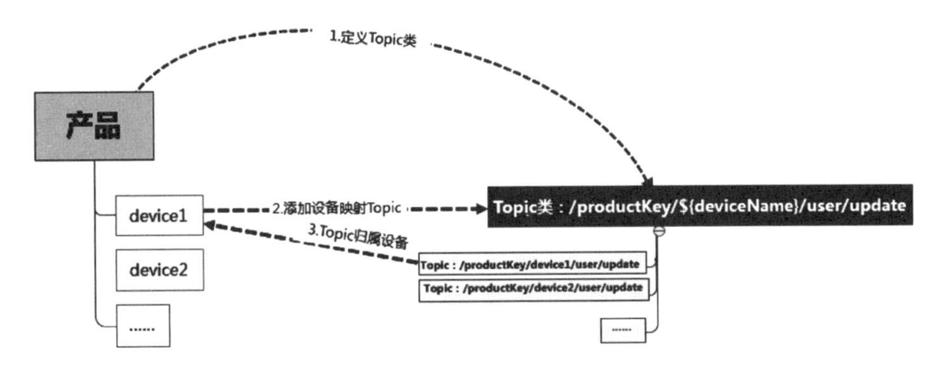

图4-3 Topic类

Topic类格式以“/”进行分层，区分每个类目。其中，有两个类目已经规定好，${ProductKey}代表产品标识ProductKey，${DeviceName}代表设备名称DeviceName。在产品详情下的“Topic类列表”页面中，可以查看该产品的所有Topic类，如图4-4所示。

产品信息 Topic类列表 功能定义 服务端订阅 日志服务 在线调试

产品Topic类列表 定义Topic类

Topic类	操作权限	描述	操作
/sys/a1jRCCHa5uF/${deviceName}/thing/event/property/post	发布	设备属性上报	
/sys/a1jRCCHa5uF/${deviceName}/thing/service/property/set	订阅	设备属性设置	
/sys/a1jRCCHa5uF/${deviceName}/thing/event/${tsl.event.identifer}/post	发布	设备事件上报	
/sys/a1jRCCHa5uF/${deviceName}/thing/service/${tsl.event.identifer}	订阅	设备服务调用	
/sys/a1jRCCHa5uF/${deviceName}/thing/deviceinfo/update	发布	设备标签上报	
/a1jRCCHa5uF/${deviceName}/user/update	发布		编辑 删除
/a1jRCCHa5uF/${deviceName}/user/update/error	发布		编辑 删除
/a1jRCCHa5uF/${deviceName}/user/get	订阅		编辑 删除

图4-4 产品的Topic类列表示例

除上述物联网平台为产品自动生成的默认Topic类以外，用户还可以自定义Topic类，以方便用户根据业务需求进行更为灵活的消息通信，如图4-5所示。用户Topic类的命名只能包含字母、数字和下划线（_），每级类目不能为空。

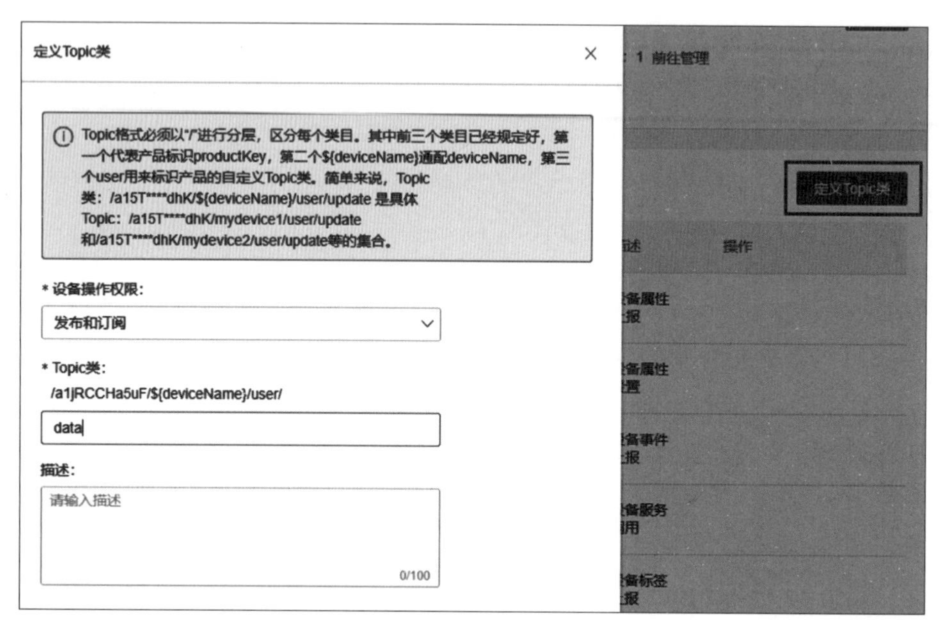

图4-5 用户自定义Topic类

注意：Topic类是不能用于通信的，pub/sub通信必须基于具体的某个Topic。举个例子，用户不能使用/${ProductKey}/${DeviceName}/user/update进行通信，只能使用/${ProductKey}/device1/user/update或者/${ProductKey}/device2/user/update进行通信。

4.4.2 Topic

Topic与Topic类格式一致，是根据具体的DeviceName从Topic类中映射动态创建而来，只有当DeviceName存在时，对应的Topic才会被创建。图4-6为设备的

设备信息 Topic列表 运行状态 事件管理 服务调用 设备影子 文件管理 日志服务 在线调试

设备的Topic列表

设备的Topic	设备具有的权限	发布消息数	操作
/sys/a1jRCCHa5uF/test/thing/event/property/post	发布		
/sys/a1jRCCHa5uF/test/thing/service/property/set	订阅		
/sys/a1jRCCHa5uF/test/thing/event/${tsl.event.identifer}/post	发布		
/sys/a1jRCCHa5uF/test/thing/service/${tsl.event.identifer}	订阅		
/sys/a1jRCCHa5uF/test/thing/deviceinfo/update	发布		
/a1jRCCHa5uF/test/user/update	发布	0	发布消息
/a1jRCCHa5uF/test/user/update/error	发布	0	发布消息
/a1jRCCHa5uF/test/user/get	订阅	0	发布消息

图4-6 设备的Topic列表示例

Topic列表示例。

与Topic类归属于产品不同，Topic归属于对应的设备，只能被该设备用来通信，不能被其他设备用来通信。举个例子，Topic：/${ProductKey}/device1/user/update归属于设备device1，只能被device1用于发布或订阅消息，而不能被设备device2用于发布或订阅消息。

4.4.3 Topic列表

下面对物联网平台为产品默认定义的Topic类及其功能进行说明。

创建产品时，物联网平台会自动创建8个Topic类，其中3个以/${ProductKey}/${DeviceName}/user/开头，如表4-2所示。

表4-2 默认Topic类

Topic	设备操作权限	功能
/${ProductKey}/${DeviceName}/user/update	发布	设备上报数据
/${ProductKey}/${DeviceName}/user/update/error	发布	设备上报错误
/${ProductKey}/${DeviceName}/user/get	订阅	设备获取云端数据

另外5个是与物模型相关的系统Topic类，以/sys/开头，如表4-3所示。

表4-3 Alink JSON格式默认Topic类

Topic	设备操作权限	功能	类别
/sys/${ProductKey}/${DeviceName}/thing/event/property/post	发布	设备属性上报	Alink Topic
/sys/${ProductKey}/${DeviceName}/thing/service/property/set	订阅	设备属性设置	Alink Topic
/sys/${ProductKey}/${DeviceName}/thing/event/{tsl.event.identifer}/post	发布	设备事件上报	Alink Topic
/sys/${ProductKey}/${DeviceName}/thing/service/{tsl.service.identifer}	订阅	设备服务调用	Alink Topic
/sys/${ProductKey}/${DeviceName}/thing/deviceinfo/update	发布	设备上报标签	Alink Topic

平台创建上述5个Topic类的前提是创建产品时选择的数据格式为“ICA标准数据格式（Alink JSON）”，若所选择的数据格式为“透传/自定义”，则平台创建的系统Topic类如表4-4所示。

表 4-4　透传格式默认 Topic 类

Topic	设备操作权限	功能	类别
/sys/${ProductKey}/${DeviceName}/thing/model/up_raw	发布	透传数据上行	透传 Topic
/sys/${ProductKey}/${DeviceName}/thing/model/down_raw	订阅	透传数据下行	透传 Topic

进入产品详情页面，在“Topic类列表”栏即可查看这些Topic类。当创建产品时选择数据格式为“ICA标准数据格式（Alink JSON）”时，即可查看Alink Topic类，如图4-7所示；以及另外3个以/${ProductKey}/${DeviceName}/user/开头的Topic类，如图4-8所示。

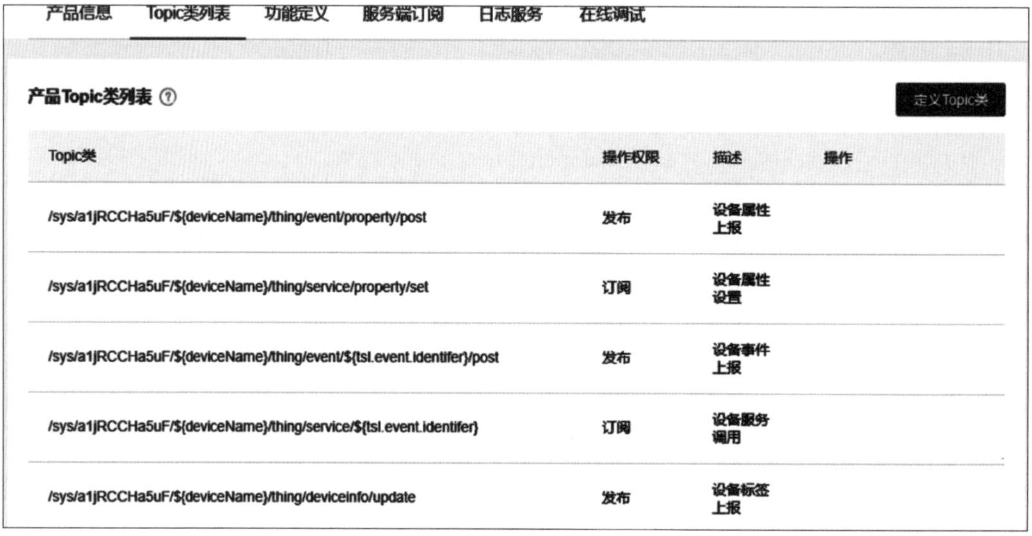

产品信息　Topic类列表　功能定义　服务端订阅　日志服务　在线调试

产品Topic类列表　定义Topic类

Topic类	操作权限	描述	操作
/sys/a1jRCCHa5uF/${deviceName}/thing/event/property/post	发布	设备属性上报	
/sys/a1jRCCHa5uF/${deviceName}/thing/service/property/set	订阅	设备属性设置	
/sys/a1jRCCHa5uF/${deviceName}/thing/event/${tsl.event.identifer}/post	发布	设备事件上报	
/sys/a1jRCCHa5uF/${deviceName}/thing/service/${tsl.event.identifer}	订阅	设备服务调用	
/sys/a1jRCCHa5uF/${deviceName}/thing/deviceinfo/update	发布	设备标签上报	

图4-7　Alink Topic类

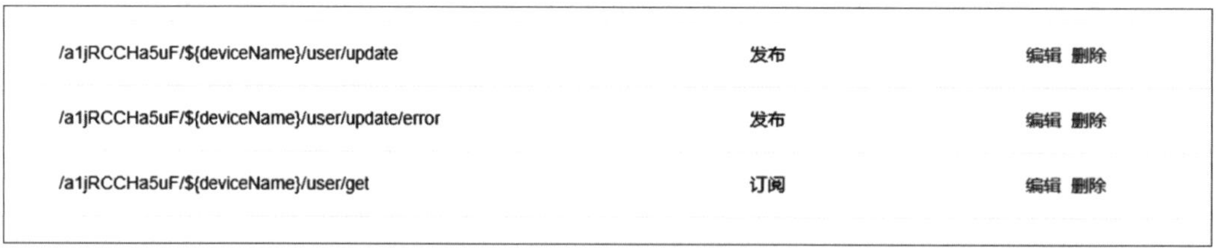

/a1jRCCHa5uF/${deviceName}/user/update	发布	编辑　删除
/a1jRCCHa5uF/${deviceName}/user/update/error	发布	编辑　删除
/a1jRCCHa5uF/${deviceName}/user/get	订阅	编辑　删除

图4-8　以/${ProductKey}/${DeviceName}/user/开头的Topic类

当创建产品时选择数据格式为“透传/自定义”时，可查看透传Topic类，如图4-9所示。

除上述默认创建的Topic类以外，平台还为产品默认定义了设备影子、固件升级等相关的Topic类。

设备影子相关Topic类主要用于产品设备的影子更新，如表4-5所示。

产品信息 Topic类列表 功能定义 服务端订阅 数据解析 日志服务 在线调试

产品Topic类列表 定义Topic类

Topic类	操作权限	描述	操作
/sys/a1stcZresiO/${deviceName}/thing/model/up_raw	发布	用于设备发布属性、事件和扩展...	
/sys/a1stcZresiO/${deviceName}/thing/model/down_raw	订阅	用于设备订阅获取云端设置的属...	
/a1stcZresiO/${deviceName}/user/update	发布		编辑 删除
/a1stcZresiO/${deviceName}/user/update/error	发布		编辑 删除
/a1stcZresiO/${deviceName}/user/get	订阅		编辑 删除

图4-9 透传Topic类

表4-5 设备影子相关Topic类

Topic	设备操作权限	功能
/shadow/update/${ProductKey}/${DeviceName}	发布	更新设备影子
/shadow/get/${ProductKey}/${DeviceName}	订阅	获取设备影子

远程配置相关Topic类主要用于给设备下发配置文件，如表4-6所示。

表4-6 远程配置相关Topic类

Topic	设备操作权限	功能
/sys/${ProductKey}/${DeviceName}/thing/config/push	订阅	设备接收云端的配置信息推送
/sys/${ProductKey}/${DeviceName}/thing/config/get	发布	设备主动请求更新配置
/sys/${ProductKey}/${DeviceName}/thing/config/get_reply	订阅	设备主动请求更新配置，接收云端返回的配置信息

固件升级相关Topic类支持设备上报固件版本和接收升级通知，如表4-7所示。

表4-7 固件升级相关Topic类

Topic	设备操作权限	功能
/ota/device/inform/${ProductKey}/${DeviceName}	发布	设备上报固件版本给云端
/ota/device/upgrade/${ProductKey}/${DeviceName}	订阅	设备端接收云端固件升级通知
/ota/device/progress/${ProductKey}/${DeviceName}	发布	设备端上报固件升级进度
/ota/device/request/${ProductKey}/${DeviceName}	发布	设备端请求是否固件升级

物联网平台还为产品定义了Topic类“/broadcast/${ProductKey}/+”用于设备广播，Topic第三段“+”代表通配符，用户可以根据广播设备的范围自行定义；该Topic的设备操作权限为订阅，供设备接收广播消息。

物联网平台还基于开源MQTT协议封装了同步的通信模式，使得服务器下发指令给设备并可以同步得到设备端的响应，相关的Topic类如表4-8所示。

表4-8 RRPC通信相关Topic类

Topic	设备操作权限	功能
/sys/${ProductKey}/${DeviceName}/RRPC/request/${messageId}	发布	设备发布RRPC请求
/sys/${ProductKey}/${DeviceName}/RRPC/response/${messageId}	发布	设备响应RRPC请求
/sys/${ProductKey}/${DeviceName}/RRPC/request/+	订阅	设备订阅RRPC请求

4.5 通信模式

物联网平台支持两种通信模式，pub/sub以及RRPC，用户可以根据业务灵活选择。

1.pub/sub

在Topic的基础上，物联网平台基于pub/sub机制进行消息的路由转发，让设备端或者服务端可以发布或订阅消息，实现异步通信，如图4-10所示。

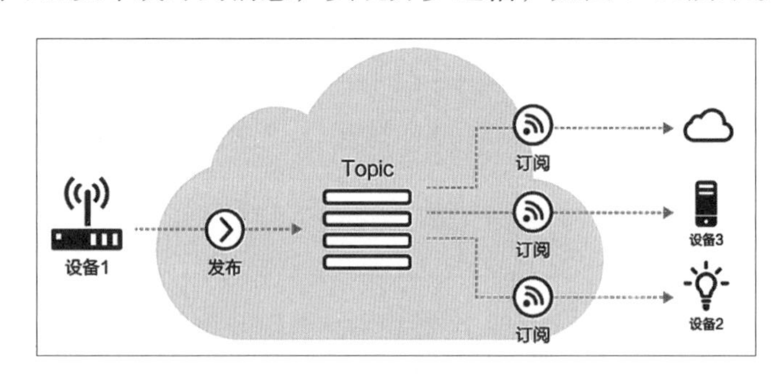

图4-10 pub/sub机制

Topic是设备进行发布、订阅操作的基本单位，物联网平台负责维护所有Topic的发布用户列表和订阅用户列表。当设备向某个Topic发布消息后，物联网平台便会检查该Topic的订阅列表，然后将消息转发给它们。

2.RRPC

物联网平台以开源MQTT协议为基础，封装了一套同步的通信模式。采用RRPC模式时，服务端下发指令给设备后，可以同步得到设备端的响应。

4.6 基于Topic的实验

4.6.1 实验内容与软硬件准备

本节实验基于物联网平台和AIoTKIT开发板进行，带领读者掌握自定义Topic类的操作，同时让设备与平台基于该Topic类实现发布/订阅机制的异步通信。

需要准备的软硬件如下：

- AIoTKIT开发板一块；
- 带有Windows操作系统的PC机；
- Micro USB连接线；
- 安装alios-studio插件的Visual Studio Code；
- AliOS Things 1.3.3版本；
- ST-Link驱动程序；
- 开通阿里云物联网平台服务。

4.6.2 实验步骤

1. 创建产品和设备

登录物联网平台控制台https://iot.console.aliyun.com，在“设备管理”下的“产品”页面，点击右侧“创建产品”按钮，创建产品Topic_Test，如图4-11所示。

产品信息

* 产品名称

Topic_Test

* 所属分类 ⓘ

自定义品类 功能定义

节点类型

* 节点类型

◉ 设备 ○ 网关 ⓘ

* 是否接入网关

○ 是 ◉ 否

连网与数据

* 连网方式

WiFi

* 数据格式

ICA 标准数据格式 (Alink JSON) ⓘ

* 使用 ID² 认证 ⓘ

○ 是 ◉ 否

图4-11 创建产品

产品创建成功后，进入“设备管理”下的“设备”页面，选择已创建的产品Topic_Test，点击右侧“添加设备”按钮，输入设备名称“test”，如图4-12所示。

添加设备
特别说明：deviceName可以为空，当为空时，阿里云会颁发全局唯一标识符作为deviceName。
产品：
Topic_Test
DeviceName：
test
确认
取消

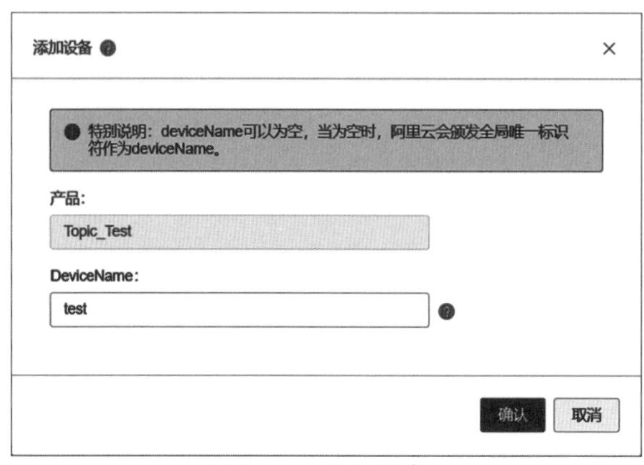

图4-12 添加设备

2. 自定义Topic类

成功创建产品和设备后，在该产品下新建一个Topic类。在“设备管理”下的“产品”页面中找到Topic_Test产品，点击“查看”进入产品详情页，点击“Topic类列表”栏，即可看到平台为产品默认创建的几个Topic类。点击右侧的“定义Topic类”，新添加一个Topic类，Topic类名称为“data”，且权限设置为“发布和订阅”，即设备可以向该Topic类中发布消息，也可以从该Topic类中订阅消息，如图4-13所示。

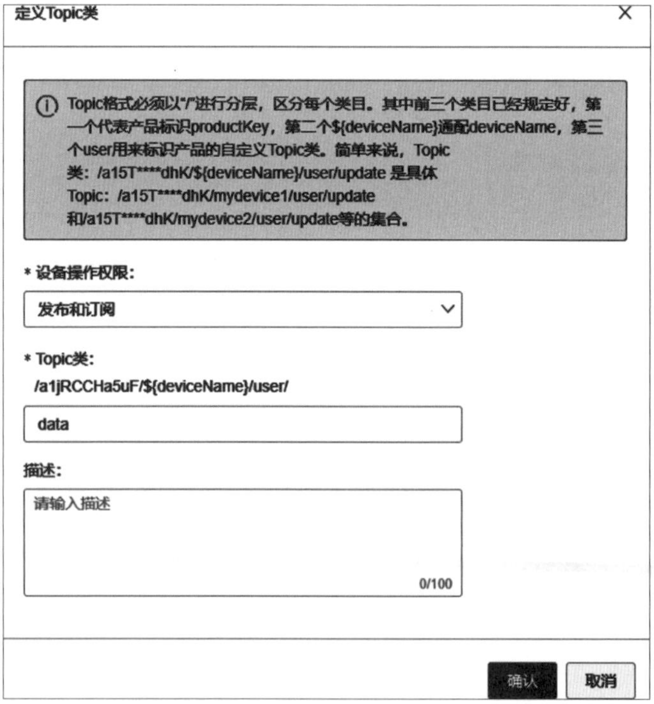

定义Topic类
Topic格式必须以"/"进行分层，区分每个类目。其中前三个类目已经规定好，第一个代表产品标识productKey，第二个${deviceName}通配deviceName，第三个user用来标识产品的自定义Topic类。简单来说，Topic类：/a15T****dhK/${deviceName}/user/update 是具体Topic：/a15T****dhK/mydevice1/user/update和/a15T****dhK/mydevice2/user/update等的集合。
* 设备操作权限：
发布和订阅
* Topic类：
/a1jRCCHa5uF/${deviceName}/user/
data
描述：
请输入描述
0/100
确认
取消

图4-13 添加Topic类

3. 设备端开发

（1）新建项目工程

首先打开Visual Studio Code，点击“文件”→“打开文件夹”（或者直接按下快捷键Ctrl+O），打开下载的示例程序，打开以后的工程界面如图4-14所示。

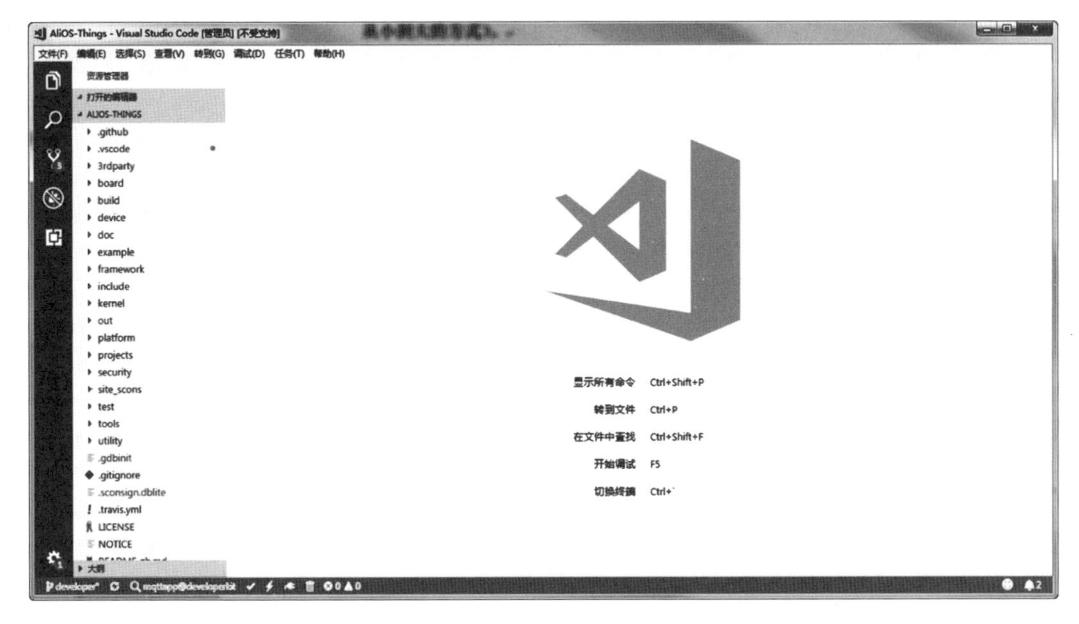

图4-14 打开项目工程

点击工程界面左下角，选择项目模板，设置项目为topictest_app例程，设置项目模板后选择开发板为AIoTKIT开发板。

（2）主要代码讲解

在本次应用开发教程中，设备端要完成的功能较为简单，只需要定时读取环境传感器的温湿度信息，并按照指定格式将温湿度信息拼合起来，并上传到云端即可。

应用于本次实验的App和3.2节“AIoTKIT设备接入物联网平台”中的App相似，只是将之前上报的虚拟环境数据转换为真实的传感器读取到的环境数据，并将数据上报到新建立的data Topic。所以在本次代码讲解中，相关重复部分代码我们将仅列出其函数声明和功能部分，函数主体内容将不再涉及，详情可以参考3.2节。

①int application_start(int argc, char *argv[])

该函数为开发者真正的应用入口函数。在此函数中完成的主要功能为：

- AT指令初始化，SAL框架初始化；
- 设置输出的LOG等级aos_set_log_level(AOS_LL_DEBUG)；
- AliOS Things定义了一系列系统事件，程序可以通过aos_register_event_filter注册事件监听函数，进行相应的处理，比如Wi-Fi事件；
- 在配网过程中，netmgr负责定义和注册Wi-Fi回调函数netmgr_init;

• 通过调用aos_loop_run进入事件循环。

```
int application_start(int argc, char *argv[])
{
  #if AOS_ATCMD                /*AT指令初始化*/
     at.set_mode(ASYN);
     at.init(AT_RECV_PREFIX, AT_RECV_SUCCESS_POSTFIX, AT_RECV_FAIL_
           POSTFIX, AT_SEND_DELIMITER, 1000);
  #endif
  #ifdef WITH_SAL              /*SAL框架初始化*/
     sal_init();
  #endif
  aos_set_log_level(AOS_LL_DEBUG);
  sensor_all_open();           /*开启传感器*/
  aos_register_event_filter(EV_WIFI, wifi_service_event, NULL);
  netmgr_init();               /*定义与注册Wi-Fi回调函数*/
  netmgr_start(false);
  aos_cli_register_command(&mqttcmd);
  aos_loop_run();
  return 0;
}
```

②static void wifi_service_event(input_event_t *event, void *priv_data)

该函数为Wi-Fi事件处理函数，当有Wi-Fi事件发生时运行它。在该函数中完成的主要功能为进行Wi-Fi事件的判断，包括事件类型的确认等，在确认无误后调用mqtt_client_example。

③int mqtt_client_example(void)

mqtt_client_example()函数是本次例程中的鉴权连接函数，该函数所实现的主要功能是：

• 获取设备进行鉴权注册时的相关参数；
• 通过Wi-Fi连接IoT平台，进行设备注册。

④static void mqtt_service_event(input_event_t *event, void *priv_data)

该函数为例程中事件触发后调用的函数，其主要功能为进行事件合法性检查，以及调用mqtt_work主函数。

⑤static void mqtt_work (void *parms)

void mqtt_work(void *parms)函数是本次topictest_app例程中的MQTT上云发送数据函数，该函数所实现的主要功能是：

- 订阅data Topic；
- 每隔3s读取环境传感器获得的温湿度数据，并将数据按照指定的JSON格式进行封装；
- 循环发送封装好的温湿度数据到指定的data Topic。

```
static void mqtt_work (void *parms)
{
   if (is_subscribed == 0) {
      rc = mqtt_subscribe(TOPIC_DATA, mqtt_sub_callback, NULL);
      is_subscribed = 1;
   }
   else {
      get_humi_data(&humi_data, &humi_timestamp);
      get_temp_data(&temp_data, &temp_timestamp);
      Temperature=(float)temp_data/10.0;
      humidity=(float)humi_data;
      int msg_len = sprintf(msg_pub, DATA_POST_FORMAT, Temperature,humidity);
      if (msg_len < 0) {
         LOG("Error occur! Exit program");
      }
      rc = mqtt_publish(TOPIC_DATA, IOTX_MQTT_QOS1, msg_pub, msg_len);
      if (rc < 0) {
         LOG("error occur when publish");
      }
      LOG("packet-id=%u, publish topic msg=%s", (uint32_t)rc, msg_pub);
   }
   cnt++;
   if (cnt < 200) {
      aos_post_delayed_action(3000, mqtt_work, NULL);
   }
   else {
      aos_cancel_delayed_action(3000, mqtt_work, NULL);
```

```
            mqtt_unsubscribe(TOPIC_GET);
            aos_msleep(200);
            mqtt_deinit_instance();
            is_subscribed = 0;
            cnt = 0;
        }
    }
```

（3）修改设备相关参数

打开该工程framework\protocol\linkkit\iotkit\sdk-encap\imports目录下的iot_import_product.h文件，将其中设备相关信息修改为在物联网平台创建的设备对应的PRODUCT_KEY、DEVICE_NAME和DEVICE_SECRET信息。具体参数修改如图4-15所示。

```
#elif  MQTT_TEST
#define PRODUCT_KEY          "a1UxND3ZAnF"
#define DEVICE_NAME          "Alios_Things_device"
#define DEVICE_SECRET        "SAtLUdvHTpKJnx6Or9B2psIA9BVYUsux"
#define PRODUCT_SECRET       ""
#else
```

图4-15　修改设备的三元组信息

（4）项目编译下载

工程编译与下载的方式与3.2节“AIoTKIT设备接入物联网平台”相同，详情可参考3.2节，此处不再赘述。

4.6.3　实验结果

设备运行代码后，在物联网平台界面上可以看到设备状态更新为“在线”，如图4-16所示。

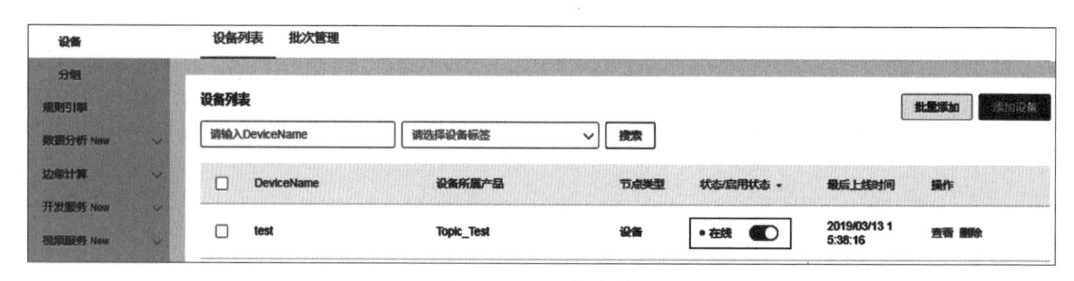

图4-16　设备上线

同时，进入test设备的设备详情页面，点击“Topic列表”栏，可以看到data Topic后的“发布消息数”一栏中，消息数不再为0，如图4-17所示。这是因为设备通过data Topic上报了温湿度数据。

test 在线
设备信息
Topic列表
运行状态
事件管理
服务调用
设备影子
文件管理
日志服务
在线调试
设备的Topic列表
设备的Topic
设备具有的权限
操作
/sys/a1Dlzp6kKHD/test/thing/event/property/post
发布
/sys/a1Dlzp6kKHD/test/thing/service/property/set
订阅
/a1Dlzp6kKHD/test/user/data
发布和订阅
33
发布消息

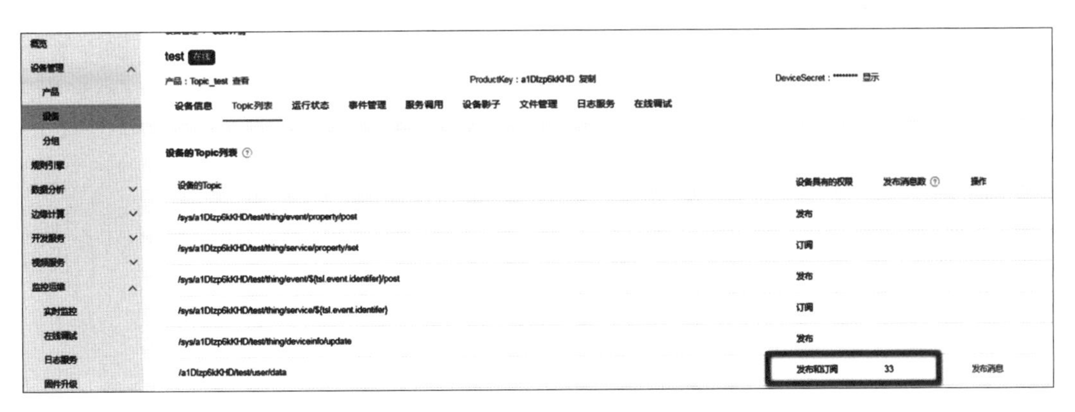

图4-17　设备发布数据到data Topic

点击data Topic后的“发布消息”按钮，填写消息内容后点击“确认”，如图4-18所示。

此时观察设备端日志，可以看到设备收到了上述消息，如图4-19所示。

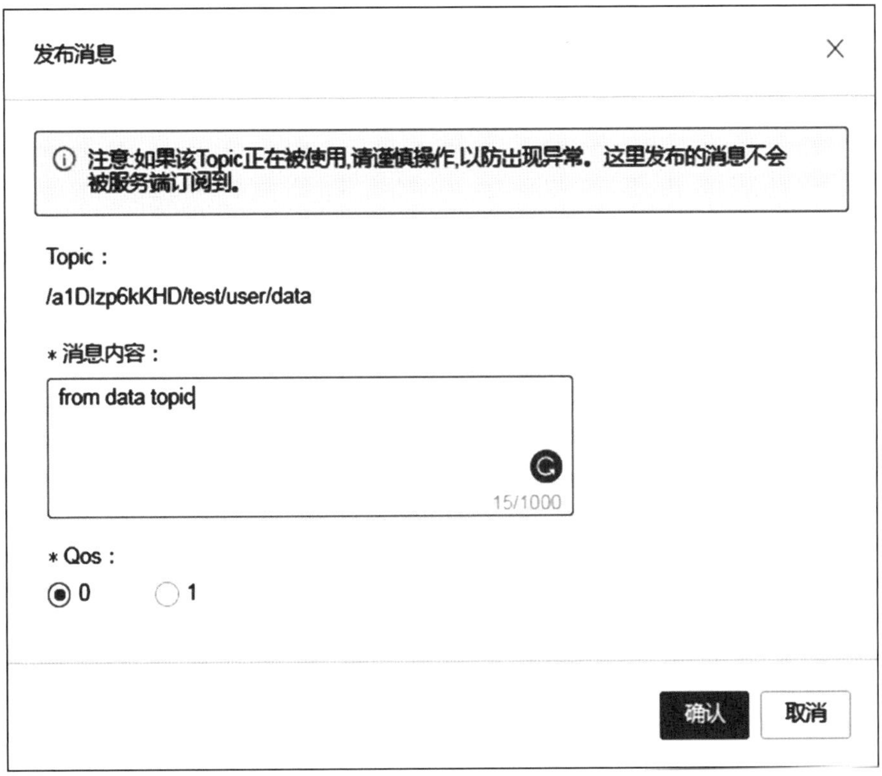

发布消息
注意:如果该Topic正在被使用,请谨慎操作,以防出现异常。这里发布的消息不会被服务端订阅到。
Topic：
/a1Dlzp6kKHD/test/user/data
* 消息内容：
from data topic
15/1000
* Qos：
0
1
确认
取消

图4-18　下发消息

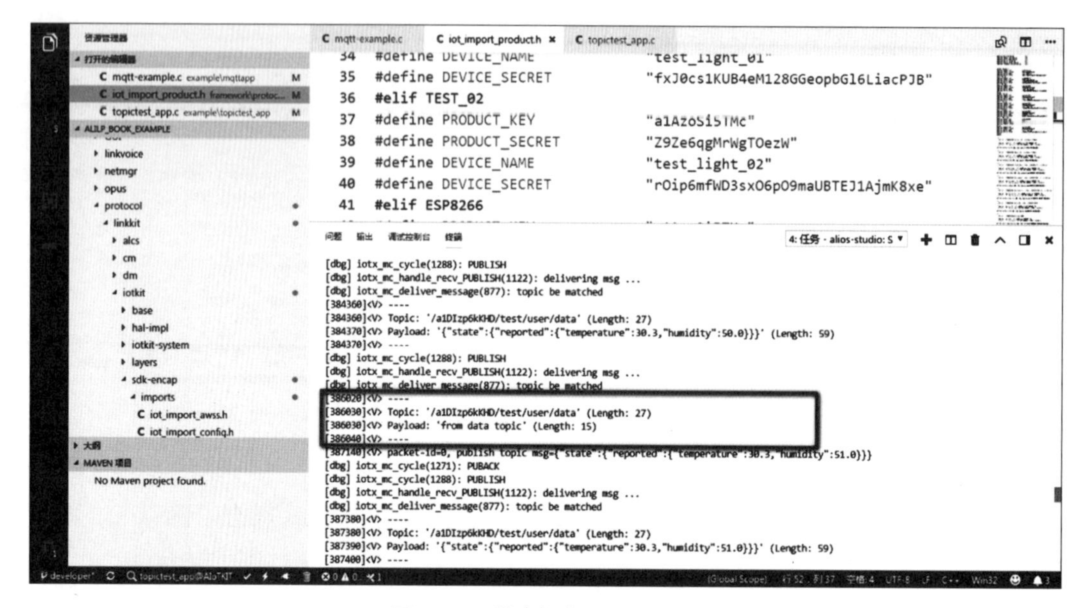

图4-19 设备订阅data Topic

本章小结

本章详细介绍了物联网平台IoT Hub组件的功能，以及设备与平台基于IoT Hub组件通信的机制。为了便于读者理解，本章还对其中涉及的MQTT协议、发布/订阅异步通信机制和Topic等概念进行了说明。最后，本章还基于AIoTKIT开发板给出了一个实验，帮助读者理解其实际应用价值。

视频2 开发板
接入物联网平台

第5章　设备管理

物联网平台为用户提供了丰富的设备管理功能，如图5-1所示。本章将分别对这些设备管理服务进行详细的介绍。

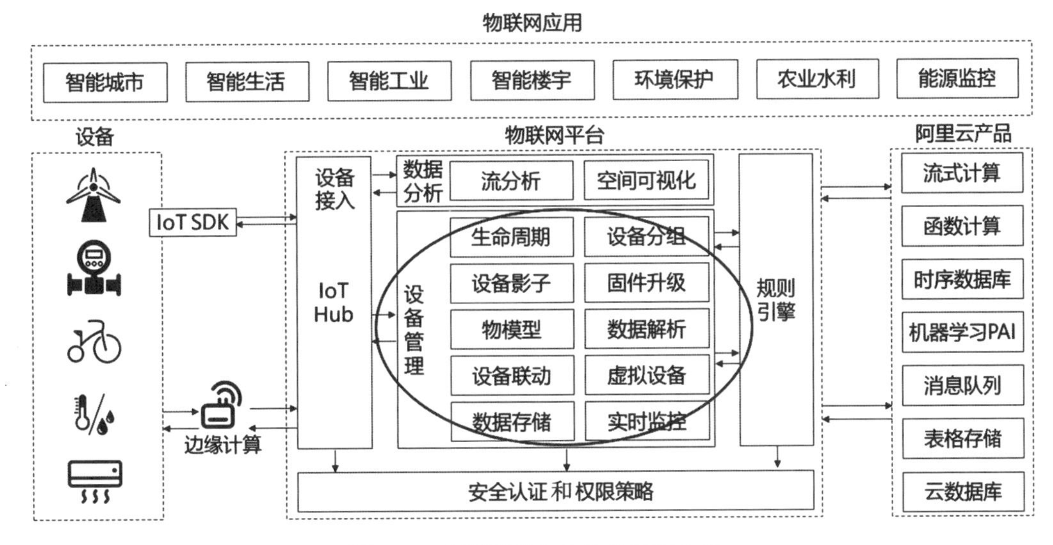

图5-1　物联网平台的设备管理功能

5.1　设备生命周期管理

阿里云物联网平台能够通过以下几种操作为设备提供生命周期管理服务。

1. 创建设备

在真实的物理设备连接到物联网平台之前，首先需要在平台上通过控制台操作或者调用API操作创建好设备。创建成功后，平台会生成三元组（ProductKey、DeviceName、DeviceSecret）来唯一标识该设备。读者可以在控制台上的设备详情界面查看该设备的三元组信息，然后通过将该信息烧录到物理设备中关联平台上的设备与真实的物理设备。

2. 激活设备

设备创建完成后在平台上显示为“未激活”状态，如图5-2所示。当设备携带自身的三元组信息接入平台一次之后视为激活，激活后的设备状态显示为“在线”

设备管理 › 设备详情

图5-2　设备“未激活”状态

或“离线”。

3. 删除设备

当设备处于报废、被攻击或者不可用的状态时，用户可以通过控制台操作或者调用API操作将设备删除，控制台操作如图5-3所示。删除操作意味着物理删除，三元组会被废弃，设备将无法再使用，不可恢复。

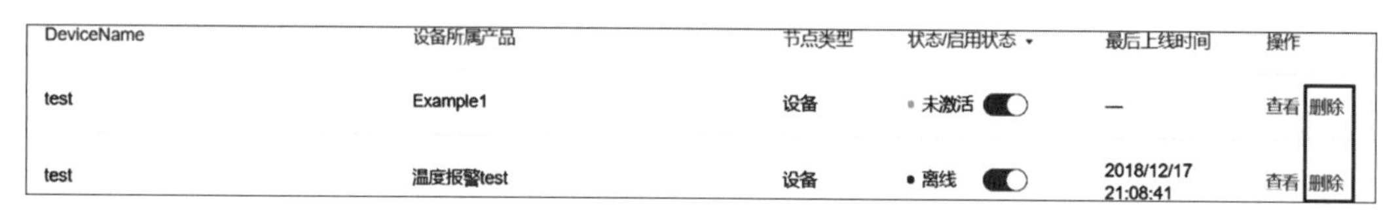

DeviceName	设备所属产品	节点类型	状态/启用状态	最后上线时间	操作
test	Example1	设备	未激活	—	查看 删除
test	温度报警test	设备	离线	2018/12/17 21:08:41	查看 删除

图5-3　删除设备

4. 禁用设备

设备一旦发生异常，例如通信异常、连接异常时，就有可能被攻击。如果此时用户不想将该设备彻底删除，可以对设备进行禁用操作，如图5-4所示。禁用后平台会断开与设备的通信通道，防止风险的进一步扩大。

DeviceName	设备所属产品	节点类型	状态/启用状态
test	Example2	设备	未激活

图5-4　禁用设备

5. 启用设备

当设备处于禁用状态且用户确认设备已经恢复正常后，可以启用设备，恢复设备与云端的连接。

5.2　设备分组管理

物联网平台提供设备分组功能，用户可以通过设备分组来对跨产品的设备进行管理。

在物联网平台控制台上进入“设备管理”下的“分组”页面，点击右侧的“新建分组”即可建立新的设备分组，如图5-5所示。

其中，“父组”参数表示创建的分组类型，当选择为“分组”类型时，表示当前分组即为一个父组；用户还可以选择已经创建好的某个分组作为父组，此时当前分组为该父组的子分组。

创建好分组后，进入分组详情页面，点击“设备列表”下的“添加设备到分组”按钮，如图5-6所示，便可以搜索该账号下的任意设备并将其添加到分组，如图5-7所示。

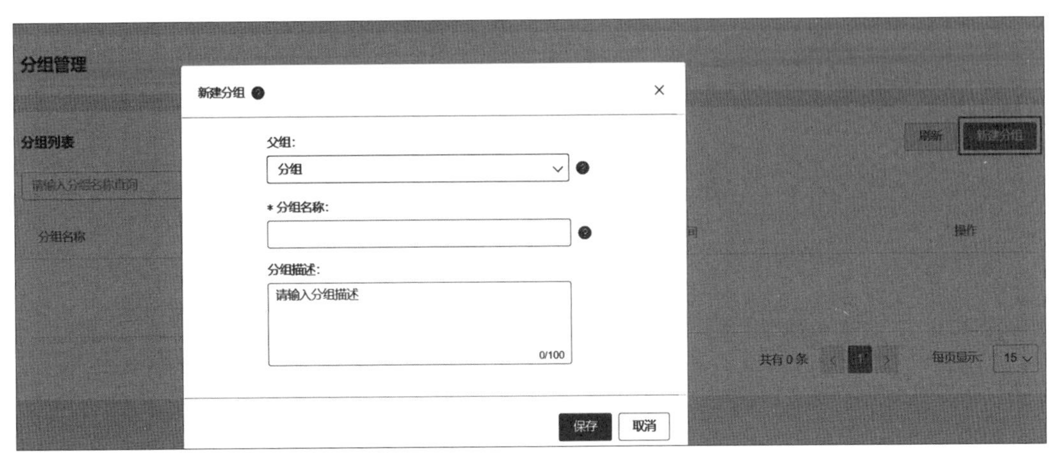

图5-5　新建设备分组

图5-6　添加设备到分组

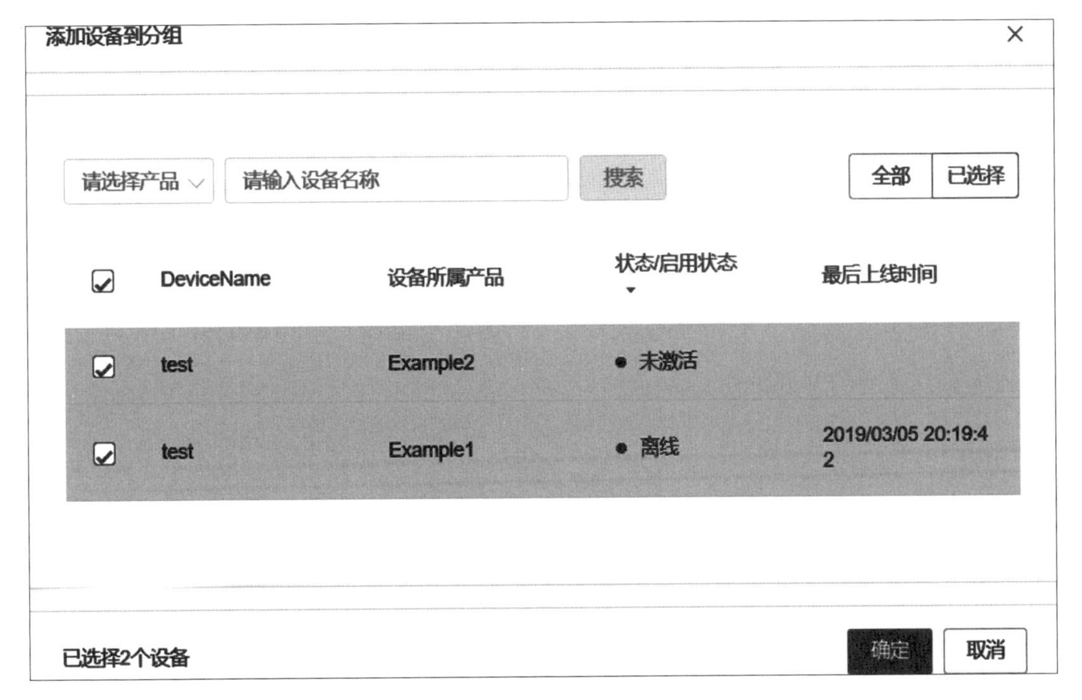

图5-7　选择设备

5.3 设备标签管理

在物联网领域中，往往需要对大量的产品与设备进行管理，如何将不同批次的产品与设备区分开来以实现批量管理成为一大挑战。为了解决该问题，物联网平台提供了设备标签功能，用户可以为不同的产品、设备或者设备分组贴上不同的标签，然后根据标签实现对分类的灵活统一管理。

物联网平台的标签采用Key-Value结构，是指用户为产品、设备或设备分组自定义的标识，包括产品标签、设备标签和分组标签。

1. 产品标签

产品标签通常是对一个产品下所有设备所具有的共性信息的描述，如产品的制造商、所属单位、外观尺寸、操作系统等。创建好产品后，便可以在产品详情下的产品信息页面中为该产品添加产品标签，如图5-8所示。

图5-8 添加产品标签

2. 设备标签

创建好设备后，用户可以在设备详情下的“设备信息”页面中根据设备的特性为设备添加特有的标签，以方便进一步管理设备。例如某个灯被安装在201号房间里，那么可以在物联网平台上为这个灯定义一个标签为“Room:201”，如图5-9所示。

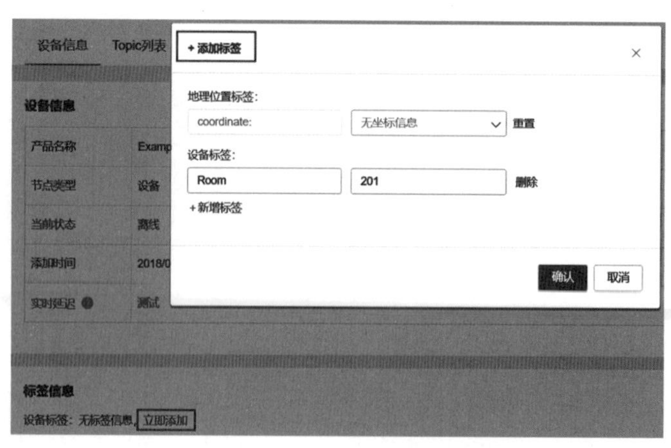

图5-9 添加设备标签

3. 分组标签

本书在5.2节“设备分组管理”中曾介绍过用于跨产品设备管理的设备分组管理功能，创建好设备分组后，便可以为该分组添加标签。分组标签通常描述的是一个分组下所有设备和子分组所具有的共性信息，例如该分组下设备所在的地域、空间等。在分组详情下的“分组信息”页面中即可添加分组标签，如图5-10所示。

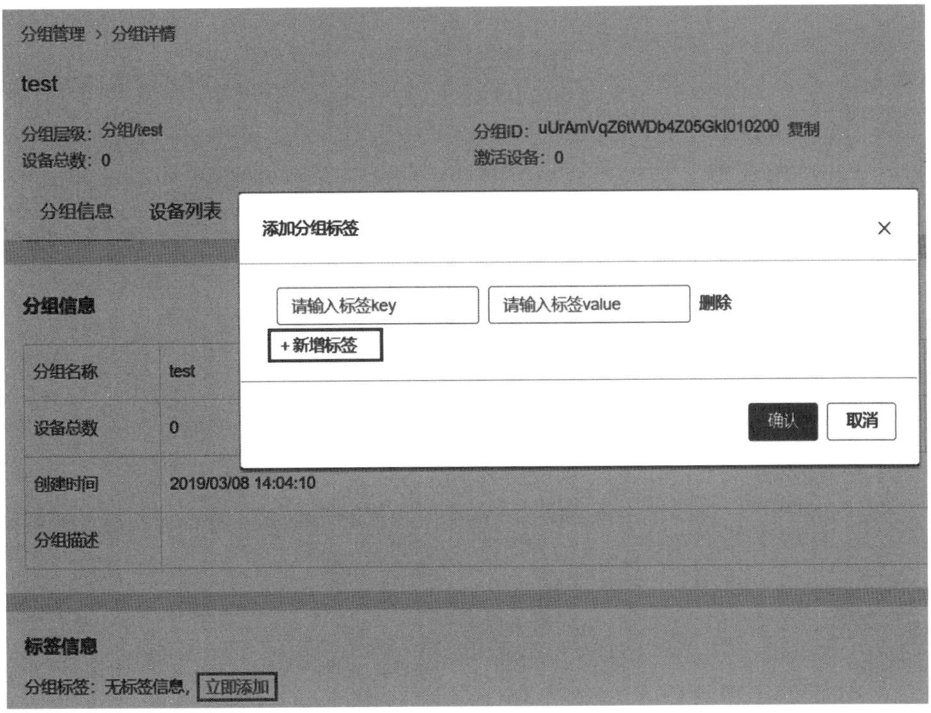

图5-10　添加分组标签

5.4　设备拓扑关系管理

用户在物联网平台上创建产品时，需要选择节点类型，物联网平台可以对这些不同类型的节点进行管理。目前节点类型分为“设备”和“网关”，“设备”类型不能挂载子设备，“网关”类型可以挂载子设备。“设备”类型可以直接连接到物联网平台，也可以作为“网关”的子设备，通过“网关”接入物联网平台。“网关”类型具有子设备管理模块，能够维护子设备的拓扑关系，并将该拓扑关系同步到云端。设备拓扑关系如图5-11所示。

若某设备为网关型节点，该设备在携带设备证书信息上线时便会将其与子设备间的拓扑关系同步至云端，并代替子设备完成设备认证、消息上传、指令接收等与平台的通信工作，对子设备进行统一管理。如图5-12和图5-13所示，其中gateway为网关型设备，subdev1和subdev2则为挂载在gateway网关下的两个子设备。

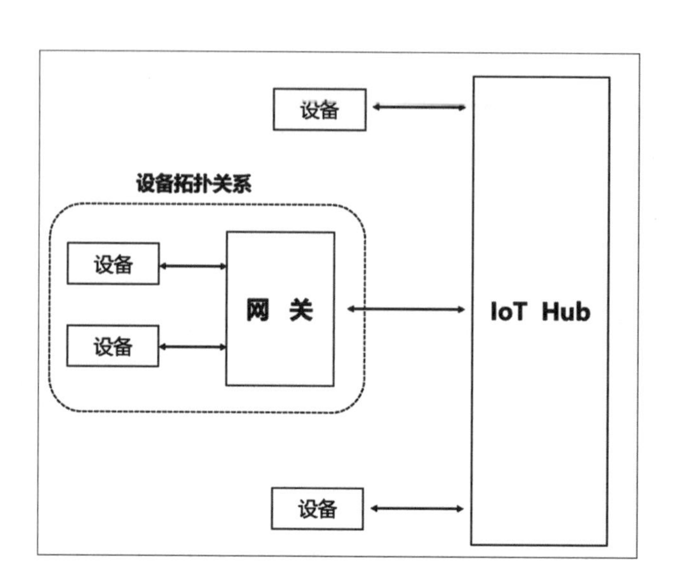

图5-11 设备拓扑关系

gateway 离线

产品：gateway 查看 ProductKey：InEgnpvkmTP 复制

设备信息 Topic列表 设备影子 日志服务 子设备管理

设备信息

产品名称	gateway	ProductKey	InEgnpvkmTP 复制
节点类型	网关	DeviceName	gateway 复制

图5-12 网关型设备

gateway 离线

产品：gateway 查看 ProductKey：InEgnpvkmTP 复制

设备信息 Topic列表 设备影子 日志服务 子设备管理

子设备管理(2)

请输入DeviceName 搜索

DeviceName	设备所属产品	节点类型	状态/启用状态
subdev1	subdevice	设备	• 离线
subdev2	subdevice	设备	• 离线

图5-13 子设备管理

5.5 设备固件升级

物联网平台支持通过OTA（Over The Air，空中下载）方式的设备固件升级与管理，当设备端支持OTA服务时，用户通过在控制台上传新的固件，并将固件升级消息推送给设备，即可实现设备的在线升级。当物联设备固件发现重要bug或紧急安全漏洞时，通过OTA服务便可以非常方便地对设备进行固件的升级，将bug及安全风险降至最低。

MQTT协议下设备固件升级的流程如图5-14所示。

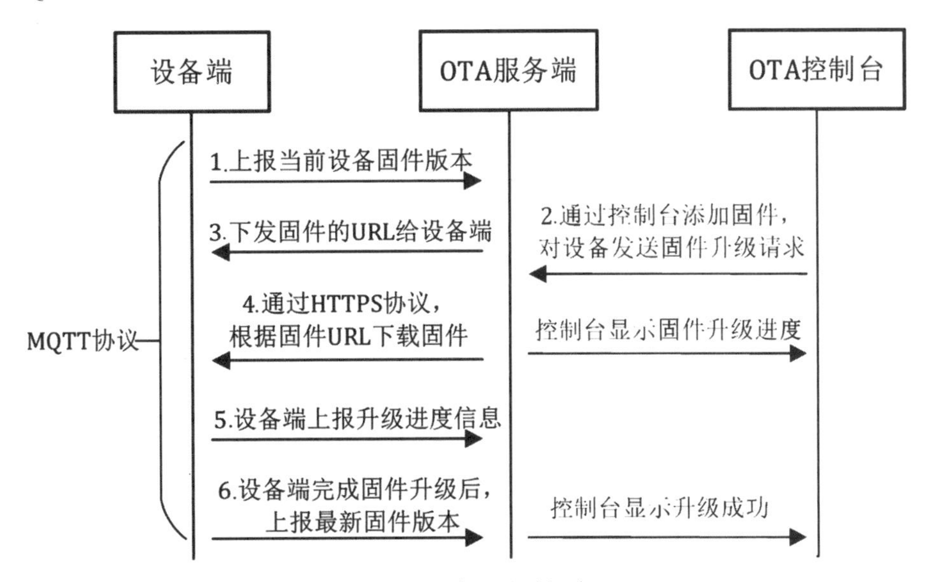

图5-14 设备固件升级流程

进入物联网平台控制台，点击进入“监控运维”下的“固件升级”页面，点击右侧的“新增固件”按钮，输入固件信息并上传固件文件后，即可对某个产品下的设备进行固件升级操作，如图5-15所示。

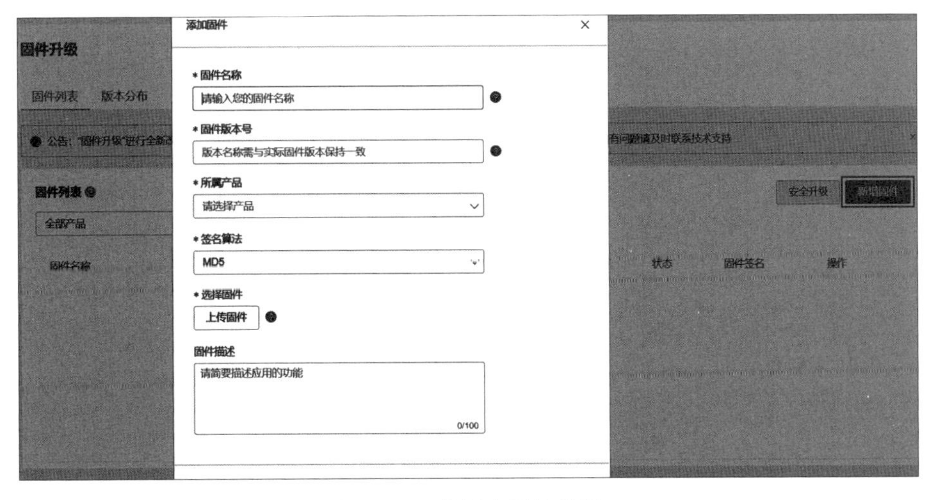

图5-15 控制台固件升级

新增固件后，需要首先验证固件，即在一个或多个设备上进行固件测试，验证固件是否可用。平台向设备发送固件升级请求后，通过MQTT协议接入平台的设备可以立即接收到升级通知；对于此时不在线的设备，平台会在设备下次接入时再次推送升级通知。

当确认测试设备升级成功后，便可以进行设备固件的批量升级。用户可以自行选择整包升级方式，即将整个升级包推送至设备；或者差分升级方式，即平台提取该固件与前一个版本的差异后仅将差异部分推送给设备。差分升级方式相较于整包升级方式可以有效减少升级对设备资源的占用。用户还能够在物联网平台控制台上实时查看设备的升级状态，包括待升级、升级中、升级成功与升级失败状态。

5.6 远程配置

在很多应用场景下，开发者需要对设备的配置信息，如设备的系统参数、网络参数或者本地策略等进行更新。用户可以通过5.5节中介绍的固件升级方式来更新这些设备配置信息，但是这会加大固件版本的维护工作量，并且需要设备中断运行以完成更新。为了解决上述问题，物联网平台提供了远程配置更新功能，使设备无须重启或中断运行即可在线完成配置信息的更新。

平台提供的远程配置功能支持开启与关闭设置，支持在线配置文件并管理版本，支持批量更新设备配置信息，支持设备主动请求更新配置信息。远程配置流程如图5-16所示。

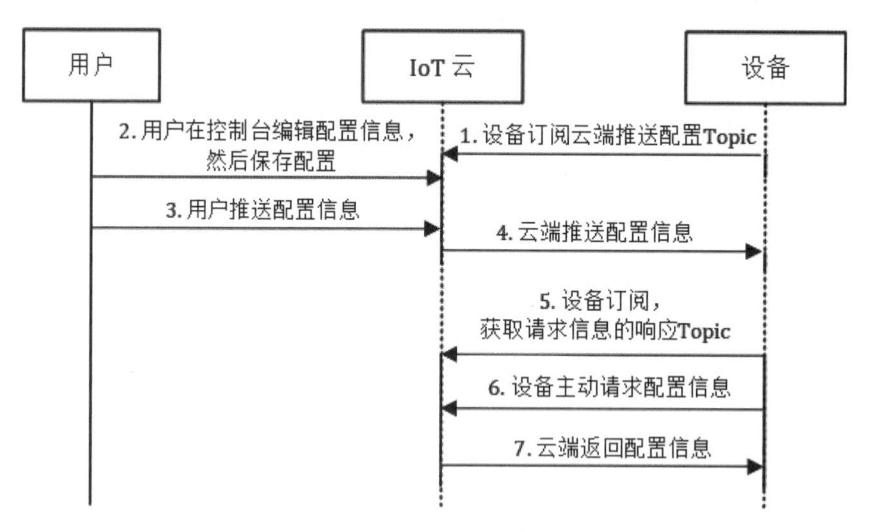

图5-16 远程配置流程

进入物联网平台控制台，点击进入“监控运维”下的“远程配置”页面，选择要更新的产品，在右侧打开远程配置开关后，即可在配置模板下的编辑区中输入JSON格式的配置信息，如图5-17所示。

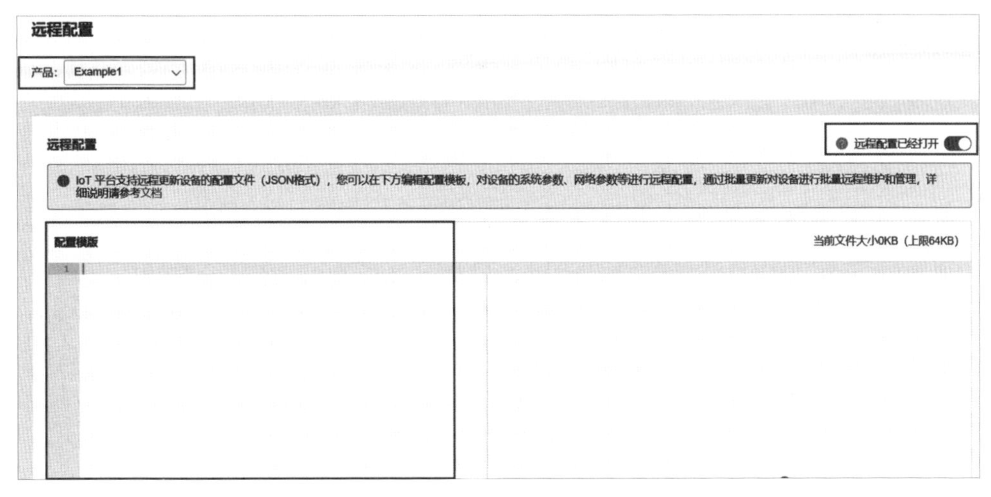

图5-17　编辑配置信息

编辑完成后保存，平台便会生成正式的配置文件。之后，设备更新配置信息的方式有两种，一种是云端主动向设备端推送配置信息，另一种是设备端主动请求配置信息。

当云端主动推送时，设备需要订阅推送配置信息的Topic，用户在平台上编辑好配置文件后点击批量更新即可，平台便会向所选产品下的所有设备批量推送配置文件。当设备主动请求查询最新的配置信息时，设备也需要订阅相应的响应Topic来接收云端返回的最新配置信息。

5.7　物模型

在物联网平台中，用户可以将物理空间中的实体，例如传感器、车载装置、楼宇、工厂等数字化，并在云端构建该实体的数据模型。实体在云端的数据化表示便是物模型，简称TSL，即Thing Specification Language，是一个JSON格式的文件。物模型从属性、服务、事件三个维度分别描述了产品是什么，能做什么，可以对外提供哪些服务，定义好物模型也就定义好了产品功能。

在定义物模型时，需要定义三类产品功能，即属性、服务和事件，如表5-1所示。

表5-1　物模型说明

功能类型	说明
属性（property）	一般用于描述设备运行时的状态，如环境监测设备所读取的当前环境温度等；支持 get 和 set 服务，应用可以发起对属性的读取和设置请求
服务（service）	设备可以被外部调用的能力或方法，可以设置输入参数和输出参数；与下发指令设置属性值相比，服务可以通过一条指令实现更为复杂的业务逻辑，执行某项特定的任务

续 表

功能类型	说明
事件（event）	设备运行时的事件，一般包含需要被外部感知和处理的通知信息，可以包含多个输出参数；如某项任务完成的信息，或者设备发生故障或告警时的温度等，事件可以被订阅和推送

以智能灌溉产品为例，该产品的物模型如表5-2所示。完成功能定义后，用户便可以查询或者设置当前产品的“电源开关”状态；还可以在需要时调用“自动喷灌”服务实现灌溉，并通过在调用时给定本次灌溉期望的喷灌时间和水量实现精准灌溉。当产品出现电压异常、网络故障等故障时，还会主动向平台上报故障事件和相应的故障代码。

表5-2　智能灌溉产品的物模型

功能类型	说　明
属性	电源开关
服务	自动喷灌：根据给定的喷灌时间与灌溉量参数进行精准灌溉
事件	故障上报

用户完成产品的功能定义后，系统便会自动生成该产品的物模型JSON文件，其中包括properties、events、services等字段，与自定义的属性、事件和服务一一对应。

5.8　基于产品的物模型实验

5.8.1　实验内容与软硬件准备

本实验利用物联网平台提供的物模型能力，基于AIoTKIT开发板开发一个温度报警产品，当温度传感器感知到的温度高于阈值时，开发板上的LED灯以设定频率闪烁，实现报警；同时开发板向物联网平台上报告警信息，以通知用户。当相应的高温应急措施执行完毕后，用户还可以手动下发指令清除产品的报警与闪烁。需要准备的软硬件如下：

- AIoTKIT开发板一块；
- 带有Windows操作系统的PC机；
- Micro USB连接线；
- 安装alios-studio插件的Visual Studio Code；
- AliOS Things 1.3.3版本；
- ST-Link驱动程序；
- 开通阿里云物联网平台服务。

5.8.2 实验步骤

1. 创建产品和设备

登录物联网平台控制台（https://iot.console.aliyun.com），进入设备管理下的产品页面，在“华东2(上海)”区域下新建一个产品“温度报警”，所属分类选择为“自定义品类”，此时平台不会预先为产品创建任何标准功能，所有功能都需要后续根据需求自行定义。产品节点类型选择为“设备”且不接入网关，数据格式选择为“ICA标准数据格式（Alink JSON）”，如图5-18所示。

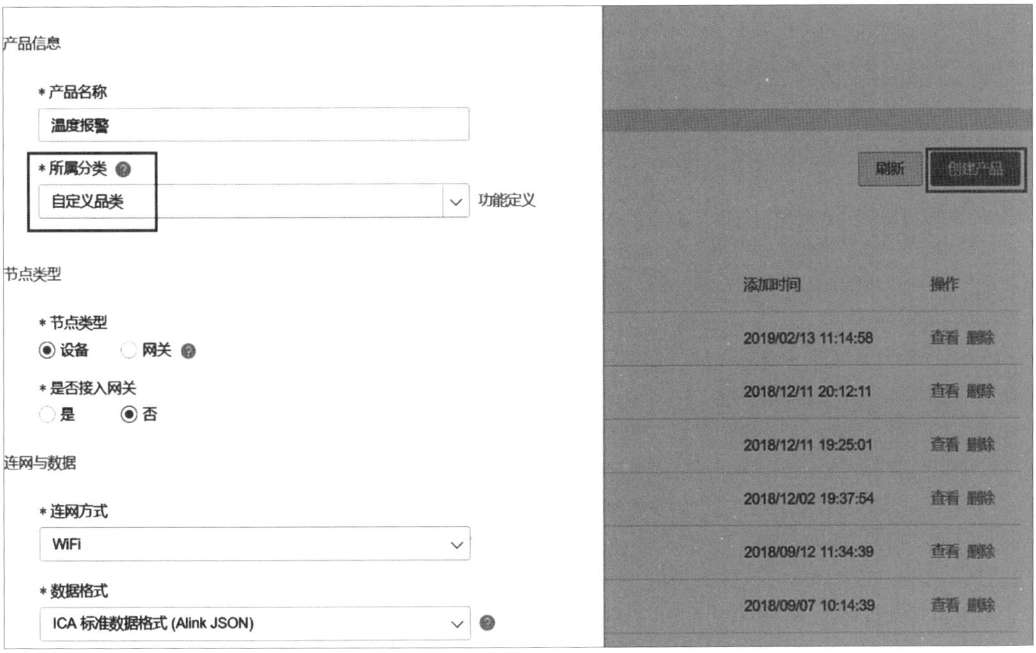

图5-18 创建产品

产品创建成功后，在该产品下创建设备test，如图5-19所示。

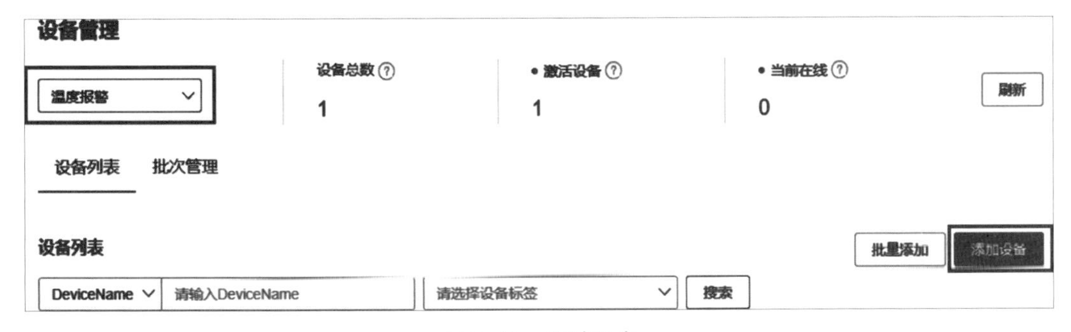

图5-19 创建设备

2. 定义物模型

在定义物模型之前，首先需要明确当前温度报警产品的属性、服务和事件功能，如表5-3所示。

表 5-3 温度报警产品的物模型

功能类型	说 明
属性	温度（只读） LED 灯闪烁频率（读写）
服务	清除报警：当设备端处于高温状态，LED 灯闪烁报警时，平台侧可以通过调用该服务来清除报警状态
事件	温度报警：当温度传感器感知到的温度高于内置阈值时，设备主动向平台上报告警信息

定义物模型前，进入温度报警产品的详情页面，查看“功能定义”栏，点击“物模型”按钮，如图 5-20 所示。

图 5-20 查看物模型

可以看到当前物模型 JSON 文件如下：

```
{
    "schema": "https://iotx-tsl.oss-ap-southeast-1.aliyuncs.com/schema.json",
    "profile": {
        "productKey": "a1x6pMlAkXS"
    },
    "services": [],
    "properties": [],
    "events": []
}
```

可见由于还未定义物模型，services、properties 和 events 字段中的内容均为空。

（1）新增属性

点击功能定义页面的“编辑草稿”按钮对物模型进行编辑，可以看到“添加标准功能”和“添加自定义功能”两个按钮，“添加标准功能”可用于为产品添加物联网平台预先定义好的标准功能。由于本产品的功能都不属于标准功能，因此点击“添加自定义功能”，在弹出的窗口中选择功能类型为“属性”，即可新增一个属性类型的功能。

首先新增“温度”属性，功能名称为“温度”，标识符为“Temperature”，读写类型为“只读”，如图5-21所示。

图5-21　新增“温度”属性

各参数说明如下：

功能名称：属性的名称，如“温度”“用电量”，同一个产品下的功能名称不能重复。

标识符：属性的唯一标识符，在产品中具有唯一性，即物模型JSON文件中的“identifier”的值，如“Temperature”“PowerConsumption”。标识符是设备上报该属性数据的Key，云端会根据该标识符校验是否接收该数据。

数据类型：支持32位整型int32、单精度浮点型float、双精度浮点型double、枚举型enum、布尔型bool、字符串text、时间戳date、JSON对象struct和数组array。

取值范围：属性值变化的范围。

步长：属性值、事件以及服务中输入/输出参数值变化的最小粒度。

单位：根据实际情况选择，可选择为无。

读写类型：支持“读写”和“只读”两种类型。“读写”支持get（获取）和set

（设置）属性方法；“只读”仅支持get（获取）属性的方法。

“温度”属性定义完毕后，查看最新的物模型文件。从物模型文件中可以看到，当前properties字段中新增了标识符为“Temperature”的“温度”属性。

```
"properties": [
{
        "identifier": "Temperature",
        "dataType": {
            "specs": {
                "unit": "°  C",
                "min": "0",
                "max": "100",
                "step": "0.1"
            },
            "type": "double"
        },
        "name": "温度",
        "accessMode": "r",    /*r代表只读，rw代表读写*/
        "required": false
}
],
```

有趣的是，虽然此时还未新增服务和事件，但在物模型JSON文件中services字段和events字段都不再为空。services字段的内容如下：

```
"services": [
{
    "outputData": [],
    "identifier": "set",
    "inputData": [],
    "method": "thing.service.property.set",
    "name": "set",
    "required": true,
    "callType": "async",
    "desc": "属性设置"
```

```
},
{
    "outputData": [
    {
        "identifier": "Temperature",
        "dataType": {
          "specs": {
            "unit": "°  C",
            "min": "0",
            "max": "100",
            "step": "0.1"
          },
          "type": "double"
        },
        "name": "温度"
    }
    ],
    "identifier": "get",
    "inputData": [
        "Temperature"
    ],
    "method": "thing.service.property.get",
    "name": "get",
    "required": true,
    "callType": "async",
    "desc": "属性获取"
}
],
```

可见，services字段中包括两部分内容，前一部分为thing.service.property.set方法，即“属性设置”方法；后一部分为thing.service.property.get方法，即“属性获取”方法。由于当前“温度”属性为“只读”类型，用户无法从平台侧下发set指令设置该属性，而只能通过get指令获取该属性的值，因此thing.service.property.set方法中无实质性内容，而thing.service.property.get方法中包含了“温度”属性的相关信息。

events字段内容如下：

```
"events": [
{
    "outputData": [
    {
        "identifier": "Temperature",
        "dataType": {
            "specs": {
                "unit": "°  C",
                "min": "0",
                "max": "100",
                "step": "0.1"
            },
            "type": "double"
        },
        "name": "温度"
    }
    ],
    "identifier": "post",
    "method": "thing.event.property.post",
    "name": "post",
    "type": "info",
    "required": true,
    "desc": "属性上报"
}
]
```

该字段包含thing.event.property.post方法，即“属性上报”方法。这是由于设备可以向平台上报“温度”属性的当前值，可以看到当前字段中也包含了“温度”属性的相关信息。

同理，新增“LED灯闪烁频率”属性，如图5-22所示。

（2）新增服务

点击“添加自定义功能”按钮，在弹出的窗口中选择功能类型为“服务”，即可新增一个服务类型的功能。此处为产品新增“清除报警”服务，如图5-23所示。

编辑自定义功能 ×

* 功能类型：
属性

* 功能名称：
LED灯闪烁频率

* 标识符：
Frequency

* 数据类型：
int32 (整数型)

* 取值范围：
0 ~ 100

* 步长：
1

单位：
赫兹 / Hz

读写类型：
◉ 读写 ○ 只读

图5-22 新增“LED灯闪烁频率”属性

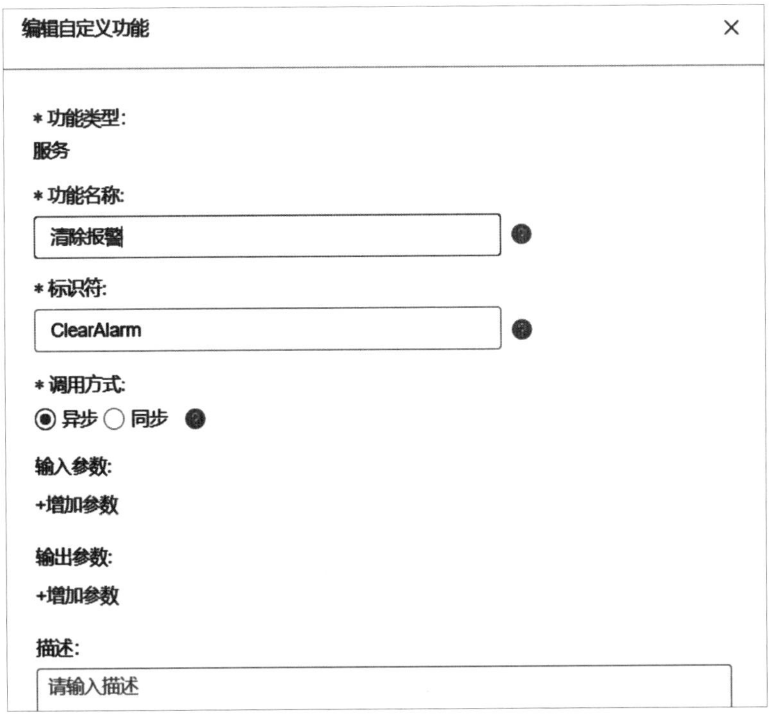

编辑自定义功能 ×

* 功能类型：
服务

* 功能名称：
清除报警

* 标识符：
ClearAlarm

* 调用方式：
◉ 异步 ○ 同步

输入参数：
+增加参数

输出参数：
+增加参数

描述：
请输入描述

图5-23 新增“清除报警”服务

各参数说明如下：

功能名称：该服务的名称，同一产品下的功能名称不能重复。

标识符：服务的唯一标识符，在产品下具有唯一性，是物模型JSON文件中“identifier”的值，作为该服务被调用时的Key。

调用方式：支持“异步”和“同步”两种方式。异步调用是指云端执行调用后直接返回结果，不会等待设备的回复消息；而在同步调用方式下，云端会等待设备回复，若设备没有服务，则调用超时。

输入参数（可选）：该服务的入参，点击“增加参数”，在弹窗中添加服务入参。用户可以直接选择某个属性作为入参，也可以自定义参数，如在定义智能灌溉产品时，将“喷灌时间”和“灌溉量”作为“自动喷灌”服务的入参，在调用服务时传入这两个参数，喷灌设备便可以按照设定的喷灌时间和灌溉量自动进行精准灌溉。

输出参数（可选）：该服务的出参，点击“增加参数”，在弹窗中添加服务出参。用户可以直接选择某个属性作为出参，也可以自定义参数，如在定义智能灌溉产品时，将“土壤湿度”作为“自动喷灌”服务的出参，那么当云端调用“自动喷灌”服务时便会返回当前的土壤湿度数据。

描述：用户可自定义当前功能的描述信息。

该“清除报警”服务定义完毕后，查看最新的物模型文件。从物模型文件中可以看到，当前services服务字段中新增了如下内容，与定义的服务一致。

```
{
    "outputData": [],
    "identifier": "ClearAlarm",
    "inputData": [],
    "method": "thing.service.ClearAlarm",
    "name": "清除报警",
    "required": false,
    "callType": "async"
}
```

（3）新增事件

点击“添加自定义功能”按钮，在弹出的窗口中选择功能类型为“事件”，即可新增一个事件类型的功能。此处为产品新增“温度报警”事件，如图5-24所示。

各参数说明如下：

功能名称：该事件的名称，同一产品下的功能名称不能重复。

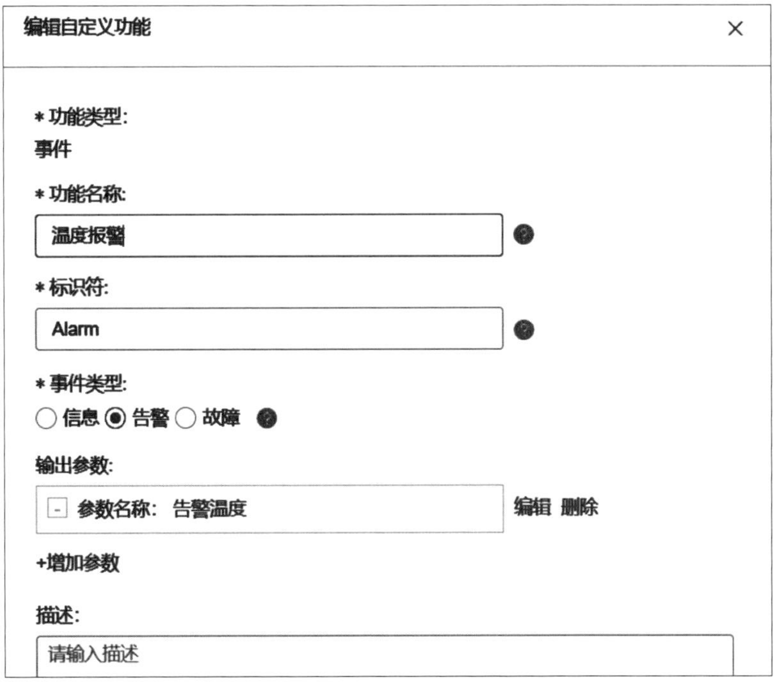

编辑自定义功能 ×

* 功能类型:
事件
* 功能名称:
温度报警
* 标识符:
Alarm
* 事件类型:
○ 信息 ◉ 告警 ○ 故障
输出参数:
参数名称：告警温度 编辑 删除
+增加参数
描述:
请输入描述

图5-24 新增“温度报警”事件

标识符：事件的唯一标识符，在产品下具有唯一性，是物模型JSON文件中“identifier”的值，作为设备上报该事件时的Key，如“ErrorCode”。

事件类型：事件分为“信息”“告警”和“故障”三种类型。“信息”指设备上报的一般性通知，如完成某项任务等；“告警”是设备运行过程中主动上报的突发或异常情况，告警类信息，优先级较高，用户可以针对不同的事件类型进行业务逻辑处理和统计分析；“故障”是设备运行过程中主动上报的突发或异常情况，故障类信息，优先级高。用户可以针对不同的事件类型进行业务逻辑处理和统计分析。

输出参数：该事件的出参，点击“增加参数”，在弹窗中添加出参。用户可以直接使用某个属性作为出参，也可以自定义参数，如将“电压”作为出参，则设备上报该故障事件时便会携带当前设备的电压值，帮助用户进一步判断故障原因。

描述：用户可自定义当前功能的描述信息。

该“温度报警”事件定义完毕后，查看最新的物模型文件。从物模型文件中可以看到，当前events事件字段中新增了如下内容，与定义的事件一致。

```
{
    "outputData": [
    {
    "identifier": "AlarmTemperature",
    "dataType": {
```

```
            "specs": {
                "unit": "°  C",
                "min": "0",
                "max": "100",
                "step": "0.1"
            },
            "type": "double"
        },
        "name": "告警温度"
        }
        ],
        "identifier": "Alarm",
        "method": "thing.event.Alarm.post",
        "name": "温度报警",
        "type": "alert",
        "required": false
    }
```

物模型定义完毕后，点击“发布更新”按钮，回到“功能定义”页面便可以看到当前产品的全部自定义功能，如图5-25所示。

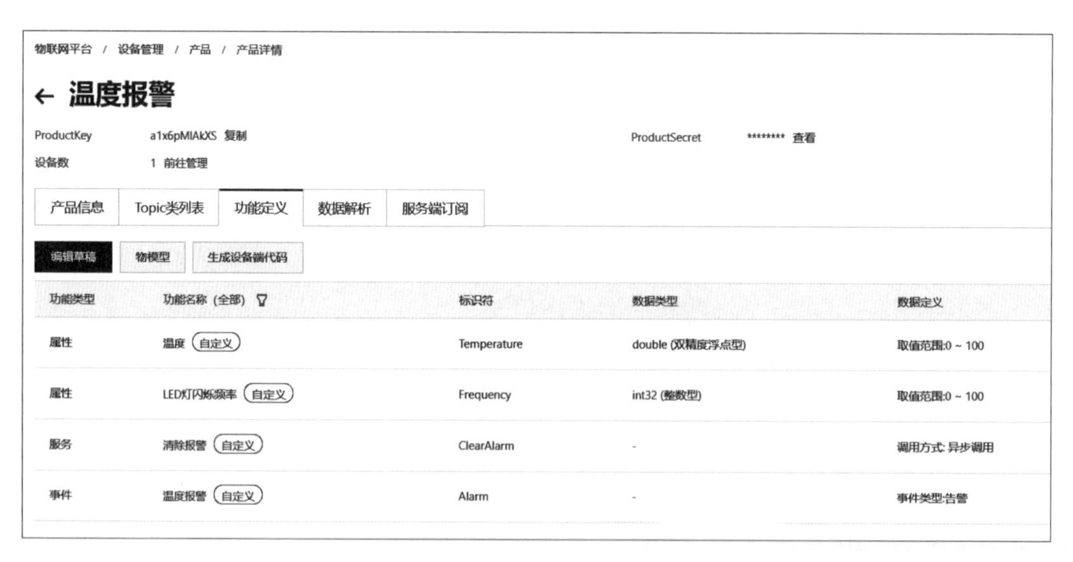

图5-25　自定义功能列表

3. 设备端开发

（1）新建项目工程

先打开Visual Studio Code，点击“文件”→“打开文件夹”（或者直接按下快捷键Ctrl+O），打开下载的工程示例程序。

点击工程界面左下角，选择此次的例程为ldapp例程，开发板选择为AIoTKIT开发板。

（2）主要代码讲解

本实验中，ldapp例程代码中mqtt-example.c通过AT联网指令联网并上传与接收数据。我们将详细介绍mqtt-example.c文件，即使用AIoTKIT开发板进行联网并上传温湿度数据的例程。

①int application_start(int argc, char *argv[])

该函数为开发者真正的应用入口函数。在此函数中完成的主要功能为:

- AT指令初始化，SAL框架初始化；
- 设置输出的LOG 等级 aos_set_log_level(AOS_LL_DEBUG)；
- AliOS Things定义了一系列系统事件，程序可以通过aos_register_event_filter注册事件监听函数，进行相应的处理，比如Wi-Fi事件；
- 在配网过程中，netmgr负责定义和注册Wi-Fi回调函数netmgr_init；
- 通过调用aos_loop_run进入事件循环。

函数内容解析如下：

```
int application_start(int argc, char *argv[])
{
    netmgr_ap_config_t apconfig;
    #if AOS_ATCMD                /*AT指令初始化*/
        at.set_mode(ASYN);
        at.init (AT_RECV_PREFIX, AT_RECV_SUCCESS_POSTFIX,
                AT_RECV_FAIL_POSTFIX, AT_SEND_DELIMITER, 1000);
    #endif
    #ifdef WITH_SAL              /*SAL框架初始化*/
        sal_init();
    #endif
    printf("== Build on: %s %s ===\n", __DATE__, __TIME__);
    aos_set_log_level(AOS_LL_DEBUG);
    sensor_all_open();           /*打开外部传感器*/
    aos_register_event_filter(EV_WIFI, wifi_service_event, NULL);
```

```
    netmgr_init();            /* 定义与注册Wi-Fi回调函数 */
    #if 0
        memset(&apconfig, 0, sizeof(apconfig));
        strcpy(apconfig.ssid, "LinkDevelop-Workshop");
        strcpy(apconfig.pwd, "linkdevelop");
        netmgr_set_ap_config(&apconfig);
    #endif
    netmgr_start(false);
    aos_cli_register_command(&mqttcmd);
    /* 省略部分代码 */
    /* 每隔100ms开启定时任务 app_delayed_action*/
    aos_post_delayed_action(100, app_delayed_action, NULL);
    aos_loop_run();
    return 0;
}
```

②static void wifi_service_event(input_event_t *event, void *priv_data)

该函数为Wi-Fi事件处理函数，当有Wi-Fi事件发生时运行它。在该函数中完成的主要功能为进行Wi-Fi事件的判断，包括事件类型的确认等，在确认无误后调用mqtt_client_example。

函数内容解析如下：

```
static void wifi_service_event(input_event_t *event, void *priv_data)
{
    if (event->type != EV_WIFI) {
        return;
    }
    if (event->code != CODE_WIFI_ON_GOT_IP) {
        return;
    }
    LOG("wifi_scrvice_event!");
    mqtt_client_example();
}
```

③int mqtt_client_example(void)

mqtt_client_example 函数()为设备鉴权连接函数，该函数所实现的主要功能是：

- 获取设备进行鉴权注册时的相关参数；
- 通过Wi-Fi连接IoT平台，进行设备注册。

函数内容解析如下：

```
int mqtt_client_example(void)
{
    /* 设备鉴权 */
    if (0 != IOT_SetupConnInfo(PRODUCT_KEY, DEVICE_NAME, DEVICE_SECRET,
        (void **)&pconn_info))
    {
        LOG("AUTH request failed!");
        rc = -1;
        release_buff();
        return rc;
    }
    /* 初始化MQTT参数 */
    memset(&mqtt_params, 0x0, sizeof(mqtt_params));
    mqtt_params.port = pconn_info->port;
    mqtt_params.host = pconn_info->host_name;
    mqtt_params.client_id = pconn_info->client_id;
    mqtt_params.username = pconn_info->username;
    mqtt_params.password = pconn_info->password;
    mqtt_params.pub_key = pconn_info->pub_key;
    mqtt_params.request_timeout_ms = 2000;
    mqtt_params.clean_session = 0;
    mqtt_params.keepalive_interval_ms = 60000;
    mqtt_params.pread_buf = msg_readbuf;
    mqtt_params.read_buf_size = MSG_LEN_MAX;
    mqtt_params.pwrite_buf = msg_buf;
    mqtt_params.write_buf_size = MSG_LEN_MAX;
    mqtt_params.handle_event.h_fp = event_handle_mqtt;
    mqtt_params.handle_event.pcontext = NULL;
    gpclient = IOT_MQTT_Construct(&mqtt_params);
```

```
    if (NULL == gpclient) {
        LOG("MQTT construct failed");
        rc = -1;
        release_buff();
    }
    else{
        aos_register_event_filter(EV_SYS,  mqtt_service_event, gpclient);
    }
    return rc;
}
```

④static void mqtt_service_event(input_event_t *event, void *priv_data)

该函数为本例程中事件触发后调用的函数，其主要功能为进行事件合法性检查，以及调用mqtt_publish主函数。

函数内容解析如下：

```
static void mqtt_service_event(input_event_t *event, void *priv_data)
{
    if (event->type != EV_SYS) {
        return;
    }
    if (event->code != CODE_SYS_ON_MQTT_READ) {
        return;
    }
    LOG("mqtt_service_event!");
    mqtt_publish(priv_data);
}
```

⑤static void mqtt_publish(void *pclient)

mqtt_publish函数是本次ldapp例程中的MQTT上云发送数据函数，该函数所实现的主要功能是：

- 订阅相关Topic，并接收云端下发的指令。
- 向指定Topic循环发送温度数据。在本次例程中，为每隔3s采集一次环境温度信息，每隔60s上报一个温度属性信息。在采集环境温度信息的过程中，如果检测到温度信息超过阈值，则不断向平台发送报警信息，直到平台下发清除报警信息指令或者温度低于阈值为止。

- 在每次设备上线时，向平台发送LED灯闪烁频率属性信息，之后如果产生温度报警情况，那么开发板上的LED灯则会随着目前设定的LED灯闪烁频率进行闪烁。此外，设备也可以接收平台下发的频率属性设置指令来动态地修改LED灯闪烁频率。

函数内容解析如下：

```
static void mqtt_publish(void *pclient)
{
  if (is_subscribed == 0) {
    rc=IOT_MQTT_Subscribe(pclient, ALINK_TOPIC_PROP_POSTRSP,IOTX_
                          MQTT_QOS0, handle_prop_postrsp, NULL);
    if (rc < 0) {
      LOG("IOT_MQTT_Subscribe() failed, rc = %d", rc);
    }
    /* 订阅属性设置Topic。平台可以通过该Topic下发设置LED灯闪烁频率，
    并定义其Topic的回调函数为handle_prop_set。回调函数具体内容请参考
    下文 */
    rc = IOT_MQTT_Subscribe(pclient, ALINK_TOPIC_PROP_SET,IOTX_MQTT_
                          QOS0, handle_prop_set, NULL);
    if (rc < 0) {
      LOG("IOT_MQTT_Subscribe() failed, rc = %d", rc);
    }
    /* 订阅服务service/ClearAlarm Topic。平台可以通过该Topic下发清除设备
    报警信息的指令，并定义其Topic的回调函数为handle_prop_ser。回调函数具
    体内容请参考下文 */
    rc = IOT_MQTT_Subscribe(pclient, ALINK_TOPIC_SER_SUB,IOTX_MQTT_
                          QOS0, handle_prop_ser, NULL);
    if (rc < 0) {
      LOG("IOT_MQTT_Subscribe() failed, rc = %d", rc);
    }
    is_subscribed = 1;
  }
  else {
    memset(&topic_msg, 0x0, sizeof(iotx_mqtt_topic_info_t));
```

```
topic_msg.qos = IOTX_MQTT_QOS0;
topic_msg.retain = 0;
topic_msg.dup = 0;
memset(param, 0, sizeof(param));
memset(msg_pub, 0, sizeof(msg_pub));
/*每隔3s获取温度数据信息*/
get_temp_data(&temp_data, &temp_timestamp);
/*每隔60s上报一次温度数据*/
if (t_count>=20)
{
    t_count=0;
    /*传感器数据到实际数据格式转换*/
    float temp = (float)temp_data/10.0;
    sprintf(param, "{\"Temperature\":%.1f}",temp);
    /*按照物模型的属性上报格式要求组合温度信息*/
    int msg_len = sprintf(msg_pub, ALINK_BODY_FORMAT, cnt, ALINK_
                        METHOD_PROP_POST, param);
    if (msg_len < 0) LOG("Error occur! Exit program");
    topic_msg.payload = (void *)msg_pub;
    topic_msg.payload_len = msg_len;
    /*定时上报环境温度信息到/event/property/post属性上报Topic*/
    rc = IOT_MQTT_Publish(pclient, ALINK_TOPIC_PROP_POST, &topic_
                        msg);
    if (rc < 0) LOG("error occur when publish");
    LOG("Alink:\n%s\n",msg_pub);
    cnt++;
}
t_count++;
/*根据获取的环境温度信息，判断环境温度是否超过阈值，超过阈值需
要上报报警信息*/
alarm_judge(temp_data,pclient);
/*上报LED灯闪烁频率信息，仅在设备初次上线或者平台端修改该属性
时才会上报该属性信息，平时该属性信息无须上报*/
if (led_fre_upload_status==1)   /上报LED灯闪烁频率*/
{
```

```
            led_fre_upload_status = 0;
            int fre = get_led_fre();
            printf("get_led_fre :%d\n",fre);
            sprintf(param, "{\"Frequency\":%d}",fre);
        int msg_len = sprintf(msg_pub, ALINK_BODY_FORMAT, cnt, ALINK_
                                METHOD_PROP_POST, param);
        if (msg_len < 0) LOG("Error occur! Exit program");
        topic_msg.payload = (void *)msg_pub;
        topic_msg.payload_len = msg_len;
        rc = IOT_MQTT_Publish(pclient, ALINK_TOPIC_PROP_POST, &topic_msg);
        if (rc < 0) LOG("error occur when publish");
            LOG("Alink:\n%s\n",msg_pub);
            cnt++;
        }
        LOG("system is running %d\n",cnt);
    }
    if (++cnt < 20000) {
        /* 每隔3s重新运行mqtt_publish函数 */
        aos_post_delayed_action(3000, mqtt_publish, pclient);
    }
        else {
        IOT_MQTT_Unsubscribe(pclient, ALINK_TOPIC_PROP_POSTRSP);
        aos_msleep(200);
        IOT_MQTT_Destroy(&pclient);
        release_buff();
        is_subscribed = 0;
        cnt = 0;
    }
}
```

⑥static void handle_prop_set(void *pcontext, void *pclient, iotx_mqtt_event_msg_pt msg)

该函数为ldapp例程中云端设置属性参数的Topic回调函数，云端可以通过/property/set Topic实现LED灯闪烁频率属性的设置。

函数内容解析如下：

```
/*
* MQTT Subscribe handler
* topic: ALINK_TOPIC_PROP_SET
*/
static void handle_prop_set(void *pcontext, void *pclient, iotx_mqtt_event_msg_pt msg)
{
   iotx_mqtt_topic_info_pt  ptopic_info= (iotx_mqtt_topic_info_pt)msg->msg;
   if (NULL != strstr(ptopic_info->payload,"\"Frequency\":"))
   {
      int fre=0;
      /*解析云端下发的指令*/
      char * result = strstr(ptopic_info->payload,"\"Frequency\":");
      result += strlen("\"Frequency\":");
      if(*(result+1)=='}')
      {
         fre = *result-'0';
      }
      else if(*(result+2)=='}')
      {
         fre = (*result-'0')*10+(*(result+1)-'0');
      }
      printf("Frequency %d\n",fre);
      set_led_fre(fre);   /*设置LED灯闪烁频率*/
      led_fre_upload_status=1; /*置位LED灯闪烁频率上报标记*/
   }
}
```

⑦static void handle_prop_ser(void *pcontext,void *pclient,iotx_mqtt_event_msg_pt msg)

该函数为ldapp例程中云端服务设置的Topic回调函数，云端可以通过/service/ClearAlarm Topic实现清除设备报警信息的设置。

函数内容解析如下：

```
/*
* MQTT Subscribe handler
```

```
* topic: ALINK_TOPIC_PROP_SER
*/
static void handle_prop_ser(void *pcontext, void *pclient,iotx_mqtt_event_msg_pt msg)
{
    iotx_mqtt_topic_info_pt ptopic_info = (iotx_mqtt_topic_info_pt)msg->msg;
    #if 1
        LOG("----");
        LOG ("Topic: '%.*s' (Length: %d)", ptopic_info->topic_len,
                ptopic_info->ptopic, ptopic_info->topic_len);
        LOG("Payload: '%.*s' (Length: %d)", ptopic_info->payload_len,
                ptopic_info->payload, ptopic_info->payload_len);
        LOG("----");
        /*解析云端下发的指令，并清除报警的标记位*/
        if(NULL != strstr(ptopic_info->payload,"thing.service.ClearAlarm"))
        {
                alarm_clear = 1;
        }
    #endif
}
```

（3）修改设备相关参数

在本小节中，我们需要修改ldapp项目工程，添加在阿里云物联网平台控制台上新建设备的三元组信息。具体流程如下：

demo程序所在路径是\example\ldapp，在此次例程当中，我们需要将设备的三元组信息修改为新注册的设备的三元组信息。具体修改文件为：example/ldapp/mqtt-exmaple.c。PRODUCT_KEY、DEVICE_NAME、DEVICE_SECRET这三个参数是保证设备和IoT平台间可靠通信的唯一标识，所以这三个参数必须保证和建立设备时的信息相同；Topic信息也要保证和平台端的Topic保持一致，因为设备在发送与接收消息时都要带有Topic信息，不一致的话可能会导致数据通信发生错误。具体参数修改如图5-26所示。

```
#define PRODUCT_KEY             "a1x6pMlAkXS"
#define DEVICE_NAME             "test"
#define DEVICE_SECRET           "jDwCAb4j0ZBGpi6sExp58EqqiAjgBJWR"

#define ALINK_BODY_FORMAT         "{\"id\":\"%d\",\"version\":\"1.0\",\"method\":\"%s\",\"params\":%s}"
#define ALINK_TOPIC_PROP_POST     "/sys/"PRODUCT_KEY"/"DEVICE_NAME"/thing/event/property/post"
#define ALINK_TOPIC_PROP_POSTRSP  "/sys/"PRODUCT_KEY"/"DEVICE_NAME"/thing/event/property/post_reply"
#define ALINK_TOPIC_PROP_SET      "/sys/"PRODUCT_KEY"/"DEVICE_NAME"/thing/service/property/set"
#define ALINK_METHOD_PROP_POST    "thing.event.property.post"
#define ALINK_METHOD_EVENT_POST    "thing.event.Alarm.post"
```

图 5-26　修改设备的三元组信息

在本实验中，设备采用Alink JSON格式，基于Alink Topic与物联网平台进行消息通信，完成设备的属性上报、属性设置、事件上报和服务调用功能。以设备主动上报属性到云端为例，当设备端“温度”属性发生变化时，设备可以通过Topic:/sys/{ProductKey}/{DeviceName}/thing/event/property/post通知云端，具体格式如下：

```
{
  "id" : "123",             /* 该次请求id值 */
  "version":"1.0",          /* 协议版本号固定字段 */
  "params" : {
    "Temperature" : 31      /* 对应产品属性中的Temperature*/
  },
  "method":"thing.event.property.post"   /* 属性上报Topic*/
}
```

（4）项目编译下载

工程编译与下载的方式与3.2节“AIoTKIT设备接入物联网平台”相同，详情可参考3.2节，此处不再赘述。

至此，将工程代码烧录进入开发板中。打开串口助手即可查看程序的运行输出信息。

5.8.3　实验结果

进入“监控运维”下的“在线调试”页面，选择“设备”为刚刚创建的温度报警产品下的test设备，可以看到由于此时设备还未上线，控制台上显示“离线（真实设备）”字样，如图5-27所示。

当设备与云端连接成功后，可以在控制台上看到“在线（真实设备）”字样，如图5-28所示。

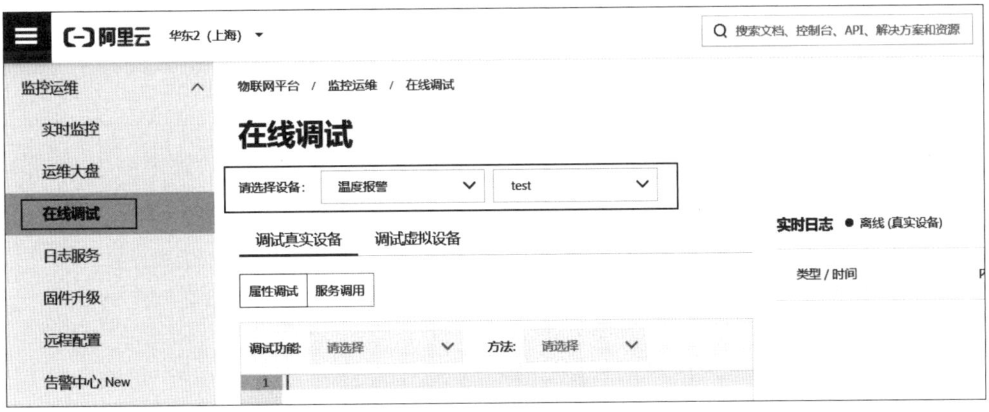

图5-27 在线调试

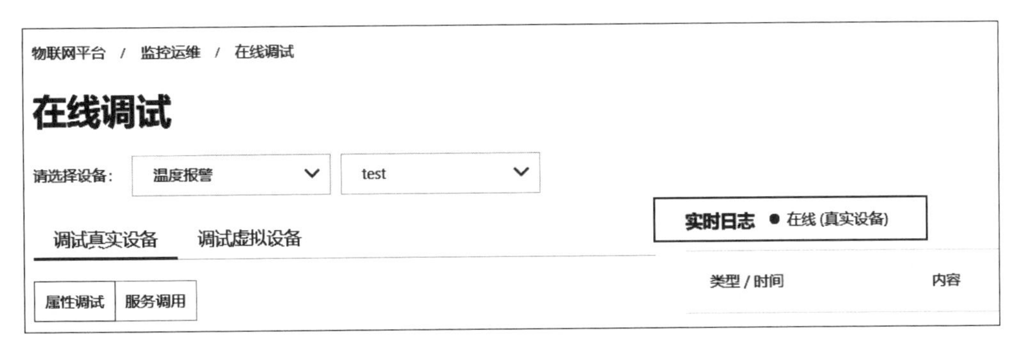

图5-28 设备上线

随后在实时日志窗口中，可以看到设备上线后主动上报给云端的当前“温度”属性值和“LED灯闪烁频率”（对应开发板上的LED2）属性值，如图5-29所示。这些消息的method均为“thing.event.property.post”，设备上报的LED灯闪烁频率为2，温度为23.3℃。

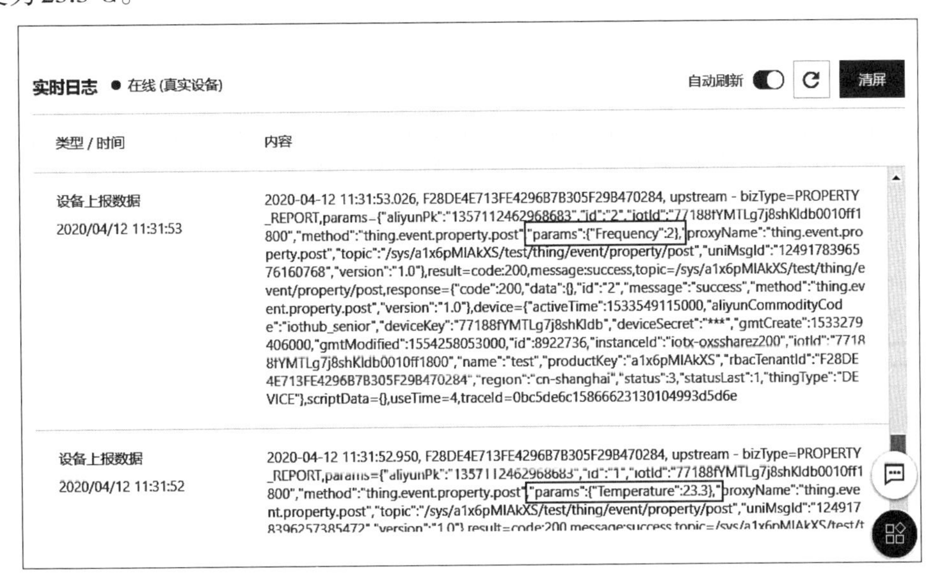

图5-29 云端日志

同时还可以在Visual Studio Code软件中查看设备终端的打印日志，如图5-30所示。

```
[110040]<V> Alink:
{"id":"1","version":"1.0","method":"thing.event.property.post","params":{"Temperature":23.3}}

get_led_fre :2
[110050]<V> Alink:
{"id":"2","version":"1.0","method":"thing.event.property.post","params":{"Frequency":2}}
```

图5-30　终端打印日志

在云端控制台上，还可以主动获取设备的属性值，选择“调试真实设备”，然后选择“属性调试”，选择调试功能为“温度”，方法选择为“获取”，点击“发送指令”按钮，即可主动获取“温度”属性值，如图5-31所示。同理，也可以获取“LED灯闪烁频率”属性值，如图5-32所示。

图5-31　获取“温度”属性

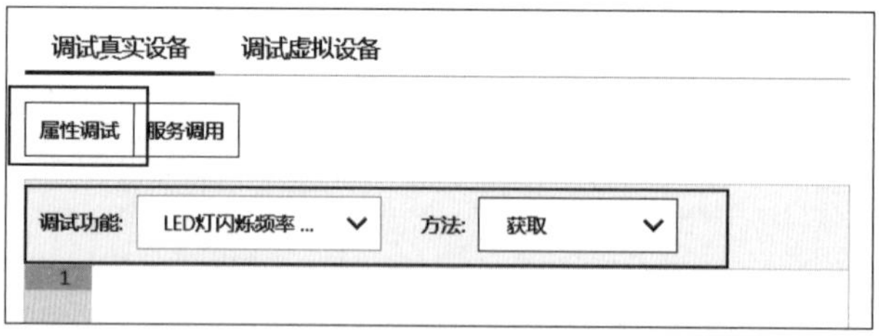

调试真实设备　调试虚拟设备

属性调试　服务调用

调试功能:　LED灯闪烁频率 ...　方法:　获取

1

图5-32　获取“LED灯闪烁频率”属性

在云端控制台上，还可以修改设备的属性值。注意，只有属性的“读写类型”为“读写”时，云端才可以修改该属性值；对于“只读”型属性，云端只能执行“获取”操作。如图5-33(a)所示，当下发指令将“LED灯闪烁频率”属性值设置为5时，云端日志如图5-33(b)所示，设备端日志如图5-34所示，可见云端成功下发设置指令，设备端收到指令后修改自身闪烁频率，并向云端主动上报了修改后的属性值。

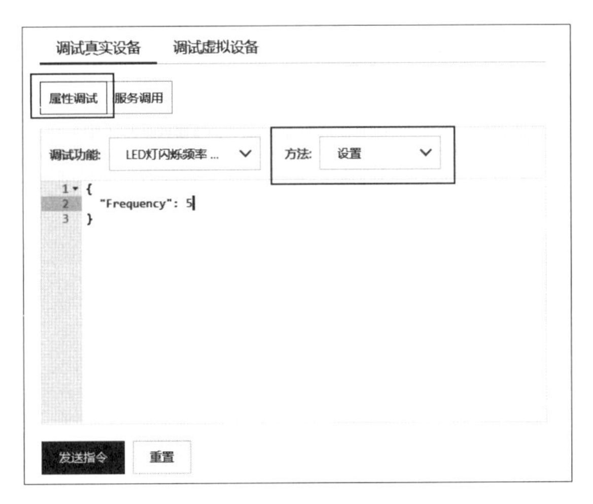

（a） 下发属性设置指令

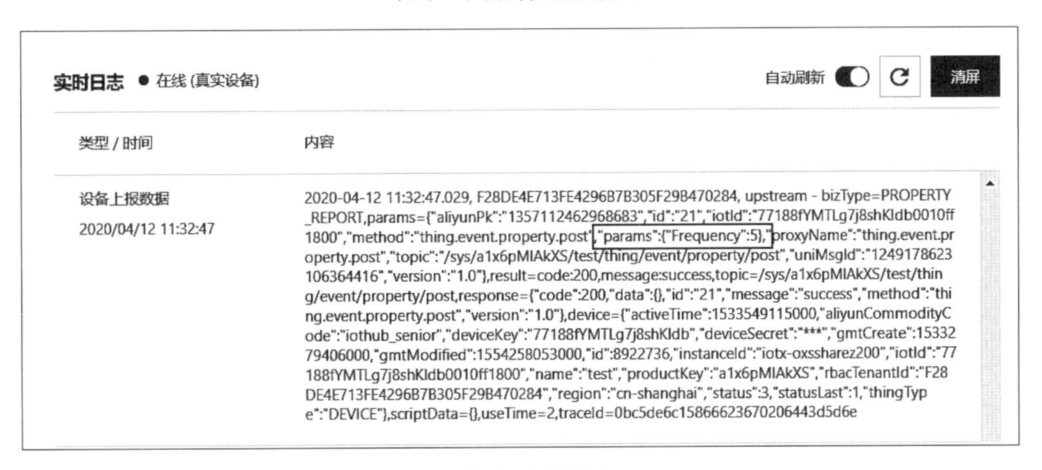

（b） 云端日志

图5-33 指令与日志

```
Frequency 5
get_led_fre :5
[164200]<V> Alink:
{"id":"21","version":"1.0","method":"thing.event.property.post","params":{"Frequency":5}}

[164210]<V> system is running 22

[167210]<V> system is running 23
```

图5-34 设备端日志

当设备端连接的温度传感器检测到的温度高于程序内置阈值时，设备端会向云端上报事件。在本实验中，开发板闪烁LED灯的同时会向物联网平台上报“告警信息”，method为thing.event.Alarm.post，云端日志如图5-35所示，设备端报警日志如图5-36所示。

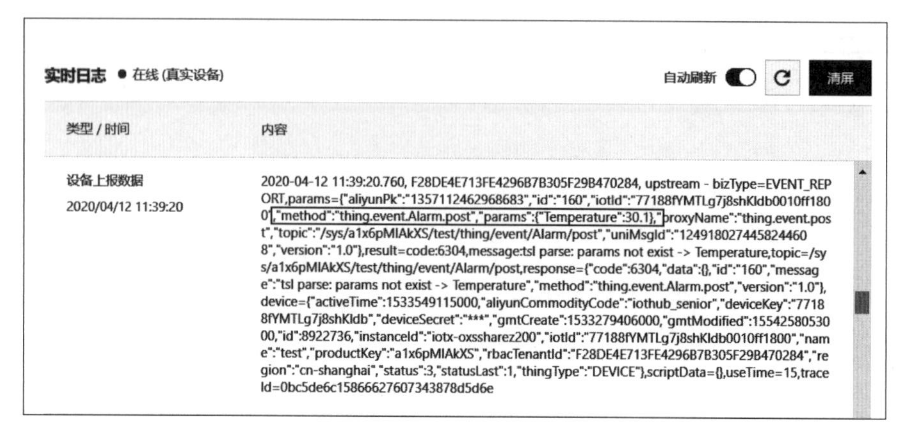

图5-35　云端报警日志

```
[558280]<V> Alink:
{"id":"160","version":"1.0","method":"thing.event.Alarm.post","params":{"Temperature":30.1}}

[558290]<V> system is running 160

[561300]<V> system is running 161
```

图5-36　设备端报警日志

当相应的高温应急措施执行完毕后，用户可以在“调试真实设备”页面下选择“服务调用”来手动下发“清除报警（ClearAlarm）”指令取消LED灯的闪烁，如图5-37所示。指令发送后，设备端LED灯停止闪烁，且设备停止向云端上报告警事件，设备端日志如图5-38所示。

图5-37　调用“清除报警”服务

视频3　物模型实验

```
[582350]<V> system is running 168

[585000]<V> ----
[585000]<V> Topic: '/sys/a1x6pMlAkXS/test/thing/service/ClearAlarm' (Length: 46)
[585010]<V> Payload: '{"method":"thing.service.ClearAlarm","id":"107687274","params":{},"version":"1.0.0"}' (Length: 84)
[585020]<V> ----
[585360]<V> system is running 169

[588370]<V> system is running 170
```

图5-38　设备端日志

5.9 数据解析

对于一些配置低且资源受限，或者对网络流量有要求的设备来说，直接构造JSON格式的数据与物联网平台进行通信并不合适，此时采用透传的方式与云端通信更为合适。基于物联网平台提供的数据解析能力，用户通过编写数据解析脚本，便可方便地将设备上下行数据分别解析为Alink JSON标准格式和设备自定义格式的数据。数据解析流程如图5-39所示。

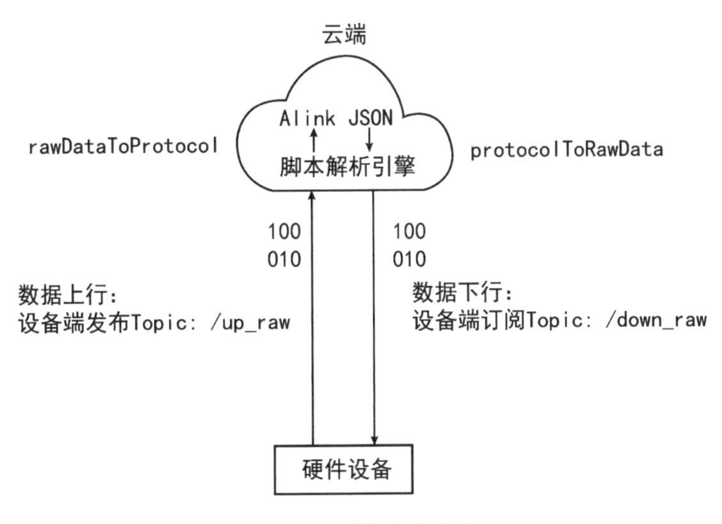

图5-39　数据解析流程

当通过物联网平台向设备下发数据时，会先运行数据解析脚本，将Alink JSON格式的数据转换为设备可以解析的自定义数据格式，然后再将数据下发给设备；当物联网平台接收到设备上报的自定义格式的数据时，也会先运行数据解析脚本，将设备原始数据转换为Alink JSON格式的数据，然后再进行后续的业务处理。因此，在物联网平台上编写的数据解析脚本需要支持以下两种方法。

1. 将Alink JSON格式数据转换为设备能识别的格式数据的方法

此方法用于物联网平台给设备下发数据时，其中具体的转换代码需要用户自行开发。

```
function protocolToRawData(jsonObj){
  return rawdata;
}
```

2. 将设备的自定义格式数据转换为Alink JSON格式数据的方法

此方法用于设备上报数据到物联网平台时，其中具体的转换代码也需要用户自行开发。

```
function rawDataToProtocol(rawData){
  return jsonObj;
}
```

目前转换脚本只支持使用JavaScript语言开发，开发者可以使用物联网平台提供的在线脚本编辑器来编辑、提交脚本。物联网平台还支持对脚本进行模拟数据解析测试，可由开发者输入上下行数据进行模拟转换，查看脚本的运行结果。当包含上述两种方法的脚本调试完毕被提交到运行环境中之后，设备对上下行消息进行传输时，平台便会默认自动调用脚本中的这两种方法，根据用户开发的代码内容实现数据的解析和转换。

5.10 数据解析实验

5.10.1 实验内容与软硬件准备

本实验利用物联网平台的数据解析能力，编写脚本解析AIoTKIT开发板透传到物联网平台的“温度”和“LED灯闪烁频率”属性值，将其转换成Alink JSON格式的数据。需要准备的软硬件如下：

- AIoTKIT开发板一块；
- 带有Windows操作系统的PC机；
- Micro USB连接线；
- 安装alios-studio插件的Visual Studio Code；
- AliOS Things 1.3.3版本；
- ST-Link驱动程序；
- 开通阿里云物联网平台服务。

5.10.2 实验步骤

1. 创建产品和设备并完成功能定义

登录物联网平台控制台（https://iot.console.aliyun.com），进入设备管理下的产品页面，在“华东2（上海）”区域下新建一个产品“透传”，所属分类选择为“自定义品类”，后续根据实验需求自行定义。产品节点类型选择为“设备”，且不接入网关，数据格式选择为“透传/自定义”，如图5-40所示。

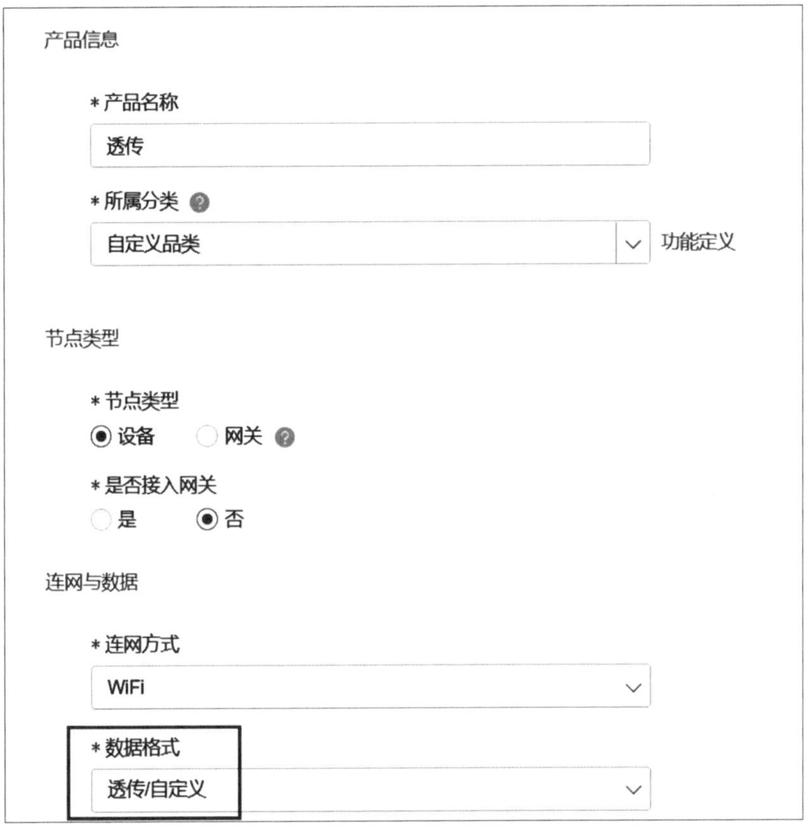

产品信息
* 产品名称
透传
* 所属分类
自定义品类
功能定义
节点类型
* 节点类型
设备
网关
* 是否接入网关
是
否
连网与数据
* 连网方式
WiFi
* 数据格式
透传/自定义

图5-40 创建“透传”产品

产品创建完成后，在该产品下添加“test”设备，如图5-41所示。

透传
设备总数
1
激活设备
1
当前在线
0
刷新
设备列表
批次管理
设备列表
批量添加
添加设备

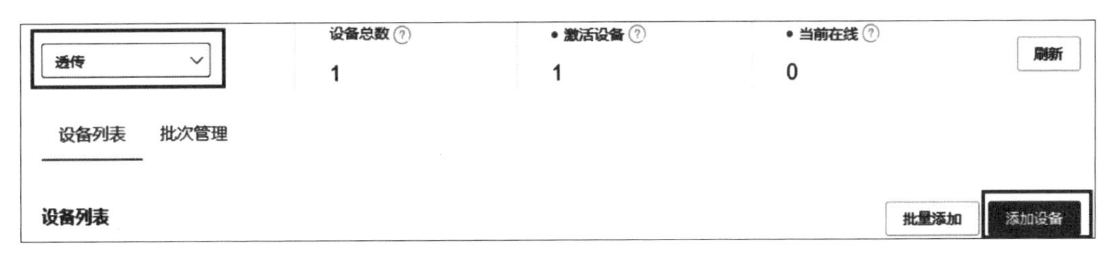

图5-41 添加设备

接下来，查看透传产品详情页中的功能定义页面，与5.8节“基于产品的物模型实验”类似，新增两个“自定义功能”，即“读写”类型的属性：温度和LED灯闪烁频率，如图5-42所示。

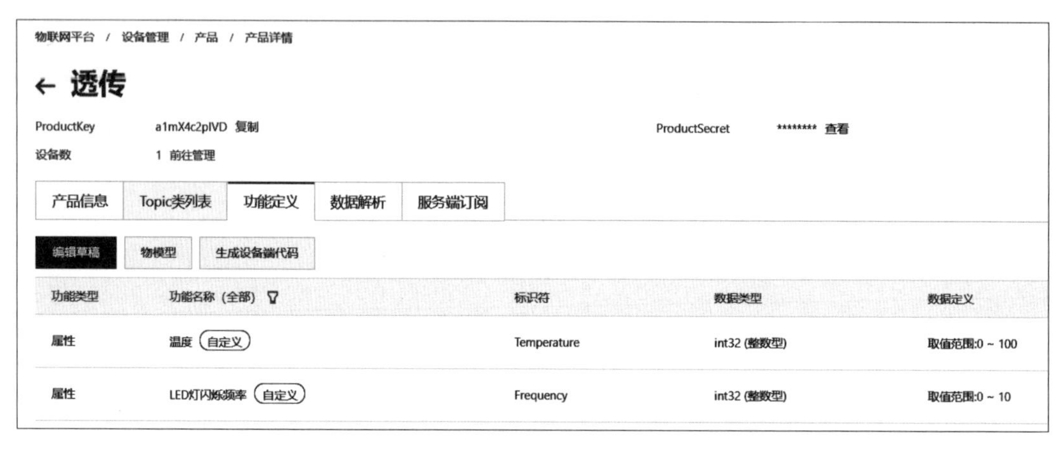

图5-42　定义功能

2. 在线编辑脚本

进入透传产品详情页面下的“数据解析”栏，即可在下方的“编辑脚本”框中编写数据解析脚本，如图5-43所示。

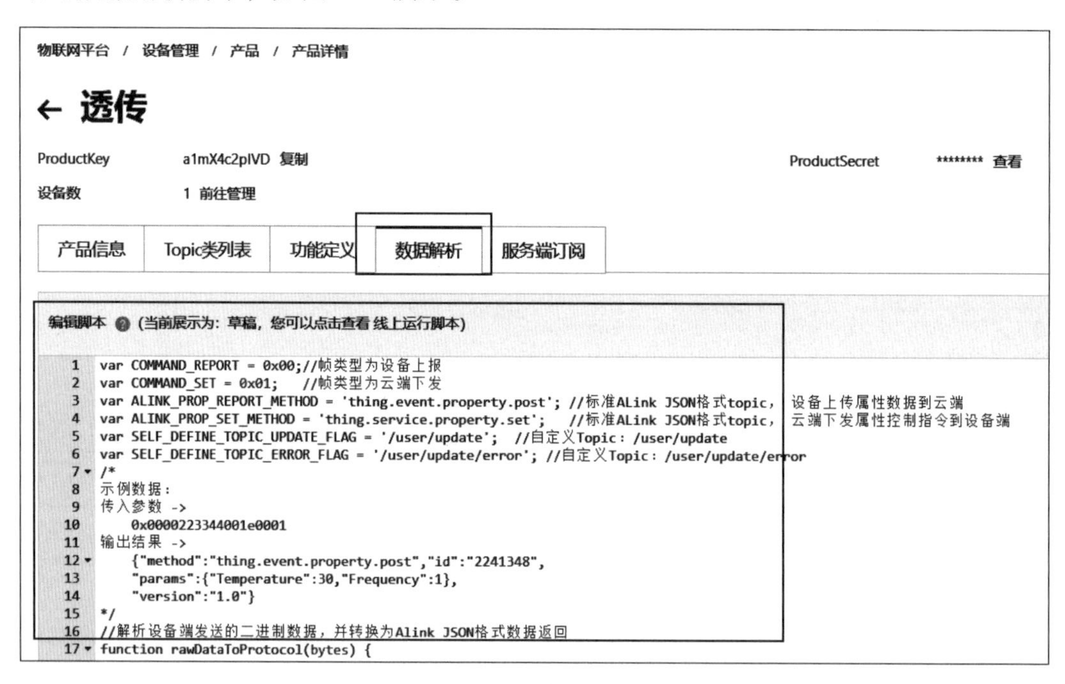

图5-43　编辑脚本

脚本Demo参考代码如下：

```
var COMMAND_REPORT = 0x00;
/* 帧类型为设备上报 */
var COMMAND_SET = 0x01;
/* 帧类型为云端下发 */
```

```
var ALINK_PROP_REPORT_METHOD = 'thing.event.property.post';
/*标准Alink JSON格式Topic，设备上传属性数据到云端*/
var ALINK_PROP_SET_METHOD = 'thing.service.property.set';
/*标准Alink JSON格式Topic，云端下发属性控制指令到设备端*/
var SELF_DEFINE_TOPIC_UPDATE_FLAG = '/user/update';
/*自定义Topic：/user/update，此实验中不会用到*/
var SELF_DEFINE_TOPIC_ERROR_FLAG = '/user/update/error';
/*自定义Topic：/user/update/error，此实验中不会用到*/
/*解析设备端发送的十六进制数据，并转换为Alink JSON格式数据返回*/
function rawDataToProtocol(bytes) {
  var uint8Array = new Uint8Array(bytes.length);
  for (var i = 0; i < bytes.length; i++) {
    uint8Array[i] = bytes[i] & 0xff;
  }
  var dataView = new DataView(uint8Array.buffer, 0);
  var jsonMap = new Object();
  var fHead = uint8Array[0];
  /*command，unit8Array[0]表示0x后的第1个字节，为帧类型字段*/
  if (fHead == COMMAND_REPORT) {
    jsonMap['method'] = ALINK_PROP_REPORT_METHOD;
    /*Alink JSON格式 – 属性上报Topic*/
    jsonMap['version'] = '1.0';
    /*Alink JSON格式 – 协议版本号固定字段*/
    jsonMap['id'] = '' + dataView.getInt32(1);
    /*Alink JSON格式 – 标示该次请求id值，从0x后的第2个字节开始读取4
     字节，返回一个32位整数id*/
    var params = {};
    params['Temperature'] = dataView.getInt16(5);
    /*对应产品属性中 Temperature，从0x后的第6个字节开始读取2字节，
     返回一个16位整数Temperature*/
    params['Frequency'] = dataView.getInt16(7);
    /*对应产品属性中 Frequency，从0x后的第8个字节开始读取2字节,返回
     一个16位整数Frequency*/
    jsonMap['params'] = params;
    /*Alink JSON格式 – params标准字段*/
```

```
    }
    return jsonMap;
}
/* 解析服务端发送的 Alink JSON 格式数据，并转换为十六进制数据返回 */
function protocolToRawData(json) {
    var method = json['method'];
    var id = json['id'];
    var version = json['version'];
    var payloadArray = [];
    if (method == ALINK_PROP_SET_METHOD)
    /* 属性设置 */
    {
        var params = json['params'];
        var Temperature = params['Temperature'];
        var Frequency = params['Frequency'];
        /* 按照自定义协议格式拼接 rawdata*/
        payloadArray=payloadArray.concat(buffer_uint8(COMMAND_SET));
        /*command 字段 */
        payloadArray=payloadArray.concat(buffer_int32(parseInt(id)));
        /*Alink JSON 格式 'id'*/
        payloadArray=payloadArray.concat(buffer_int16(Temperature));
        /* 属性 'Temperature' 的值 */
        payloadArray = payloadArray.concat(buffer_int16(Frequency));
        /* 属性 'Frequency' 的值 */
    }
    return payloadArray;
}
/* 将设备自定义 Topic 数据转换为 JSON 格式数据, 设备通过自定义 Topic 上报数
据到物联网平台时调用，此实验中不会用到 */
function transformPayload(topic, rawData) {
    var jsonObj = {};
    return jsonObj;
}
/* 以下是部分辅助函数 */
function buffer_uint8(value) {
```

```
    var uint8Array = new Uint8Array(1);
    var dv = new DataView(uint8Array.buffer, 0);
    dv.setUint8(0, value);
    return [].slice.call(uint8Array);
}
function buffer_int16(value) {
    var uint8Array = new Uint8Array(2);
    var dv = new DataView(uint8Array.buffer, 0);
    dv.setInt16(0, value);
    return [].slice.call(uint8Array);
}
function buffer_int32(value) {
    var uint8Array = new Uint8Array(4);
    var dv = new DataView(uint8Array.buffer, 0);
    dv.setInt32(0, value);
    return [].slice.call(uint8Array);
}
```

与脚本解析代码相对应，设备发送的第1个字节应为“帧类型”字段，第2个字节开始为Int32类型的“id”字段，第6个字节开始为Int16类型的“Temperature”属性值，第8个字节开始为Int16类型的“Frequency”属性值。因此，本实验中设备通信协议定义如表5-4所示。

表5-4 设备通信格式

帧类型	id	Temperature	Frequency
1字节 0-上报；1-下发	4字节 请求序号	2字节 温度属性值	2字节 LED灯闪烁频率属性值

点击页面底部的“保存”按钮，系统将保存本次编辑的结果。每次保存草稿会覆盖上一次保存的草稿，草稿不会进入脚本解析的运行环境中，不影响已经提交的正式脚本。

3.模拟运行脚本

脚本编辑完成后，可以进行模拟数据的解析测试，验证脚本的运行情况。

（1）模拟解析上行数据

在“模拟输入”框下，选择模拟类型为“设备上报数据”，然后输入透传十六进制数据，点击“执行”，如图5-44所示。系统便会调用该脚本模拟进行数据解析，将十六进制透传数据按照脚本规则转换为JSON格式数据，并将解析的结果显示在“运行结果”区域。若脚本不正确，“运行结果”区域将显示报错信息，此时请根据报错信息，查找错误并修改脚本代码。

图5-44 模拟解析上行数据

如图5-44所示，传入参数“0x0000223344001e0001”，解析后的输出结果为：

```
{
  "method": "thing.event.property.post",
  "id": "2241348",
  "params": {
    "Temperature": 30,
    "Frequency": 1
  },
  "version": "1.0"
}
```

（2）模拟解析下行数据

选择模拟类型为“设备接收数据”，然后输入JSON格式数据，点击“执行”，如图5-45所示。此时系统会调用该脚本模拟进行数据解析，将JSON数据按照脚本规则转换为十六进制数据，并将解析的结果显示在“运行结果”区域。

图5-45 模拟解析下行数据

如图5-45所示，传入参数为：

```
{
  "method": "thing.service.property.set",
  "id": "2241348",
  "params": {
    "Temperature": 33,
    "Frequency": 5
  },
  "version": "1.0"
}
```

脚本解析后的输出结果为：0x010022334400210005。

脚本运行通过后，便可以将脚本提交到运行环境中，设备上下行时将自动调用脚本，实现数据的解析和转换，如图5-46所示。

图5-46　提交脚本

4.设备端开发

（1）新建项目工程

首先打开Visual Studio Code，点击“文件”→“打开文件夹”（或者直接按快捷键Ctrl+O），打开下载的示例程序。

点击工程界面左下角，选择此次的例程为passthroughapp例程，开发板选择为AIoTKIT开发板。

（2）主要代码讲解

在本实验中，我们每隔3s定时采集环境温度信息，之后将环境温度信息和本地的LED灯闪烁频率按照平台端设置的透传数据格式一起发送到云端；并且我们会订阅透传消息的下行Topic，用于解析平台端的下发指令，从而进行设备端的操作。在本次实验中，为了测试透传的功能，我们将平台下行的数据限制为仅仅可以修改LED灯闪烁频率属性，通过下次的属性上报即可查看LED灯闪烁频率是否修改成功。为了开发方便，在本次实验中，仅仅设置了属性的定义，关于服务和事件的功能并没有涉及。

应用于透传实验的passthroughapp和物模型实验中的ldapp相比，除了订阅和发布的Topic，上下行消息的格式有区别以外，其余的关于环境温度数据采集，建立MQTT连接等都是相同的，所以在本次代码讲解中，相关重复部分代码我们将仅列出其函数声明和功能部分，函数主体内容将不再涉及，详情可以参考5.8节“基于产品的物模型实验”中的内容。

本实验中，passthroughapp例程代码中mqtt-example.c通过AT联网指令联网并上传与接收数据。我们将详细介绍mqtt-example.c文件，即使用AIoTKIT开发板进行联网并通过透传格式上传温湿度数据的例程。

①int application_start(int argc, char *argv[])

该函数为开发者真正的应用入口函数。在此函数中完成的主要功能为：

- AT指令初始化，SAL框架初始化；
- 设置输出的LOG等级aos_set_log_level(AOS_LL_DEBUG)；
- AliOS Things定义了一系列系统事件，程序可以通过aos_register_event_filter注册事件监听函数，进行相应的处理，比如Wi-Fi事件；
- 在配网过程中，netmgr负责定义和注册Wi-Fi回调函数netmgr_init；
- 通过调用aos_loop_run进入事件循环。

函数内容解析如下：

```
int application_start(int argc, char *argv[])
{
    netmgr_ap_config_t apconfig;
    #if AOS_ATCMD                    /*AT指令初始化*/
        at.set_mode(ASYN);
        at.init(AT_RECV_PREFIX, AT_RECV_SUCCESS_POSTFIX, AT_RECV_FAIL_
                POSTFIX, AT_SEND_DELIMITER, 1000);
    #endif
    #ifdef WITH_SAL                  /*SAL框架初始化*/
        sal_init();
    #endif
    printf("== Build on: %s %s ===\n", __DATE__, __TIME__);
    aos_set_log_level(AOS_LL_DEBUG);
    sensor_all_open();           /*打开外部传感器*/
    aos_register_event_filter(EV_WIFI, wifi_service_event, NULL);
    netmgr_init();               /*定义与注册Wi-Fi回调函数*/
    netmgr_start(false);
    aos_cli_register_command(&mqttcmd);
    /*每隔100ms开启定时任务app_delayed_action*/
    aos_post_delayed_action(100, app_delayed_action, NULL);
    aos_loop_run();
```

```
    return 0;
}
```

②static void wifi_service_event(input_event_t *event, void *priv_data)

该函数为Wi-Fi事件处理函数，当有Wi-Fi事件发生时运行它。在该函数中完成的主要功能为进行Wi-Fi事件的判断，包括事件类型的确认等，在确认无误后调用mqtt_client_example。

③int mqtt_client_example(void)

mqtt_client_example()函数是本次例程中的鉴权连接函数，该函数所实现的主要功能是：

- 获取设备进行鉴权注册时的相关参数；
- 通过Wi-Fi连接IoT平台，进行设备注册。

④static void mqtt_service_event(input_event_t *event, void *priv_data)

该函数为本例程中事件触发后调用的函数，其主要功能为进行事件合法性检查，以及调用mqtt_publish主函数。

⑤static void mqtt_publish(void *pclient)

mqtt_publish函数是本次passthroughapp例程中的MQTT上云发送数据函数，该函数所实现的主要功能是：

- 订阅相关Topic，接收并解析云端下发的指令；
- 将获取的环境温度数据和LED灯闪烁频率信息拼接为指定的透传消息格式；
- 定时3s循环发送准备好的透传消息到指定的Topic。

函数内容解析如下：

```
static void mqtt_publish(void *pclient)
{
    if (is_subscribed == 0)
    {
        /* 订阅属性设置Topic。平台可以通过该Topic下发设置LED灯闪烁频率，
        并定义其Topic的回调函数为handle_raw_set。回调函数具体内容请参考下文 */
        rc=IOT_MQTT_Subscribe(pclient, RAW_TOPIC_PROP_DOWN,IOTX_MQTT_
                                        QOS0, handle_raw_set, NULL);
        if (rc < 0)
        {
            LOG("IOT_MQTT_Subscribe() failed, rc = %d", rc);
        }
```

```
    is_subscribed = 1;
}
else {
    memset(&Topic_msg, 0x0, sizeof(iotx_mqtt_Topic_info_t));
    Topic_msg.qos = IOTX_MQTT_QOS0;
    Topic_msg.retain = 0;
    Topic_msg.dup = 0;
    memset(param, 0, sizeof(param));
    memset(msg_pub, 0, sizeof(msg_pub));
    /* 每隔3s获取温度数据信息 */
    get_temp_data(&temp_data, &temp_timestamp);
    int frequency = get_led_fre();    /* 获取本地的LED灯闪烁频率 */
    int temp = temp_data/10;
    int frequency_h = frequency/256;
    int frequency_l = frequency%256;
    int temp_h = temp/256;
    int temp_l = temp%256;
    unsigned char p_buf[10]={0};      /* 按照指定格式打包数据 */
    p_buf[0]=0;
    p_buf[1]=cnt/1000;
    p_buf[2]=(cnt/100)%10;
    p_buf[3]=(cnt/10)%10;
    p_buf[4]=cnt%10;
    p_buf[5]=temp_h;
    p_buf[6]=temp_l;
    p_buf[7]=frequency_h;
    p_buf[8]=frequency_l;
    Topic_msg.payload = (void *)p_buf;
    Topic_msg.payload_len = 9;
    /* 以透传格式上报数据到/thing/model/up_raw Topic*/
    rc = IOT_MQTT_Publish(pclient, RAW_TOPIC_PROP_UP, &Topic_msg);
    if (rc < 0) LOG("error occur when publish");
}
if (++cnt < 20000) {
    /* 每隔3s重新运行mqtt_publish函数 */
```

```
            aos_post_delayed_action(3000, mqtt_publish, pclient);
        }
        else {
            IOT_MQTT_Unsubscribe(pclient, ALINK_TOPIC_PROP_POSTRSP);
            aos_msleep(200);
            IOT_MQTT_Destroy(&pclient);
            release_buff();
            is_subscribed = 0;
            cnt = 0;
        }
    }
```

⑥static void handle_raw_set (void *pcontext, void *pclient, iotx_mqtt_event_msg_pt msg)

该函数为passthroughapp例程中云端设置属性参数的Topic回调函数，云端可以通过/thing/model/down_raw Topic实现LED灯闪烁频率属性的设置。

函数内容解析如下：

```
/*
* MQTT Subscribe handler
* Topic: RAW_TOPIC_PROP_DOWN
*/
static void handle_raw_set(void *pcontext, void *pclient, iotx_mqtt_event_msg_pt msg)
{
    iotx_mqtt_Topic_info_pt pTopic_info=(iotx_mqtt_Topic_info_pt)msg->msg;
    unsigned char receive_buf[30]={0};
    for(int i=0;i<pTopic_info->payload_len;i++)
    {
        /*获取云端下发的消息指令*/
        receive_buf[i] = ((unsigned char *)pTopic_info->payload)[i];
    }
    /*按照指定格式解析云端消息*/
    int rec_temp = ((int)receive_buf[5])*10+(int)receive_buf[6];
    int rec_fre = ((int)receive_buf[7])*10+(int)receive_buf[8];
    if(rec_fre>0)
    {
```

```
      set_led_fre(rec_fre);      /*设置本地LED灯闪烁频率*/
    }
}
```

（3）修改设备相关参数

在本小节中，我们需要修改官方passthroughapp项目工程，在其中添加在阿里云物联网平台控制台上新建设备的三元组信息。具体流程如下：

demo程序所在路径是\example\passthroughapp，在此次例程中，我们需要将设备的三元组信息修改为新注册的设备的三元组信息。具体修改文件为：example/passthroughapp /mqtt-exmaple.c。PRODUCT_KEY、DEVICE_NAME、DEVICE_SECRET这三个参数是保证设备和IoT平台间可靠通信的唯一标识，所以这三个参数必须保证和建立设备时的信息相同，Topic信息也要保证和平台端的Topic保持一致，因为设备在发送与接收消息时都要带有Topic信息，不一致的话可能会导致数据通信发生错误。具体参数修改如图5-47所示。

```
#define PRODUCT_KEY              "a1mX4c2pIVD"
#define DEVICE_NAME              "test"
#define DEVICE_SECRET            "fjcRDoOxi3am8DdMwA75BkL2A8bX1BUm"

#define ALINK_BODY_FORMAT         "{\"id\":\"%d\",\"version\":\"1.0\",\"method\":\"%s\",\"params\":%s}"
#define ALINK_TOPIC_PROP_POST     "/sys/"PRODUCT_KEY"/"DEVICE_NAME"/thing/event/property/post"
#define ALINK_TOPIC_PROP_POSTRSP  "/sys/"PRODUCT_KEY"/"DEVICE_NAME"/thing/event/property/post_reply"
#define ALINK_TOPIC_PROP_SET      "/sys/"PRODUCT_KEY"/"DEVICE_NAME"/thing/service/property/set"
#define ALINK_METHOD_PROP_POST    "thing.event.property.post"
#define ALINK_METHOD_EVENT_POST    "thing.event.Alarm.post"
```

图5-47　修改设备的三元组信息

（4）项目编译下载

工程编译与下载的方式与3.2节“AIoTKIT设备接入物联网平台”相同，详情可参考3.2节，此处不再赘述。

至此，将工程代码烧录进入开发板中，打开串口助手即可查看程序的运行输出信息。

5.10.3　实验结果

进入“监控运维”下的“在线调试”页面，选择“调试设备”为刚刚创建的透传产品下的test设备。当设备上线后我们可以看到已经被解析为Alink JSON格式的设备主动上报的属性值，如图5-48所示。

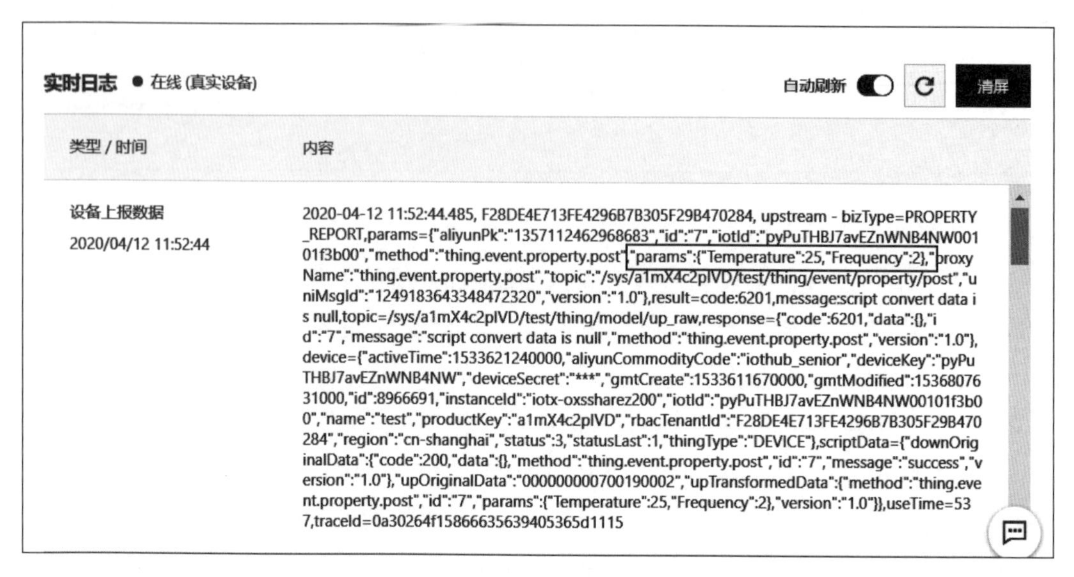

图5-48　设备上报云端日志

此时查看设备端日志，可以发现设备上报的是十六进制的数据流，如图5-49所示，这说明我们编写的解析脚本发挥了作用，成功地将十六进制转换为了JSON格式的数据。

同时，我们还可以对LED灯闪烁频率（对应开发板上的LED2）执行“设置”操作，解析脚本会将JSON格式的指令转换为十六进制格式的数据下发给设备。在“调试真实设备”—“属性调试”下，下发将LED灯闪烁频率设置为5的指令，此时设备端日志如图5-50所示，可见成功地收到了转换为十六进制格式的数据。设备收到指令后会更改自身属性状态并上报最新状态，云端日志如图5-51所示。可见当我们将LED灯闪烁频率设置为5后（原为2），设备主动上报的属性内容中Frequency字段也变为了5，同时开发板上的LED灯闪烁频率明显加快。

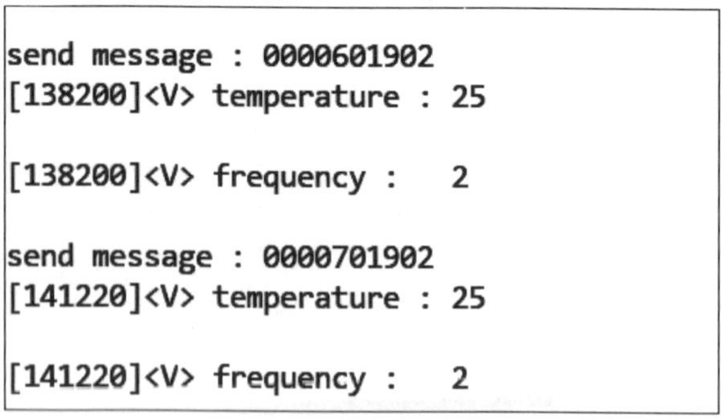

```
send message : 0000601902
[138200]<V> temperature : 25

[138200]<V> frequency :   2

send message : 0000701902
[141220]<V> temperature : 25

[141220]<V> frequency :   2
```

图5-49　设备端上报日志

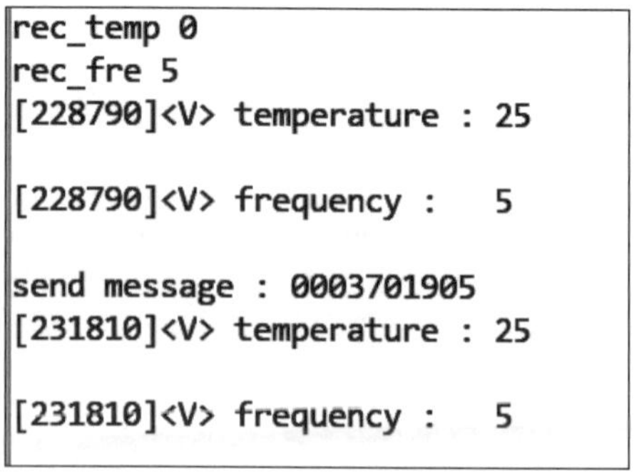

```
rec_temp 0
rec_fre 5
[228790]<V> temperature : 25

[228790]<V> frequency :   5

send message : 0003701905
[231810]<V> temperature : 25

[231810]<V> frequency :   5
```

图5-50　设备收到设置属性指令

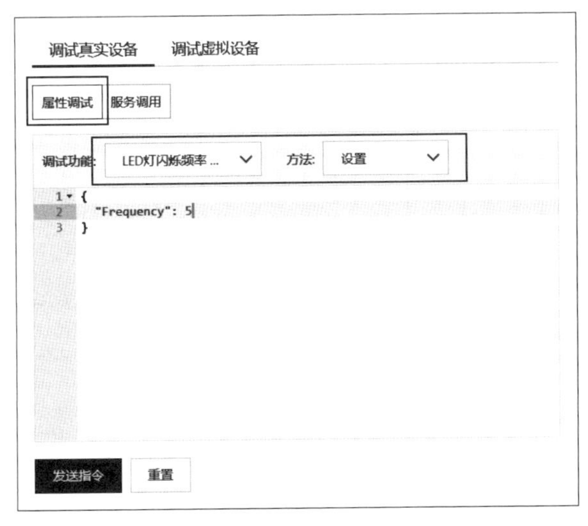

（a） 下发设置指令

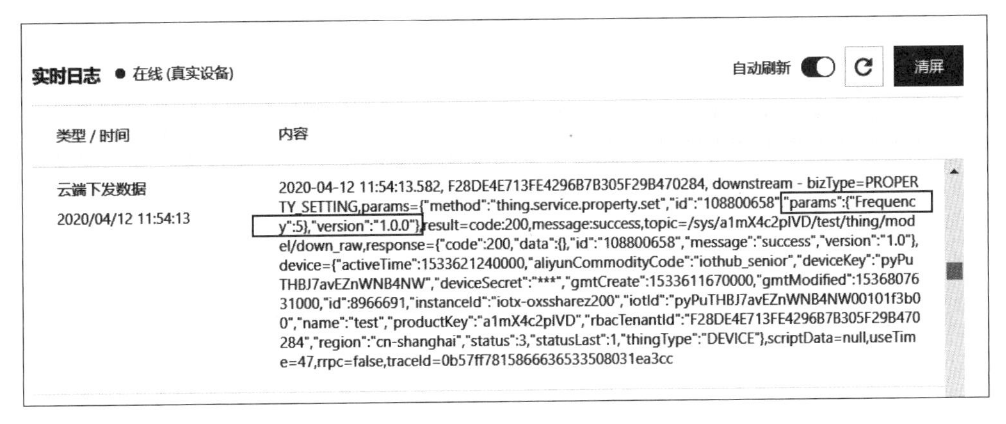

（b） 云端日志

图5-51 指令与日志

5.11 设备影子

每个设备有且只有一个设备影子，本质上是一个存储着设备上报的状态信息和应用程序期望的状态信息的JSON文档。设备可以通过MQTT协议获取设备影子中的内容，实现状态从影子到设备的同步；也可以设置设备影子中的内容，实现状态从设备到影子的同步。应用程序也可以通过物联网平台提供的API接口来获取和设置设备影子中的内容，以获取设备的最新状态，或者向设备下发期望状态。

试想当网络不稳定时，设备会频繁上下线。如果应用程序发送控制指令给设备时，设备刚好掉线，那就意味着指令无法下达到设备，这种情况对于大部分用户来说是不可接受的。当然，这种场景下的需求也可以通过设置QoS=1或者QoS=2来解决，但是这种方式对于服务端的压力比较大，一般不建议使用。

当使用设备影子机制时，问题就可以得到解决。应用程序不需要关心设备是否在线，只需要发送指令，指令会带着时间戳保存在设备影子中。当设备掉线重连后主动获取指令，并根据时间戳来确定是否执行，避免设备执行过期指令。

设备影子JSON文档的格式如下：

```
{
  "state": {
    "desired": {
      "attribute1": integer2,
      "attribute2": "string2",
      ...
      "attributeN": boolean2
    },
    "reported": {
      "attribute1": integer1,
      "attribute2": "string1",
      ...
      "attributeN": boolean1
    }
  },
  "metadata": {
    "desired": {
      "attribute1": {
        "timestamp": timestamp
      },
      "attribute2": {
        "timestamp": timestamp
      },
      ...
      "attributeN": {
        "timestamp": timestamp
      }
    },
    "reported": {
      "attribute1": {
```

```
            "timestamp": timestamp
        },
        "attribute2": {
            "timestamp": timestamp
        },
        ...
        "attributeN": {
            "timestamp": timestamp
        }
      }
    },
    "timestamp": timestamp,
    "version": version
}
```

可见，设备影子中的JSON属性包括desired、reported、metadata、timestamp和version，各自的具体含义见表5-5所示。

表5-5 设备影子的JSON属性

属性	描述
desired	设备的预期状态。应用程序可以向desired部分写入数据来更新事物的状态，且无须设备在线
reported	设备的报告状态。设备可以向reported部分写入数据，报告其最新状态。应用程序可以读取该部分，获取设备的状态
metadata	当用户更新desired或reported部分内容时，设备影子服务会自动更新该metadata部分。这部分包括以Epoch时间表示的每个属性的时间戳，用来获取准备的更新时间
timestamp	设备影子文档的最新更新时间
version	用户主动更新版本号时，设备影子会检查请求中的version是否大于当前版本号，如果大于，则更新设备影子，并将version值更新到请求的版本中，反之则拒绝更新设备影子。文档每次更新时，此版本号都会递增，用于确保正在更新的文档为最新版本

设备影子JSON文档中的“desired”和“reported”部分都可以为空，仅当设备影子文档具有预期状态时，才包含“desired”部分；仅当设备报告过状态时，设备影子才包含“reported”部分。

5.12 设备影子实验

5.12.1 实验内容与软硬件准备

本节实验中，云端将下发指令控制LED灯的闪烁频率。在传统的业务实现方式中，当终端设备离线时，云端的控制指令将无法下发到设备，设备重新上线后也无从得知离线时云端下发的指令。本实验中我们借助设备影子解决这一问题，通过使用设备影子，实现LED灯设备离线情况下云端控制指令的下发。需要准备的软硬件如下：

- AIoTKIT开发板一块；
- 带有Windows操作系统的PC机；
- Micro USB连接线；
- 安装alios-studio插件的Visual Studio Code ；
- AliOS Things 1.3.3版本；
- ST-Link驱动程序；
- 开通阿里云物联网平台服务。

5.12.2 设备影子数据流介绍

在开始介绍实验步骤之前，首先介绍一下阿里云物联网平台的设备影子数据流。

物联网平台为每个设备预定义了两个Topic，以实现设备影子的数据流转，预定义的Topic都以固定格式呈现。

Topic "/shadow/update/${ProductKey}/${DeviceName}"：设备和应用程序发布消息到此Topic，物联网平台收到该Topic的消息后，将消息中的状态更新到设备影子中。

Topic "/shadow/get/${ProductKey}/${DeviceName}"：设备影子更新状态到该Topic，设备订阅此Topic获取最新消息。

设备影子中的数据通过这两个Topic进行流转，包括：设备主动上报状态到设备影子，应用程序通过设备影子更改设备状态，设备主动获取设备影子信息，设备端请求删除设备影子中的属性信息。

1. 设备主动上报状态到设备影子

设备主动上报状态到设备影子的流程如图5-52所示。

我们以RGB灯设备的颜色属性为例进行介绍。当RGB灯成功连接到物联网平台后，设备主动上报状态，即向/shadow/update/${ProductKey}/${DeviceName}这个Topic中发送消息。发送的JSON消息格式如下：

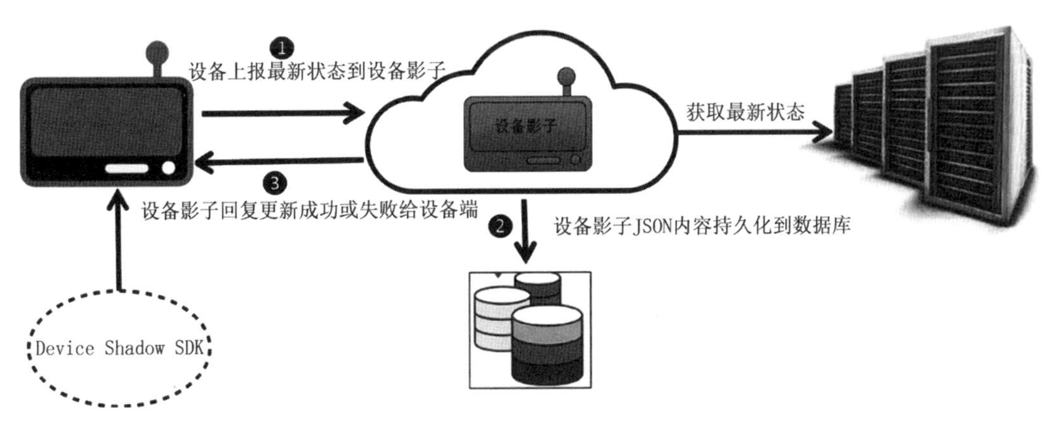

图5-52　设备主动上报状态到设备影子

```
{
  "method": "update",
  "state": {
    "reported": {
      "color": "red"
    }
  },
  "version": 1
}
```

消息中各参数说明如表5-6所示。

表5-6　消息中各参数含义

参数	说　明
method	表示设备或者应用程序请求设备影子时的操作类型。当设备或者应用程序执行更新操作时，设置为“update”
state	表示设备发送给设备影子的状态信息。在上报状态时，reported为必需字段，这些信息会同步到设备影子文档中的reported部分
version	表示设备影子检查请求中的版本信息。只有当新版本大于当前版本时，设备影子才会接受设备端的请求，并更新设备影子版本

当设备影子接收到RGB灯上报的状态后，更新设备影子文档如下：

```
{
  "state" : {
    "reported" : {
```

```
            "color" : "red"
        }
    },
    "metadata" : {
        "reported" : {
            "color" : {
                "timestamp" : 1469564492
            }
        }
    },
    "timestamp" : 1469564492,
    "version" : 1
}
```

更新完毕后，设备影子还会向设备返回结果，即发送消息到/shadow/get/${ProductKey}/${DeviceName}这个设备订阅的Topic。若更新成功，设备收到的返回结果如下：

```
{
    "method":"reply",
    "payload": {
        "status":"success",
        "version": 1
    },
    "timestamp": 1469564576
}
```

若更新失败，设备收到的返回结果如下：

```
{
    "method":"reply",
    "payload": {
        "status":"error",
        "content": {
            "errorcode": "${errorcode}",
```

```
        "errormessage": "${errormessage}"
      }
    },
    "timestamp": 1469564576
  }
```

其中，不同的errorcode值对应不同的设备影子更新失败原因（即errormessage），如表5-7所示。

表5-7 errorcode含义

errorcode	errormessage
400	不正确的JSON格式
401	设备影子JSON缺少method信息
402	设备影子JSON缺少state字段
403	设备影子JSON的version字段不是数字
404	设备影子JSON缺少reported字段
405	设备影子JSON reported属性字段为空
406	设备影子JSON method是无效的方法
407	设备影子内容为空
408	设备影子reported属性个数超过128个
409	设备影子版本冲突
500	服务端处理异常

2. 应用程序改变设备状态

应用程序通过设备影子改变设备状态的流程，如图5-53所示。

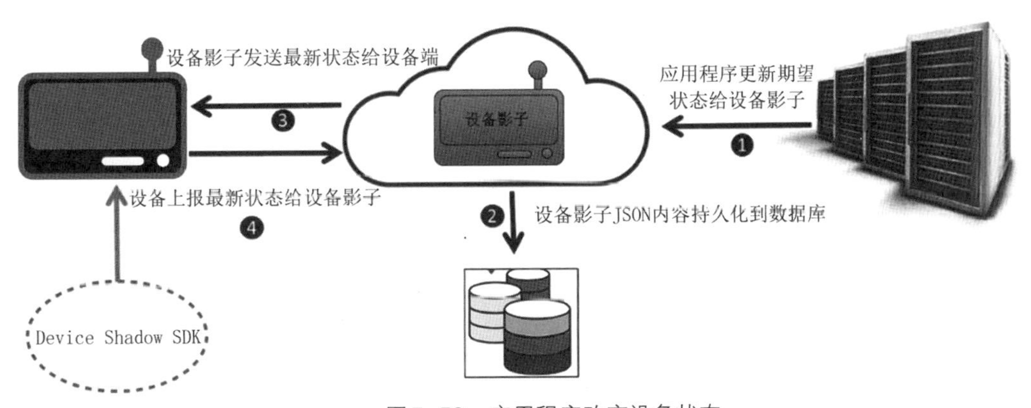

图5-53 应用程序改变设备状态

应用程序可以通过下发指令给设备影子来更改RGB灯的颜色状态。此时，应用程序应下发消息到/shadow/update/${ProductKey}/${DeviceName}这个Topic中，消息内容如下：

```
{
  "method": "update",
  "state": {
    "desired": {
      "color": "green"
    }
  },
  "version": 2
}
```

当应用程序发出更新请求时，设备影子会更新其文档内容。在之前设备上报信息的基础上，设备影子文档将变为如下内容：

```
{
  "state" : {
    "reported" : {
      "color" : "red"
    },
    "desired" : {
      "color" : "green"
    }
  },
  "metadata" : {
    "reported" : {
      "color" : {
        "timestamp" : 1469564492
      }
    },
    "desired" : {
      "color" : {
        "timestamp" : 1469564576
```

```
            }
        }
    },
    "timestamp" : 1469564576,
    "version" : 2
}
```

设备影子更新完成后，会发送消息到/shadow/get/${ProductKey}/${DeviceName}这个Topic中，此处发送的消息内容由设备影子决定。上文所述示例情景下设备影子发送的消息内容应该如下：

```
{
    "method":"control",
    "payload": {
        "status":"success",
        "state": {
            "reported": {
                "color": "red"
            },
            "desired": {
                "color": "green"
            }
        },
        "metadata": {
            "reported": {
                "color": {
                    "timestamp": 1469564492
                }
            },
            "desired" : {
                "color" : {
                    "timestamp" : 1469564576
                }
            }
        }
```

```
    },
    "version": 2,
    "timestamp": 1469564576
}
```

如果此时RGB灯设备在线，并且订阅了Topic：/shadow/get/${ProductKey}/${DeviceName}，设备就会收到消息，并且根据消息内容中“desired”字段值更新状态，将RGB颜色更新为绿色。RGB灯更新状态完毕后，会上报最新状态，即发消息到Topic：/shadow/update/${ProductKey}/${DeviceName}，消息如下：

```
{
    "method": "update",
    "state": {
        "reported":"green"
    },
    "version": 3
}
```

最新状态上报成功后，设备端发消息到Topic：/shadow/update/${ProductKey}/${DeviceName}中清空desired属性，消息内容如下：

```
{
    "method": "update",
    "state": {
        "desired":"null"
    },
    "version": 4
}
```

设备上报状态后，设备影子会同步更新，更新后的设备影子文档如下：

```
{
    "state" : {
        "reported" : {
```

```
        "color" : "green"
      }
    },
    "metadata" : {
      "reported" : {
        "color" : {
          "timestamp" : 1469564577
        }
      },
      "desired" : {
        "timestamp" : 1469564576
      }
    },
    "version" :4
}
```

3. 设备主动获取设备影子信息

设备主动获取设备影子内容的流程，如图5-54所示。

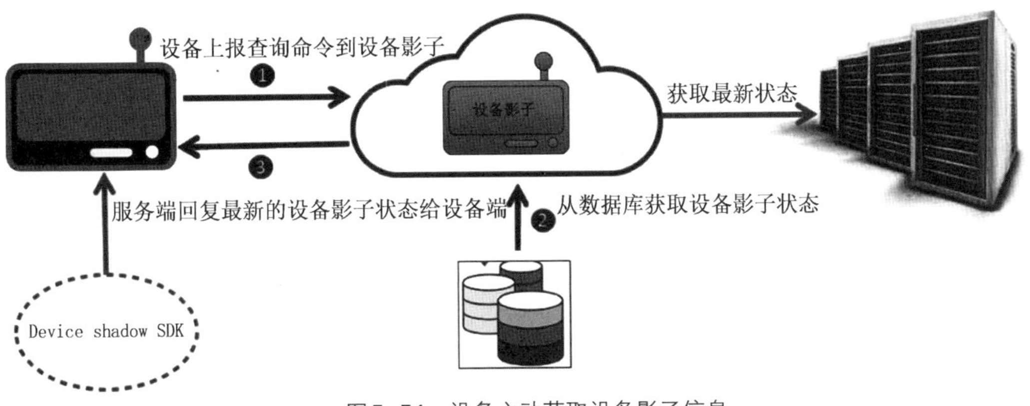

图5-54　设备主动获取设备影子信息

当RGB灯想要获取设备影子中保存的RGB灯最新状态时，会发送消息到Topic：/shadow/update/${ProductKey}/${DeviceName}中，具体的消息如下：

```
{
  "method": "get"
}
```

当设备影子收到这条消息时，会发送最新状态消息到/shadow/get/${ProductKey}/${DeviceName}这个Topic中，RGB灯订阅该Topic即可获得设备影子内容，收到的消息内容如下：


```
{
  "method":"reply",
  "payload": {
    "status":"success",
    "state": {
      "reported": {
        "color": "red"
      },
      "desired": {
        "color": "green"
      }
    },
    "metadata": {
      "reported": {
        "color": {
          "timestamp": 1469564492
        }
      },
      "desired": {
        "color": {
          "timestamp": 1469564492
        }
      }
    }
  },
  "version": 2,
  "timestamp": 1469564576
}
```


4. 设备删除设备影子属性

设备删除设备影子属性的流程，如图5-55所示。

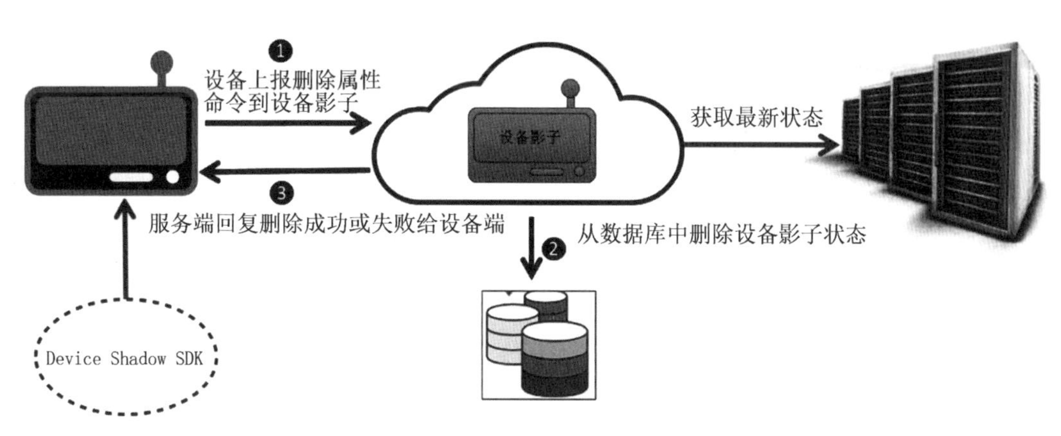

图5-55 设备端删除设备影子属性

当RGB灯想要删除设备影子中保存的某条属性状态时，设备发送删除设备影子属性的JSON内容到/shadow/update/${ProductKey}/${DeviceName}这个Topic中，并且将“method”字段置为“delete”,属性的值置为“null”。具体的消息内容如下：

```
/* 删除设备影子某一属性的JSON格式 */
{
  "method": "delete",
  "state": {
    "reported": {
      "color": "null",
      "temperature":"null"
    }
  },
  "version": 1
}

/* 删除设备影子全部属性的JSON格式 */
{
  "method": "delete",
  "state": {
    "reported":"null"
  },
  "version": 1
}
```

5.12.3 实验步骤

1. 创建产品，创建设备

首先登录物联网平台控制台，在“华东2（上海）”区域下创建一个名为Shadow的产品，如图5-56所示，并在该产品下添加一个名为test的设备，如图5-57所示。

此时，进入设备详情下的设备影子页面，可以看到当前的设备影子内容为空，如图5-58所示。

产品信息

* 产品名称

Shadow

* 所属分类

自定义品类　功能定义

节点类型

* 节点类型

设备　网关

* 是否接入网关

是　否

连网与数据

* 连网方式

WiFi

* 数据格式

ICA 标准数据格式 (Alink JSON)

* 使用 ID² 认证

是　否

图5-56　创建产品“Shadow”

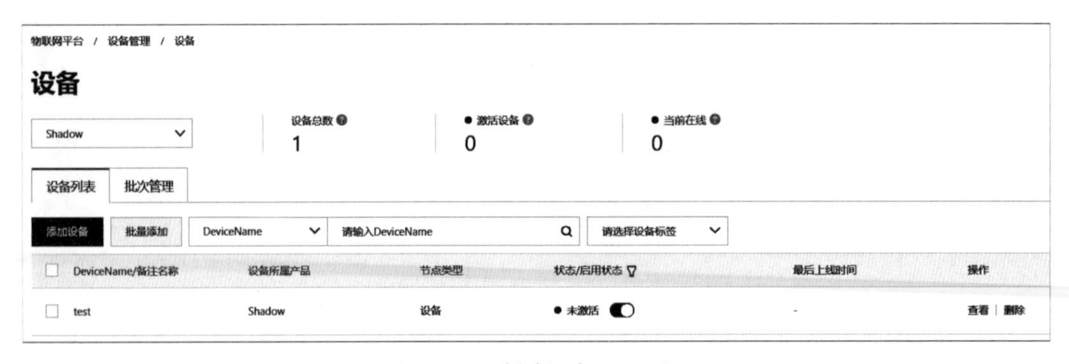

图5-57　创建设备“test”

图5-58　设备影子内容

2. 设备端开发

（1）新建项目工程

首先打开Visual Studio Code，点击“文件”→“打开文件夹”（或者直接按下快捷键Ctrl+O），打开下载的示例程序。

点击工程界面左下角，选择此次的例程为shadowapp例程，开发板选择为AIoTKIT开发板。

（2）主要代码讲解

在本次基于设备影子的LED灯闪烁频率设置的实验中，我们设定开发板在每次上线之后要使用get方法获取设备影子中的LED灯闪烁频率最新状态，如果设备此时的状态滞后于设备影子的话，设备需要按照从设备影子中获得的最新状态进行更新，并且在更新完成后主动向云端上报，更新设备影子。

应用于设备影子的实验App和前面的实验内容除通信Topic和上下行消息格式外，大部分内容均是相同的。所以在本次代码讲解中，相关重复部分代码我们将仅仅列出其函数声明和功能部分，函数主体内容将不再涉及。详情可以参考5.8节“基于产品的物模型实验”中的内容。

本实验中，shadowapp例程代码中mqtt-example.c通过AT联网指令联网并上传与接收数据。

①int application_start(int argc, char *argv[])

该函数为开发者真正的应用入口函数。在此函数中完成的主要功能为：

- AT指令初始化，SAL框架初始化；
- 设置输出的LOG 等级 aos_set_log_level(AOS_LL_DEBUG)；

- AliOS Things定义了一系列系统事件，程序可以通过aos_register_event_filter注册事件监听函数，进行相应的处理，比如Wi-Fi事件；
- 在配网过程中，netmgr负责定义和注册Wi-Fi回调函数netmgr_init；
- 通过调用aos_loop_run进入事件循环。

函数内容解析如下：

```
int application_start(int argc, char *argv[])
{
    netmgr_ap_config_t apconfig;
    #if AOS_ATCMD                /*AT指令初始化*/
        at.set_mode(ASYN);
        at.init(AT_RECV_PREFIX, AT_RECV_SUCCESS_POSTFIX, AT_RECV_FAIL_
              POSTFIX, AT_SEND_DELIMITER, 1000);
    #endif
    #ifdef WITH_SAL              /*SAL框架初始化*/
        sal_init();
    #endif
    printf("== Build on: %s %s ===\n", __DATE__, __TIME__);
    aos_set_log_level(AOS_LL_DEBUG);
    sensor_all_open();           /*打开外部传感器*/
    aos_register_event_filter(EV_WIFI, wifi_service_event, NULL);
    netmgr_init();               /*定义与注册Wi-Fi回调函数*/
    netmgr_start(false);
    aos_cli_register_command(&mqttcmd);
    /*每隔100ms开启定时任务app_delayed_action，该函数实现LED灯闪烁的功
    能*/
    aos_post_delayed_action(100, app_delayed_action, NULL);
    aos_loop_run();
    return 0;
}
```

②static void wifi_service_event(input_event_t *event, void *priv_data)

该函数为Wi-Fi事件处理函数，当有Wi-Fi事件发生时运行它。在该函数中完成的主要功能为进行Wi-Fi事件的判断，包括事件类型的确认等，在确认无误后调用mqtt_client_example函数。

③int mqtt_client_example(void)

mqtt_client_example函数是本次例程中的鉴权连接函数，该函数所实现的主要功能是：

- 获取设备进行鉴权注册时的相关参数；
- 通过Wi-Fi连接IoT平台，进行设备注册。

④static void mqtt_service_event(input_event_t *event, void *priv_data)

该函数为例程中事件触发后调用的函数，其主要功能为进行事件合法性检查，以及调用mqtt_publish主函数。

⑤static void mqtt_publish(void *pclient)

mqtt_publish函数是本次shadowapp例程中的MQTT上云发送数据函数，该函数所实现的主要功能是：

- 订阅相关Topic，接收并解析云端下发的指令。
- 每次上线获取设备影子的最新状态，并判断是否需要更新设备LED灯闪烁频率。如果需要更新的话，更新LED灯闪烁频率，并上报到云端。
- 设备初次上线时，需要上报设备的LED灯闪烁频率属性信息。之后，除非设备影子的状态发生改变，设备接收到云端下发的消息，否则设备不再主动上报信息。

函数内容解析如下：

```
static void mqtt_publish(void *pclient)
{
  if (is_subscribed == 0) {
  /* 订阅设备影子Topic。平台可以通过更新设备影子的状态来下发消息给设
  备，设备接收设备影子消息的Topic是/shadow/get/"ProductKey"/"Device Name"。
  平台可以通过该Topic下发设置LED灯闪烁频率，并定义其Topic的回调函数
  为handle_shadow_get。回调函数具体内容请参考下文*/
    rc=IOT_MQTT_Subscribe(pclient, TOPIC_SHADOW_GET,IOTX_MQTT_QOS0,
                          handle_shadow_get, NULL);
    if (rc < 0)
    {
      LOG("IOT_MQTT_Subscribe() failed, rc = %d", rc);
    }
    is_subscribed = 1;
  }
  else {
```

```
if(first_get_shadow == 1 ) /*设备每次上线时，主动获取设备影子最新状态*/
{
first_get_shadow = 0;
int msg_len = snprintf(msg_pub, sizeof(msg_pub), "{\"method\":\"get\"}");
if (msg_len < 0)
   LOG("Error occur! Exit program");
Topic_msg.payload = (void *)msg_pub;
Topic_msg.payload_len = msg_len;
rc = IOT_MQTT_Publish(pclient, TOPIC_SHADOW, &Topic_msg);
if (rc < 0)
   LOG("error occur when publish");
}
/*设备初次上线时，向云端发送LED闪烁频率属性，并更新设备影子*/
if(first_send_shadow == 1 )
{
      int ver = get_shadow_version();
      int fre = get_led_fre();
      if(fre==2)    { pfre = 0; }
      else if(fre ==10)   {  pfre = 1; }
      if(ver>0)
      {
         msg_len = snprintf(msg_pub, sizeof(msg_pub), "{\"method\":\"update\",
                          \"state\": {\"reported\": {\"frequency\": \"fre%d\"}},
                           "version\": %d}",pfre,ver);
      }
      else
      {
         msg_len = snprintf(msg_pub, sizeof(msg_pub), "{\"method\":\"update\",
         \"state\": {\"reported\": {\"frequency\": \"fre0\"}},\"version\": %d}",1);
      }
      topic_msg.payload = (void *)msg_pub;
      topic_msg.payload_len = msg_len;
      rc = IOT_MQTT_Publish(pclient, TOPIC_SHADOW, &topic_msg);
}
/*设备影子状态发生变化时，或者接收到设备影子下发的消息时，主动
```

```
    向云端回复，清除desired，并上报更新reported*/
    if(shadow_reply == 1 )
      {
        int ver=get_shadow_version();
        int fre = get_led_fre();
        if(fre==2)    { pfre = 0; }
        else if(fre ==10)  {  pfre = 1; }
        memset(msg_pub, 0, sizeof(msg_pub));
        msg_len = snprintf(msg_pub, sizeof(msg_pub), "{\"method\": \"update\",
                        \"state\":{\"desired\": \"null\"},\"version\": %d}",ver);
        topic_msg.payload = (void *)msg_pub;
        topic_msg.payload_len = msg_len;
        rc = IOT_MQTT_Publish(pclient, TOPIC_SHADOW, &topic_msg);
        ver++;set_shadow_version(ver);
        memset(msg_pub, 0, sizeof(msg_pub));
        msg_len = snprintf(msg_pub, sizeof(msg_pub), "{\"method\":\"update\",
                        \"state\": {\"reported\": {\"frequency\": \"fre%d\"}},
                        \"version\": %d}",pfre,ver);
        topic_msg.payload = (void *)msg_pub;
        topic_msg.payload_len = msg_len;
        rc = IOT_MQTT_Publish(pclient, TOPIC_SHADOW, &topic_msg);
      }
    }
    if (++cnt < 20000) {
      /* 每隔3s重新运行mqtt_publish函数 */
      aos_post_delayed_action(3000, mqtt_publish, pclient);
    } else {
      IOT_MQTT_Unsubscribe(pclient, ALINK_TOPIC_PROP_POSTRSP);
      aos_msleep(200);
      IOT_MQTT_Destroy(&pclient);
      release_buff();
      is_subscribed = 0;
      cnt = 0;
  }
}
```

⑥static void handle_shadow_get (void *pcontext, void *pclient, iotx_mqtt_event_msg_pt msg)

该函数为shadowapp例程中设备影子设置属性参数的Topic回调函数，云端可以通过“/shadow/get/${ProductKey}/${DeviceName}”Topic实现LED灯闪烁频率属性的设置。

函数内容解析如下：

```
/*
* MQTT Subscribe handler
* Topic: RAW_TOPIC_PROP_DOWN
*/
static void handle_shadow_get(void *pcontext, void *pclient, iotx_mqtt_event_msg_pt msg)
{
    iotx_mqtt_Topic_info_pt pTopic_info = (iotx_mqtt_Topic_info_pt)msg->msg;
    /*初次上线时，设备影子为空，需要设备主动上报消息到云端，更新设备影
    子状态*/
    if (NULL != strstr(pTopic_info->payload,"shadow content is empty"))
    {
        first_send_shadow = 1;
        led_fre = 2;
        set_shadow_version(1);
    }
    /*设备影子不为空，每次设备上线均需要检查设备影子，并根据设备影子的
    最新状态更新本地设备信息*/
    if(NULL !=strstr(pTopic_info->payload,"\"desired\":{\"frequency\":\"fre0"))
    {
        led_fre = 2;
        shadow_reply = 1;
        update_shadow_version(pTopic_info->payload);
    }
    if(NULL !=strstr(pTopic_info->payload,"\"desired\":{\"frequency\":\"fre1"))
    {
        led_fre = 10;
        shadow_reply = 1;
        update_shadow_version(pTopic_info->payload);
    }
```

```
    /*设备影子不为空时，需要同步版本信息，并更新设备状态*/
    else if(NULL != strstr(ptopic_info->payload,"\"reported\":{\"frequency\":\"fre0"))
    {
        led_fre = 2;
        update_shadow_version(ptopic_info->payload);
    }
    else if(NULL != strstr(ptopic_info->payload,"\"reported\":{\"frequency\":\"fre1"))
    {
        led_fre = 10;
        update_shadow_version(ptopic_info->payload);
    }
}
```

（3）修改设备相关参数

本小节中，我们需要修改shadowapp项目工程，在其中添加阿里云物联网平台控制台上新建设备的三元组信息。具体流程如下：

demo程序所在路径是\example\shadowapp，在此次例程中，我们需要将设备的三元组信息修改为新注册的设备三元组信息。具体修改文件为：example/ shadowapp / mqtt-exmaple.c。PRODUCT_KEY、DEVICE_NAME、DEVICE_SECRET这三个参数是保证设备和IoT平台间可靠通信的唯一标识，所以这三个参数必须保证和建立设备时的信息相同。Topic信息也要保证与平台端的Topic保持一致，因为设备在发送与接收消息时都要带有Topic信息，不一致的话可能会导致数据通信发生错误。具体参数修改如图5-59所示。

```
#define PRODUCT_KEY             "a1MwThUuCAA"
#define DEVICE_NAME             "test"
#define DEVICE_SECRET           "89MQYZrj36z9CWHrtJwwjpmZbrayGU0k"

#define ALINK_BODY_FORMAT        "{\"id\":\"%d\",\"version\":\"1.0\",\"method\":\"%s\",\"params\":%s}"

#define TOPIC_SHADOW             "/shadow/update/"PRODUCT_KEY"/"DEVICE_NAME""
#define TOPIC_SHADOW_GET         "/shadow/get/"PRODUCT_KEY"/"DEVICE_NAME""
```

图5-59 修改设备的三元组信息

（4）项目编译下载

工程编译与下载的方式与3.2节“AIoTKIT设备接入物联网平台”相同，详情可参考3.2节，此处不再赘述。

至此，将工程代码烧录进入开发板中，打开串口助手即可查看程序的运行输出信息。

5.12.4 实验结果

当设备连接到物联网平台后，主动上报设备影子，设备影子内容更新为如图5-60所示内容。此时开发板上的LED灯（对应开发板上的LED2）闪烁频率为reported字段内的值，即fre0，处于慢闪状态。

图5-60　云端查看设备影子具体内容

此时我们让设备断电离线，同时点击右侧的“更新影子”按钮，将LED灯闪烁频率设置为fre1，即快闪状态，如图5-61所示。

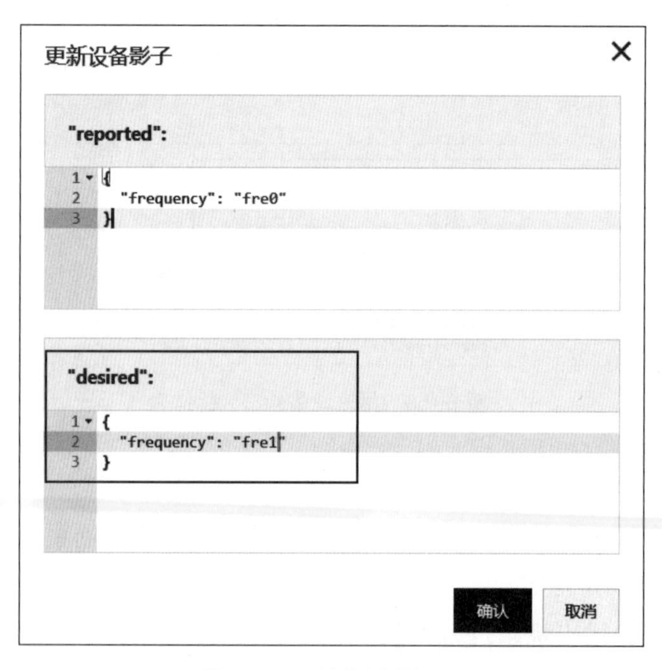

图5-61　更新设备影子

更新完成后，刷新设备影子，我们可以观察到设备影子文档中增加了desired字段，且字段内容即为刚刚设置的fre1频率值，如图5-62所示。

图5-62 设备影子内容更新

在传统的业务场景中，此时由于设备处于离线状态，平台端下发的设置LED灯闪烁频率的命令会丢失。而本实验中，该命令被保存在了设备影子中。我们让设备重新上电连接到物联网平台，此时设备会主动获取设备影子中的内容，并据此进行更新，随后上报最新状态。可以观察到开发板上的LED灯闪烁频率加快，同时设备影子内容更新为如图5-63所示内容，说明设备端已经将频率值成功更改为fre1。

图5-63 设备重新上线后的设备影子内容

本章小结

本章对目前物联网平台Link Platform具有的设备管理服务进行了详细的概念介绍和操作说明，并且对于部分常用的设备管理服务，如物模型、在线调试、数据解析与设备影子，设计了基于AIoTKIT开发板的实验，帮助读者掌握其使用方法，同时理解这些服务的实际应用价值。

第6章 规则引擎

当设备基于Topic进行通信时，用户可以使用物联网平台规则引擎的数据流转功能，编写SQL语句对Topic中的数据进行处理，然后配置转发规则将处理后的数据转发到其他Topic或阿里云其他服务，如图6-1所示。用户可以将数据转发到另一个Topic中实现M2M通信，转发到云数据库、表格存储、时序数据库中进行存储，转发到DataHub中进而使用实时计算进行流计算，或者使用Maxcompute进行大规模离线计算，转发到函数计算中进行事件计算，还可以转发到队列MQ或消息服务中实现服务端高可靠地消费数据。使用规则引擎的数据流转功能让用户无须购买服务器部署分布式架构便可以实现“采集+计算+存储”的全栈服务。本章内容将围绕规则引擎展开，具体介绍数据流转功能中数据处理和数据转发操作的配置方法。

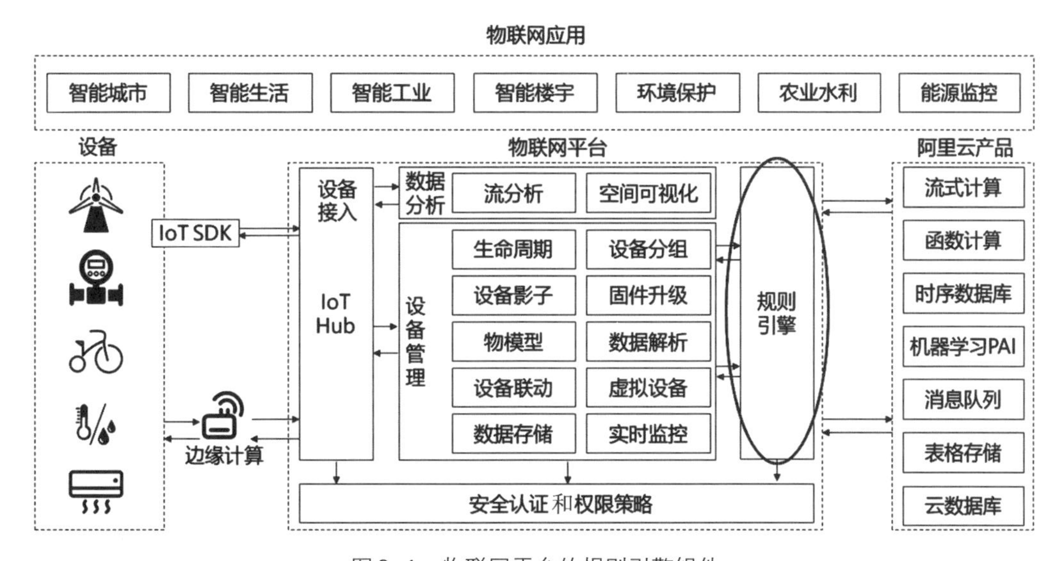

图6-1　物联网平台的规则引擎组件

6.1　数据流转规则设置

本节将详细介绍如何设置一条完整的数据流转规则，具体过程依次为：创建规则，编写处理数据的SQL语句，设置数据流转目的地，设置流转失败的数据转发目的地。

首先登录物联网平台控制台，进入“规则引擎”下的“云产品流转”界面，点击“创建规则”按钮，如图6–2所示；输入规则名称，并选择数据格式后，即可成功创建规则，如图6–3所示。

阿里云
华东2（上海）
规则引擎
服务端订阅
云产品流转
场景联动
监控运维
实时监控
运维大盘
物联网平台 / 规则引擎 / 云产品流转
云产品流转
创建规则
请输入规则名称
规则名称
规则ID
数据格式
JSON
JSON

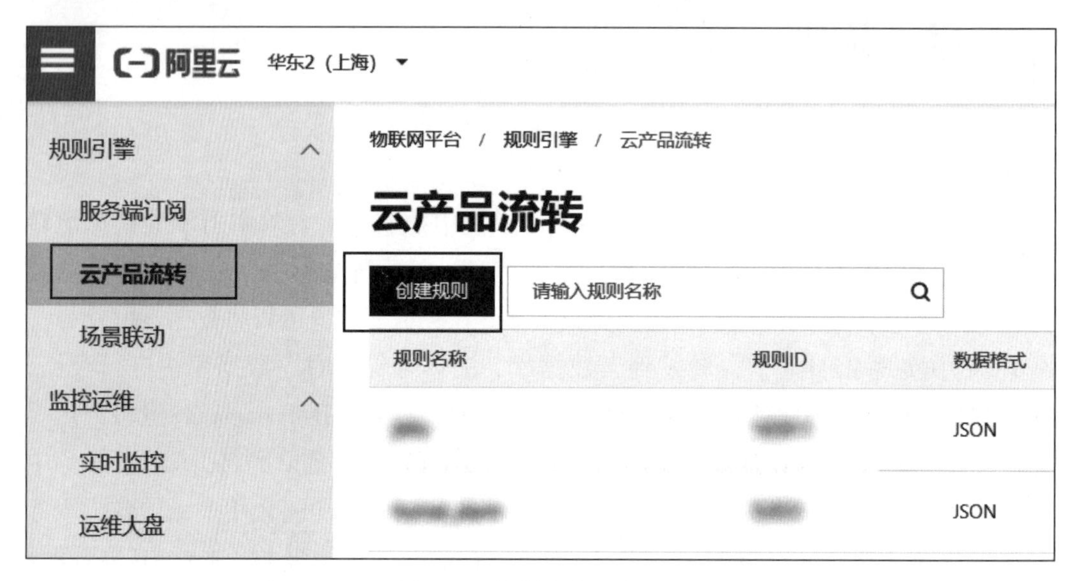

图6–2　创建规则（1）

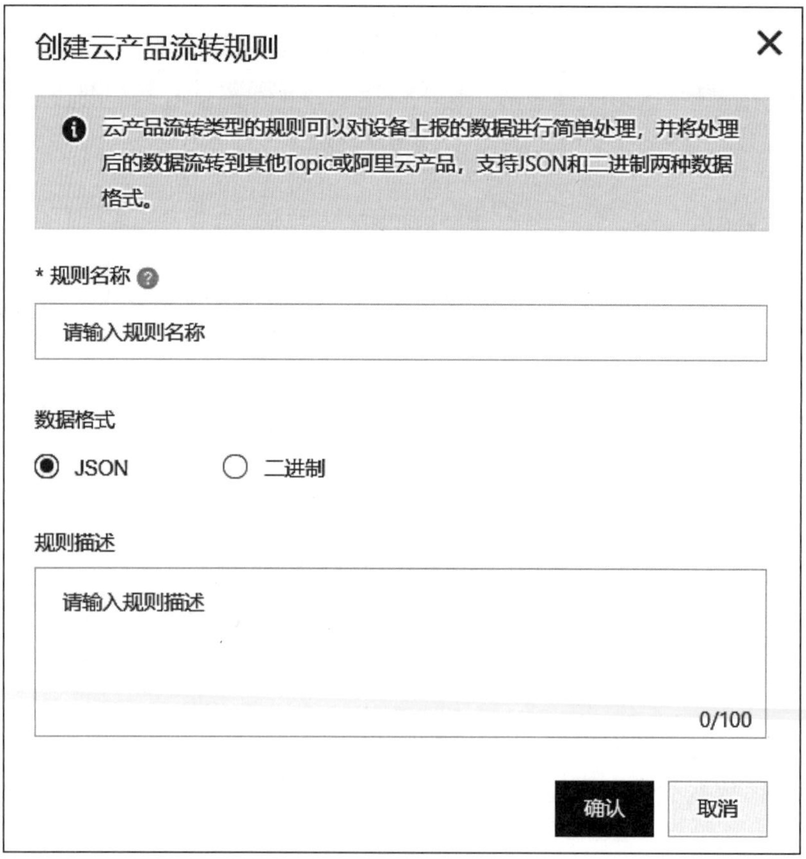

创建云产品流转规则
云产品流转类型的规则可以对设备上报的数据进行简单处理，并将处理后的数据流转到其他Topic或阿里云产品，支持JSON和二进制两种数据格式。
* 规则名称
请输入规则名称
数据格式
JSON
二进制
规则描述
请输入规则描述
0/100
确认
取消

图6–3　创建规则（2）

注意，在选择数据格式时，由于规则引擎的数据流转功能是基于Topic进行数据处理的，因此此处的数据格式需要与被处理Topic中的数据格式保持一致。当数据格式为二进制时，此规则将不能处理系统Topic（物联网平台为产品默认创建的Topic）中的消息，而且也不能将数据转发到表格存储、时序时空数据库和云数据库RDS版中。

规则创建成功后，即可编写SQL语句对Topic中的数据进行处理，如图6-4所示。

图6-4　配置数据处理SQL语句

编写SQL语句的过程如图6-5所示，图中示例SQL语句表达的规则是，从Example2产品下所有设备的自定义 Topic中取出deviceName字段，用于下一步的转发。有关SQL语句的详细编写方法可参考6.2节“数据处理”，此处仅对图6-5中各参数进行简要说明。

图6-5　编写SQL语句

字段：用于指定要处理的消息内容字段。图6-5中表示的是筛选出消息中的deviceName字段内容。

Topic：用于指定要处理的消息来源Topic，可以选择为“自定义”“系统”或“设备状态”三种类型。选择“自定义”表示待处理的Topic是用户自定义的Topic，支持通配符+和#，通配符说明如表6-1所示。选择“系统”表示待处理的Topic是系统定义的Topic，这些Topic中流转的消息包含：设备上报属性和事件消息，设备生命周期变更消息，设备拓扑关系变更消息，网关发现子设备消息。选择“设备状态”表示待处理的Topic是设备上下线状态变更消息。

条件：用于指定规则触发的条件。

表6-1 Topic通配符

通配符	描述
#	必须出现在Topic的最后一个类目，代表本级及下级所有类目，例如/${ProductKey}/device1/user/#可以代表/${ProductKey}/device1/user/update和/${ProductKey}/device1/user/update/error
+	代表本级所有类目，例如/${ProductKey}/+/user/update可以代表/${ProductKey}/device1/user/update和/${ProductKey}/device2/user/update

配置完数据处理方法之后，可以添加方法对处理后的消息进行转发操作，将数据转发至目的云产品。目前规则引擎的数据流转功能支持的转发操作有8种，如图6-6所示。

图6-6 数据转发操作

在某些情况下，例如当目的云产品出现异常时，数据转发操作会失败，此时物联网平台会分别间隔1s、3s、10s进行3次重试。如果3次重试均失败，此消息将被丢弃。在对消息可靠性要求高，不允许消息丢弃情况发生的场景下，用户可以添加转发错误操作，将重试失败的消息通过错误操作转发到与正常操作所不同的其他云产品中，如图6-7所示。

所有设置都完成后，用户返回规则引擎页面，点击规则右侧的“启动”按钮，即可启动规则，使数据按照规则进行转发。

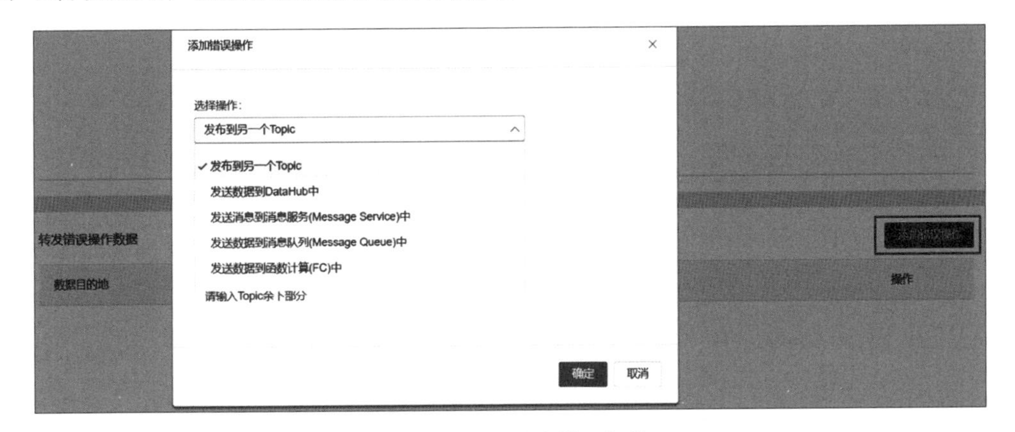

图6-7　数据转发错误操作

6.2　数据处理

6.2.1　数据格式

当使用规则引擎的数据流转功能时，用户通过编写SQL语句处理Topic中的数据。在编写SQL前，必须确定Topic中的数据格式。对于以/${ProductKey}/${DeviceName}/user/开头的自定义Topic，其中数据的格式由用户自行定义，物联网平台不做处理，将其直接透传。而对于一些物联网平台默认创建的系统Topic，其中数据的格式由物联网平台定义，用户必须根据平台定义的数据格式来编写SQL语句处理数据。下面对部分系统Topic中的数据格式进行说明。

1. 设备属性上报

当设备通过Topic:/sys/{ProductKey}/{DeviceName}/thing/event/property/post上报属性信息时，平台定义的数据格式如下：

```
{
  "iotId":"4z819VQHk6VSLmmBJfrf00107ee200",
```

```
    "productKey":"1234556554",
    "deviceName":"deviccName1234",
    "gmtCreate":1510799670074,
    "deviceType":"Ammeter",
    "items" : {
      "Power":{
          "value":"on",
          "time": 1510799670074
      },
      "Position":{
          "time":1510292697470,
          "value":{
            "latitude":39.90,
            "longitude":116.38
          }
      }
    }
  }
```


其中各参数说明如表6-2所示。

表6-2　设备属性上报参数说明

参数	类型	说明
iotId	String	设备在平台内的唯一标识
productKey	String	设备所属产品的唯一标识
deviceName	String	设备名称
deviceType	String	设备类型
items	Object	设备数据
Power	String	属性名称，产品所具有的属性名称参考 TSL 描述
Position	String	属性名称，产品所具有的属性名称参考 TSL 描述
value	根据 TSL 定义	属性值
time	Long	属性产生时间，如果设备没有上报属性的产生时间，则默认采用云端生成时间
gmtCreate	Long	数据流转消息产生时间

2. 设备事件上报

当设备通过Topic: /sys/{ProductKey}/{DeviceName}/thing/event/{tsl.event.identifier}/post上报事件信息时，平台定义的数据格式如下：

```
{
  "identifier":"BrokenInfo",
  "name":"损坏率上报",
  "type":"info",
  "iotId":"4z819VQHk6VSLmmBJfrf00107ee200",
  "productKey":"X5eCzh6fEH7",
  "deviceName":"5gJtxDVeGAkaEztpisjX",
  "gmtCreate":1510799670074,
  "value":{
    "Power":"on",
    "Position":{
      "latitude":39.90,
      "longitude":116.38
    }
  },
  "time":1510799670074
}
```

其中各参数说明如表6-3所示。

表6-3　设备事件上报参数说明

参数	类型	说明
identifier	String	设备事件标识符
name	String	设备事件名称
iotId	String	设备在平台内的唯一标识
productKey	String	设备所属产品的唯一标识
deviceName	String	设备名称
type	String	事件类型，事件类型参考 TSL 描述
value	Object	事件的参数
Power	String	事件参数名称，用户自定义

续 表

参数	类型	说明
Position	String	事件参数名称，用户自定义
time	Long	事件产生时间，如果设备没有上报事件的产生时间，则默认采用云端时间
gmtCreate	Long	数据流转消息产生时间

3. 设备下行指令返回结果

云端通过异步方式向设备下发指令后，设备通过Topic：/sys/{ProductKey}/{DeviceName}/thing/downlink/reply/message返回指令处理后的结果信息。平台定义的数据格式如下：


```
{
  "gmtCreate": 1510292739881,
  "iotId": "4z819VQHk6VSLmmBJfrf00107ee200",
  "productKey": "1234556554",
  "deviceName": "deviceName1234",
  "requestId": 1234,
  "code": 200,
  "message": "success",
  "Topic":"/sys/1234556554/deviceName1234/thing/service/property/set",
  "data": {}
}
```


其中各参数说明如表6-4所示。

表6-4 设备下行指令返回结果参数说明

参数	类型	说明
gmtCreate	Long	UTC 时间戳
iotId	String	设备在平台内的唯一标识
productKey	String	设备所属产品的唯一标识
deviceName	String	设备名称
requestId	Long	阿里云产生和设备通信的信息 ID
code	Integer	调用的结果信息
message	String	结果信息说明

续 表

参数	类型	说明
data	Object	设备返回的结果，Alink 格式数据直接返回设备结果，透传格式数据则需要经过脚本转换
Topic	String	设备下行指令所属 Topic

其中，有关调用的结果信息code的说明如表6-5所示。

表6-5　调用结果信息参数说明

参数	类型	说明
200	success	请求成功
400	request error	内部服务错误，处理时发生内部错误
460	request parameter error	请求参数错误，设备入参校验失败
429	too many requests	请求过于频繁
9200	device not actived	设备没有激活
9201	device offline	设备不在线
403	request forbidden	请求被禁止，由于欠费导致

4. 设备上下线状态变化

当设备的在线、离线状态发生变化时，平台向Topic：/as/mqtt/status/{ProductKey}/{DeviceName}中发送消息。平台定义的数据格式如下：

```
{
  "status":"online|offline",
  "productKey":"12345565569",
  "deviceName":"deviceName1234",
  "time":"2018-08-31 15:32:28.205",
  "utcTime":"2018-08-31T07:32:28.205Z",
  "lastTime":"2018-08-31 15:32:28.195",
  "utcLastTime":"2018-08-31T07:32:28.195Z",
  "clientIp":"123.123.123.123"
}
```

其中各参数说明如表6-6所示。

表 6-6 设备上下线状态变化参数说明

参数	类型	说明
status	String	设备状态，online 为上线，offline 为离线
productKey	String	设备所属产品的唯一标识
deviceName	String	设备名称
time	String	发送通知的时间
utcTime	String	发送通知的 UTC 时间
lastTime	String	状态变更前最后一次通信时间
utcLastTime	String	状态变更前最后一次通信的 UTC 时间
clientIp	String	设备公网出口 IP

5. 设备生命周期变更

当创建、删除、禁用、启用设备时，平台向Topic：/sys/{ProductKey}/{DeviceName}/thing/lifecycle中发送消息。平台定义的数据格式如下：

```
{
    "action" : "create|delete|enable|disable",
    "iotId" : "4z819VQHk6VSLmmxxxxxxxxxxxxee200",
    "productKey" : "X5eCxxxxEH7",
    "deviceName" : "5gJtxDVeGAkaEztpisjX",
    "deviceSecret" : "",
    "messageCreateTime": 1510292739881
}
```

其中各参数说明如表6-7所示。

表 6-7 设备生命周期变更参数说明

参数	类型	说明
action	String	create：创建设备；delete：删除设备；enable：启用设备；disable：禁用设备
iotId	String	设备在平台内的唯一标识
productKey	String	设备所属产品的唯一标识
deviceName	String	设备名称
deviceSecret	String	设备密钥，仅当 action 为 create 时，才包含该参数

续 表

参数	类型	说明
messageCreatTime	Integer	消息产生时间戳，单位为毫秒

6.2.2 SQL表达式

当使用规则引擎提供的数据流转功能时，用户可以编写SQL语句来解析和处理数据。若数据为二进制格式，规则引擎将不解析数据，直接透传。若数据为JSON格式，那么以Key作为表的列，Value作为列值便可以将数据映射为虚拟的表，然后使用SQL语句对其进行处理，如图6-8所示。下面对SQL语句的各个组成部分进行说明。

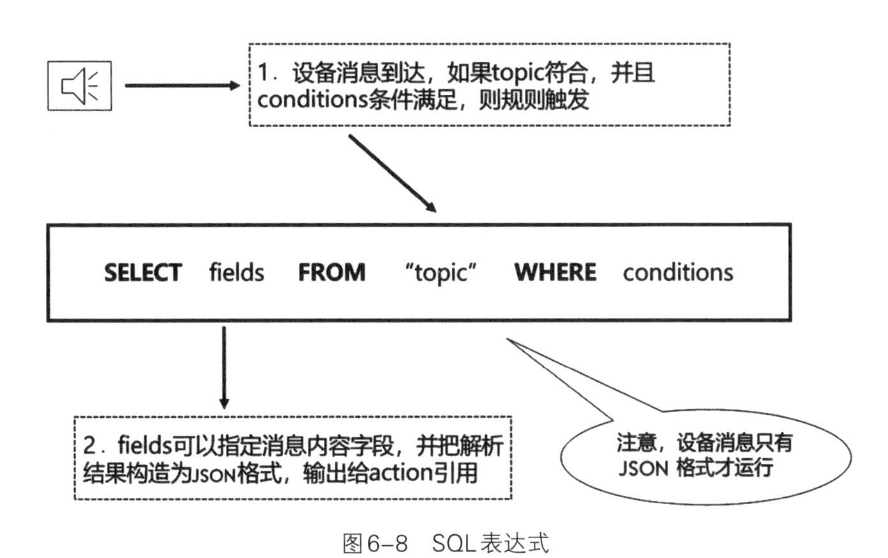

图6-8 SQL表达式

1. FROM

FROM后填写Topic，用于匹配需要处理的设备消息Topic。当有符合Topic规则的消息到达时，消息的payload数据以JSON格式解析，并根据SQL语句进行处理（如果消息格式不合法，将忽略此消息）。此处填写Topic时可以使用通配符+和#，但需要注意，同一个类目中至多只能出现一个通配符。

2. SELECT

当上报的JSON格式数据是数组或者嵌套JSON时，SQL语句支持使用JSON path获取其中的属性值。例如，对于{a:{key1:v1,key2:v2}}，可以通过a.key2获取到值v2。

使用变量时要注意单、双引号的区别，单引号表示引用常量，双引号或者不加引号表示引用变量，如'a.key2'的值为a.key2。引用数组表达式时需要使用双引号，用"$."表示取jsonObject，"$."可以省略，"."表示取jsonArray。例如设备消息为{"a":[{"v":0},{"v":1},{"v":2}]}，SQL语句编写为select "$.a[0]" data1,".a[1].v" data2,".a[2]" data3，则data1={"v":0},data2=[1],data3=[{"v":2}]。

当Topic中的数据为JSON格式时，SELECT后填写的字段可以使用上报消息的payload解析结果，即JSON中的键值；也可以使用SQL内置的函数（如deviceName()）实现多样化的数据处理，详细函数列表如表6-8所示。

当Topic中的数据为二进制格式时，SELECT后可直接填写"*"实现数据的透传，填写"*"后不能再使用内置函数。SELECT后也可以填写内置函数，如deviceName()和to_base64(*)。

表6-8 规则引擎支持函数

函数名	函数说明
abs(number)	返回绝对值
asin(number)	返回 number 值的反正弦
attribute(key)	返回 key 所对应的设备标签。如果设备没有该 key 对应的标签，则返回值为空；使用 SQL 调试时，因为没有真实设备及对应的标签，返回值为空
concat(string1, string2)	字符串连接。示例：concat(field,'a')
cos(number)	返回 number 值的余弦
cosh(number)	返回 number 值的双曲余弦
crypto(field,String)	对 field 的值进行加密。第二个参数 String 为算法字符串，可选：MD2，MD5，SHA1，SHA-256，SHA-384，SHA-512
deviceName()	返回当前设备名称。使用 SQL 调试时，因为没有真实设备，返回值为空
endswith(input, suffix)	判断 input 值是否以 suffix 结尾
exp(number)	返回指定数字的指定次幂
floor(number)	返回一个最接近它的整数，它的值小于或等于这个浮点数
log(n, m)	返回自然对数。如果不传 m 值，则返回 ln(n)
lower(string)	返回小写字符串
mod(n, m)	返回 n%m 的结果。%为取余运算符
nanvl(value, default)	返回属性值。若属性值为 null，则返回 default
newuuid()	返回一个随机 uuid 字符串
payload(textEncoding)	返回设备发布消息的 payload 转字符串。字符编码默认 UTF-8，即 payload() 默认等价于 payload('utf-8')
power(n,m)	返回 n 的 m 次幂
rand()	返回 [0 ～ 1) 的随机数

续 表

函数名	函数说明
replace(source, substring, replacement)	对某个目标列值进行替换。示例：replace(field, 'a', '1')
sin(n)	返回 n 值的正弦
sinh(n)	返回 n 值的双曲正弦
tan(n)	返回 n 值的正切
tanh(n)	返回 n 值的双曲正切
timestamp(format)	返回当前系统时间，格式化后返回当前地域的时间。 format 可选，如果为空，则返回当前系统时间戳毫秒值，比如 timestamp()=1543373798943，timestamp('yyyy-MM-dd\'T\'HH:mm:ss\'Z\'')=2018-11-28T10:56:38Z
timestamp_utc(format)	返回当前系统时间，格式化后返回 UTC 时间。 format 可选，如果为空，则返回当前系统时间戳毫秒值，比如 timestamp_utc()=1543373798943，timestamp_utc('yyyy-MM-dd\'T\'HH:mm:ss\'Z\'')=2018-11-28T02:56:38Z
topic(number)	返回 Topic 分段信息。 如，有一个 Topic：/abcdef/ghi。使用函数 topic()，则返回 "/abcdef/ghi"；使用 topic(1)，则返回 "abcdef"；使用 topic(2)，则返回 "ghi"
upper(string)	返回大写字符，如使用 upper("abc")，则返回 "ABC"
to_base64(*)	当原始 payload 数据为二进制数据时，可使用该函数，将所有二进制数据转换成 base64 编码的子符串
messageId()	返回物联网平台生成的消息 ID

3. WHERE

WHERE后填写的条件表达式是规则的触发条件，即当符合Topic的消息到达时，这条规则被触发的条件，条件表达式支持列表如表6-9所示。当Topic中的数据为JSON格式时，WHERE后可以填写的字段与SELECT可填写的字段一致。当Topic中的数据为二进制格式时，WHERE后仅支持内置函数，无法使用payload中的字段。

表6-9 条件表达式支持列表

操作符	描述	举例
=	相等	color = 'red'
<>	不等于	color <> 'rcd'
AND	逻辑与	color = 'red' AND siren = 'on'
OR	逻辑或	color = 'red' OR siren = 'on'

续 表

操作符	描述	举例
( )	括号代表一个整体	color = 'red' AND (siren = 'on' OR isTest)
+	算术加法	4 + 5
-	算术减法	5 - 4
/	除法	20 / 4
*	乘法	5 * 4
%	取余数	20 % 6
<	小于	5 < 6
<=	小于或等于	5 <= 6
>	大于	6 > 5
>=	大于或等于	6 >= 5
函数调用	支持函数	deviceId()
JSON 属性表达式	可以从消息 payload 以 JSON 表达式提取属性	state.desired.color, a.b.c[0].d
CASE…WHEN…THEN…ELSE…END	Case 表达式	CASE col WHEN 1 THEN 'Y' WHEN 0 THEN 'N' ELSE '' END as flag
IN	仅支持枚举，不支持子查询	比如 WHERE a IN(1,2,3)；不支持以下形式：WHERE a IN(SELECT xxx)
LIKE	匹配某个字符，仅支持通配符 %，代表匹配任意字符串	比如 WHERE c1 LIKE '%abc', WHERE c1 NOT LIKE '%def%'

4. SQL结果

SQL语句执行完成后，会得到对应的结果用于下一步的转发处理。当消息与规则匹配时，可以通过在转发数据动作表达式中使用“${表达式}”引用对应的值。例如，SQL语句为SELECT deviceName() AS device FROM xxxx，对于转发到表格存储的操作，配置时可以利用${device}获取SQL解析结果，引用SELECT中的属性字段device。

6.3 数据转发

目前数据流转规则支持的转发操作包括8种，用户在配置转发操作前，需要先确认目的云产品是否已经在当前规则所在的地域和可用区上线，并且支持相应格式数据的转发。8种转发操作中除“发布到另一个Topic”之外，其他操作都可用于需要将设备上报给物联网平台的数据进行加工处理或用于业务应用的场景中，这些方案的对比如表6-10所示。

表6-10 规则引擎各方案对比

流转目标	适用场景	优点	缺点
消息队列（MQ）	适合要对设备数据进行复杂或精细化处理的海量设备场景； 设备消息量大于1000 QPS的场景，推荐使用MQ	稳定可靠；支持海量数据	公网支持略差（铂金版性能较好）
消息服务（MNS）	适合公网环境场景下，对设备数据进行复杂或精细化处理的场景； 设备消息量小于或等于1000 QPS的场景，推荐使用MNS	采用HTTPS协议；公网支持较好	性能略低于MQ
云数据库RDS版	适合单纯的数据保存场景	数据直接写入数据库	
时序时空数据库（TSDB）	适合根据设备数据进行业务分析和监控的场景	数据直接写入时序时空数据库	
DataHub	适合需对数据进行分析处理的场景	数据直接写入DataHub	
表格存储（Table Store）	适合单纯的数据存储场景	数据直接写入表格存储实例	
函数计算(Function Compute)	适合需要简化设备开发过程，且对设备数据进行一定自由度的处理的场景	数据处理自由度高；功能多；无须部署	费用略高

下面对这8种操作分别进行介绍。

6.3.1 数据转发到另一个Topic

规则引擎可以将一个Topic中的消息进行处理后，转发到另一个Topic中，如图6-9所示，实现M2M场景。在数据流转详情页面中，点击“转发数据”一栏的“添加操作”按钮，选择操作为“发布到另一个Topic”，并输入目标Topic即可，如图6-10所示。

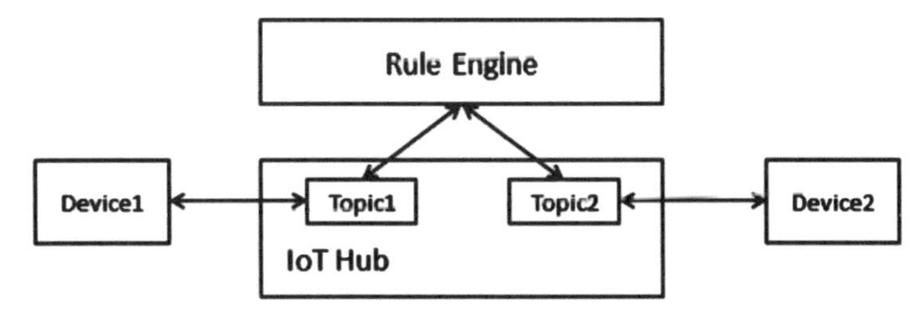

图6-9 数据转发到另一个Topic

图6-10 配置转发操作

此处可填写自定义Topic，也可填写系统定义的Topic，并且可以使用${}表达式来引用上下文值。例如使用${DeviceName}/get表示从设备上报的消息中筛选出DeviceName信息，将SQL语句的处理结果转发到该DeviceName对应设备的后缀为get 的Topic中。配置好数据流转规则之后，启动该规则，就可以将经过SQL语句处理的数据转发到目标Topic中。

6.3.2 数据转发到表格存储

表格存储（Table Store）是构建在阿里云飞天分布式系统上的NoSQL（非关系型）数据存储服务，能够提供海量结构化数据的存储和实时访问能力。在表格存储服务中，数据以实例和表的形式组织在一起，并通过数据分片和负载均衡技术实现了规模的无缝扩展。表格存储服务所管理的数据全部存储在固态硬盘（SSD）中，提供了快速的访问性能；表格存储服务还具有多个备份，保障了极高的数据可靠性。关于阿里云表格存储的更多信息可参见阿里云官网：https://help.aliyun.com/product/27278.html。

规则引擎可以将设备上报到物联网平台的数据转发到表格存储中。在配置将数据转发到表格存储之前，需要先进入表格存储控制台（https://www.aliyun.com/product/ots）创建好实例和数据表。实例和数据表创建完成后，便可以配置规则引擎的转发操作，选择操作为“存储到表格存储（Table Store）”，然后按照页面提示设置参数，如图6-11所示。首先选择表格存储所在的地域和待写入数据的实例、数据表信息。当用户选择好数据表之后，控制台会自动读出该表的主键，用户需要配置主键的值。最后，规则引擎需要经过用户的授权才能向数据表写入数据，所以用户需要创建一个具有表格存储写入权限的角色，然后将该角色赋予规则引擎，这样规则引擎才能将处理后的数据写入数据表中。

选择操作：
存储到表格存储(Table Store)
该方法将数据插入到表格存储(Table Store)中，详情请参考文档
* 地域：
华东 2
* 实例：
ForTest 创建实例
* 数据表：
aaa 创建数据表
* 主键：
name键 ${name}
* 主键：
phone键 ${phone}
* 角色：
AliyunIOTAccessingOTSRole 创建RAM角色

图6-11　配置转发操作

假设数据经过SQL语句处理后的结果为{"name":"Tom","phone":"139xxxxxxxx","address":"…","age":"…"}，因业务需要，要将此JSON数据存入表格存储中，且用于存储的数据表主键为name和phone。那么当有消息过来并触发规则时，JSON格式消息中name字段的Value值“Tom”就会被存入主键name中，主键phone也是同样处理。对于JSON格式消息中除主键外的Key值，平台会自动解析并根据Key值自动创建表格存储的属性列。在本示例中，就会创建两列，即address和age，并且会在每列下面存入对应的Value值。

配置好数据流转规则后，启动该规则，就可以将经过SQL语句处理的数据转发到表格存储中。

6.3.3 数据转发到DataHub

物联网平台的定位在于设备接入和设备管理，对于数据存储和数据计算工作，阿里云物联网平台将其交给阿里云的其他云产品。在很多物联网场景中，流计算是一种刚需。流计算是一种事件触发的模型，即一旦有新的事件（数据）到达，流计算系统将完成一次计算，并继续转为等待下一次事件到来，源源不断的数据流为下游的流计算提供触发。阿里云流计算触发的数据流就存放在DataHub中，即DataHub产品为下游的流式计算提供事件触发机制，触发流计算的运行。用户只需要将驱动流计算运行的流式数据写入DataHub，使用了该DataHub Topic的下游流计算任务即可被触发进行一次运算。关于阿里云DataHub的更多信息可参见阿里云官网：https://help.aliyun.com/product/53345.html。

使用规则引擎可以将设备数据转发到DataHub中，由DataHub为下游流计算、MaxCompute提供实时数据，进而将物联网平台与流式计算打通，实现更多计算场景。

在配置转发操作之前，首先要在DataHub控制台（https://datahub.console.aliyun.com/datahub）上创建相应的DataHub资源。资源创建完毕后，便可以配置规则引擎的转发操作，选择操作为"发送数据到DataHub中"，然后按照页面提示设置参数，如图6–12所示。选择DataHub对应的地域、Project和Topic。选择完Topic后，规则引擎会自动获取Topic中的Schema，然后将SQL语句筛选出来的数据映射到对应的Schema中。最后，用户还需要创建一个具有DataHub写入权限的角色，然后将该角色赋予规则引擎，授权规则引擎操作DataHub资源。

配置好数据流转规则之后，启动该规则，经过SQL语句处理的数据就会被转发到DataHub中去，进而触发下游的流计算。

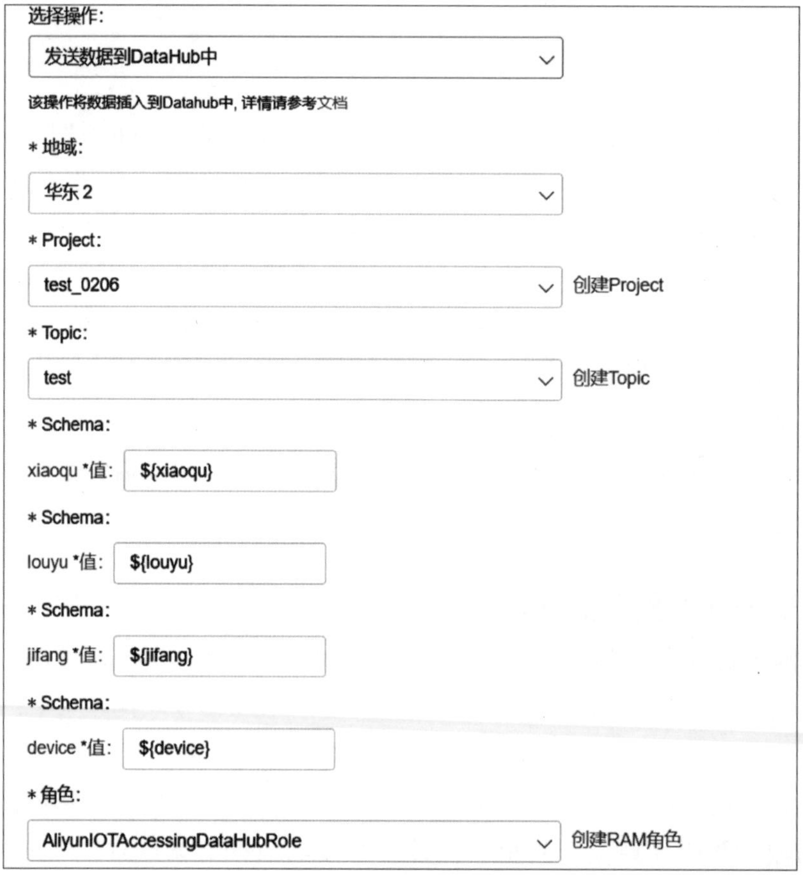

选择操作：
发送数据到DataHub中
该操作将数据插入到Datahub中，详情请参考文档
* 地域：
华东 2
* Project：
test_0206 创建Project
* Topic：
test 创建Topic
* Schema：
xiaoqu *值： ${xiaoqu}
* Schema：
louyu *值： ${louyu}
* Schema：
jifang *值： ${jifang}
* Schema：
device *值： ${device}
* 角色：
AliyunIOTAccessingDataHubRole 创建RAM角色

图6–12　配置转发操作

6.3.4 数据转发到云数据库（RDS）

阿里云关系型数据库（Relational Database Service，RDS）是一种稳定可靠，且具有弹性伸缩能力的在线数据库服务。RDS基于阿里云分布式文件系统和SSD高性能存储，支持MySQL、SQL Server、PostgreSQL、PPAS（Postgres Plus Advanced Server，一种高度兼容Oracle的数据库）引擎，并且提供了容灾、备份、恢复、监控、迁移等方面的全套解决方案，解决了数据库运维的烦恼。其中，阿里云数据库MySQL版拥有优秀的性能和吞吐量，拥有经过优化的读写分离、数据压缩和智能调优等高级功能。关于阿里云云数据库的更多信息可参见阿里云官网：https://help.aliyun.com/product/26090.html。

使用规则引擎可以将设备数据转发到云数据库的VPC（Virtual Private Cloud，专有网络）实例中实现存储。目前规则引擎仅支持将数据转发到同地域下的MySQL实例和SQL Server实例中，MySQL和SQL Server都属于SQL（关系型）数据库。与NoSQL数据库相比，SQL数据库是精确的，适合那些具有精确标准的、定义明确的项目，如用户的账号、地址；而NoSQL数据库是多变的，适用于那些具有不确定需求，对速度和可扩展性比较看重的项目，如社交网络评论。

在配置转发操作之前，首先要在RDS控制台上创建好相应的RDS实例，创建流程可参见阿里云官网：https://help.aliyun.com/document_detail/26124.html。资源创建完毕后，便可以配置规则引擎的转发操作，选择操作为“存储到云数据库（RDS）中”，然后按照页面提示设置参数，如图6-13所示。选择好地域、已创建好的RDS实例、数据库以及RDS实例具有读写权限的用户的账号和密码后，进一步选择数据库中已有的、待写入数据的数据表名、数据表字段以及字段待写入的值。最后，用户还需要创建一个具有RDS写入权限的角色，然后将该角色赋予规则引擎，授权规则引擎操作向RDS数据表写入数据。

注意，规则引擎为了连接RDS，会在RDS的白名单中添加相应的IP段，例如区域为华东2时会添加100.104.123.0/24。用户请勿将这些IP段从数据库实例白名单中删除，否则物联网平台将无法连接RDS，无法将数据写入RDS数据库中；如果白名单中未出现这些IP段，请用户手动添加。

配置好数据流转规则之后，启动该规则，经过SQL语句处理的数据就会被转发到RDS中存储。

6.3.5 数据转发到消息服务

阿里云消息服务（Message Notification Service, MNS）是一种高效、可靠、安全、便捷、可弹性扩展的分布式消息服务，物联网平台配合阿里云消息服务可以实现设备端与服务端之间高性能的消息闭环传输。如图6-14所示，设备将消息发布到物联网平台中，平台通过配置好的规则引擎对消息进行处理，并将处理后的消息转发到

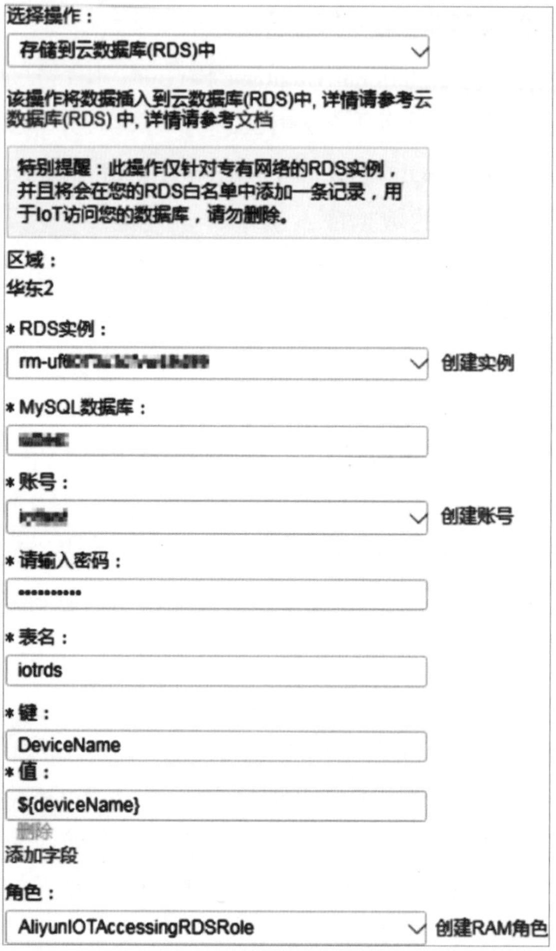

选择操作：
存储到云数据库(RDS)中
该操作将数据插入到云数据库(RDS)中，详情请参考云数据库(RDS) 中，详情请参考文档
特别提醒：此操作仅针对专有网络的RDS实例，并且将会在您的RDS白名单中添加一条记录，用于IoT访问您的数据库，请勿删除。
区域：
华东2
* RDS实例：
rm-uf
创建实例
* MySQL数据库：
* 账号：
创建账号
* 请输入密码：
* 表名：
iotrds
* 键：
DeviceName
* 值：
${deviceName}
删除
添加字段
角色：
AliyunIOTAccessingRDSRole
创建RAM角色

图6–13　配置转发操作

物联网平台
发布消息
订阅消息
终端设备
发布消息
转发消息
订阅消息
应用服务器
消息服务

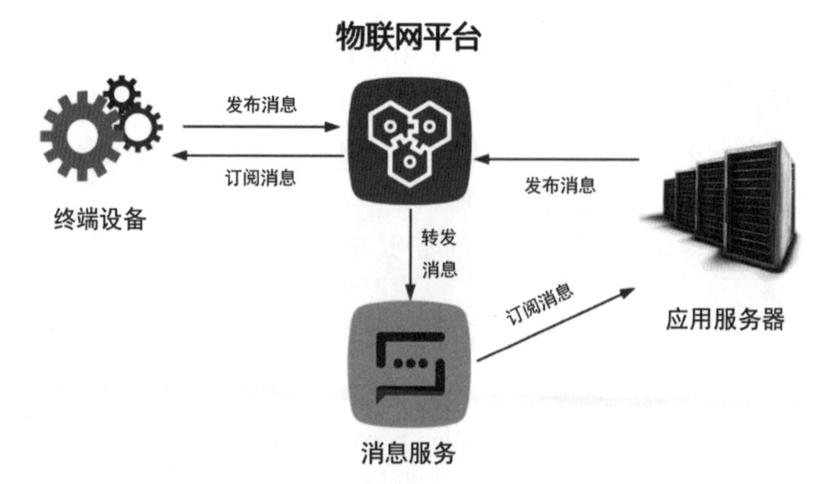

图6–14　设备端与服务端间的消息传输

消息服务中，然后用户的应用服务器通过调用消息服务的接口实现订阅，即可获取设备上报的消息。应用服务器还可以调用物联网平台提供的OpenAPI接口向物联网平台发布数据，然后设备通过订阅物联网平台即可获取服务器下发的消息。这种方式的优势是消息服务可以保证消息的可靠性，避免了服务端不可用时的消息丢失，同时消息服务在处理大量消息并发时有“削峰填谷”的作用，可以保证服务端不会因为突然的并发压力而导致服务不可用。关于阿里云消息服务的更多信息可参见阿里云官网：https://help.aliyun.com/product/27412.html。

在配置规则引擎的转发操作之前，首先要在消息服务控制台（https://mns.console.aliyun.com）上创建好接收消息的主题和订阅者。资源创建完毕后，便可以配置规则引擎的转发操作，选择操作为“发送消息到消息服务（Message Service）中”，然后输入转发目标的消息服务主题信息，即主题与所在地域，如图6-15所示。最后，用户还需要创建一个具有消息服务写入权限的角色，然后将该角色赋予规则引擎，这样规则引擎才能将处理后的数据写入消息服务中。

图6-15 配置转发操作

配置好数据流转规则之后，启动该规则，经过SQL语句处理的数据就会被转发到设定的主题中，服务端便可以通过消息服务接收和处理来自物联网平台的数据。

6.3.6 数据转发到消息队列

消息队列RocketMQ是阿里巴巴自主研发的专业消息中间件，是企业级互联网架构的核心产品。RocketMQ基于高可用分布式集群技术，提供消息的发布订阅、消息轨迹的查询、资源统计、监控报警等云服务，为分布式应用系统提供异步解耦、削峰填谷的能力。RocketMQ还具有海量消息堆积、高吞吐、可靠重试等特性，并且能在多个地域内提供高可用的消息云服务，可用性高。关于阿里云消息队列的更多信息可参见阿里云官网：https://help.aliyun.com/product/29530.html。

通过规则引擎将设备上报至物联网平台的数据转发到消息队列（MQ）中，可以实现消息从设备到物联网平台到MQ再到应用服务器的全链路高可靠传输。用户可以将应用部署在阿里云ECS（Elastic Compute Service，云服务器）或企业自建云上，也可以将应用嵌入到移动端或物联网设备中，同时本地开发者也可以通过公网接入MQ服务进行消息的收发，如图6-16所示。

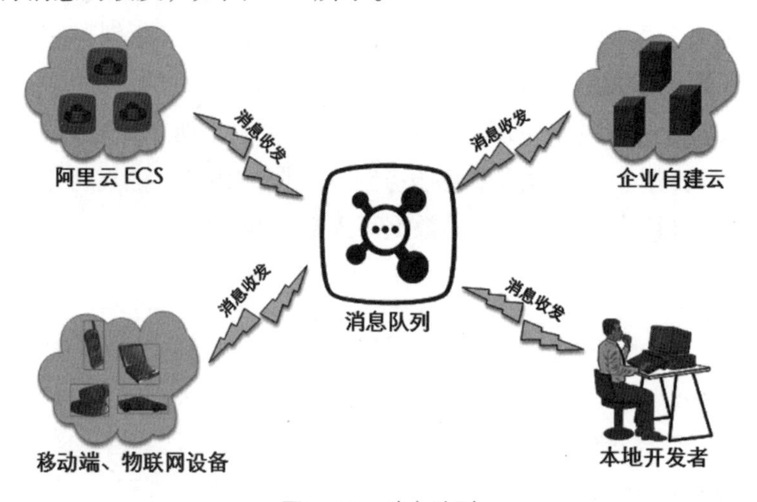

图6-16　消息队列

在配置规则引擎的转发操作之前，首先要在消息队列控制台（https://ons.console.aliyun.com）上创建好用于接收物联网平台数据的Topic资源。资源创建完毕后，便可以配置规则引擎的转发操作，选择操作为“发送数据到消息队列（Message Queue）中”，然后选择需要写入数据的消息队列Topic及其所在的地域和所属的实例，最后授权平台写入消息队列Topic的权限，如图6-17所示。其中，Tag为可选项，用于设置标签。当设置标签后，所有通过该规则流转到MQ中的消息都会携带该标签，MQ消息的消费端可以基于标签进行消息过滤。

配置好数据流转规则之后，启动该规则，平台就可以将数据写入消息队列的Topic中，用户便可以基于MQ实现消息的收发。

6.3.7 数据转发到TSDB

时序数据是在时间上分布的一系列数值，时间和数值都是关键字。时序数据一般是指标型数据，比如股票价格、气温变化、个人健康数据、工业传感器数据。关于应用程序的性能监控一般也是时序数据，例如服务器系统监控数据，如CPU、内存占用率等。据统计，在大数据领域中，时序数据超过一半。时间序列数据的处理和一般数据库处理有所不同，一般数据库基于行，每一个数据点是一行，而时间序

选择操作:
发送数据到消息队列(Message Queue)中
该操作将数据插入到消息队列(Message Queue) 中, 详情请参考文档
* 地域:
公网
* 实例:
test
创建实例
* Topic:
IoT_To_MQ
创建Topic
Tag:
请输入tag值
* 授权:
AliyunIOTAccessingMQRole
创建RAM角色

图6-17　配置转发操作

列数据则基于时间线处理数据。

阿里云的时序时空数据库(Time Series Database,TSDB)是一种高性能、低成本、稳定可靠的在线时序数据库服务，广泛应用于物联网设备监控系统、企业能源管理系统、生产安全监控系统、电力检测系统等行业场景；能够提供百万级时序数据秒级写入、高压缩比低成本存储、预降采样、插值、多维聚合计算、查询结果可视化等功能。关于阿里云TSDB的更多信息可参见阿里云官网：https://help.aliyun.com/product/54825.html。

使用规则引擎可以将经过SQL语句处理的数据转发到时序时空数据库（TSDB）的实例中，在配置转发操作之前，首先要在TSDB控制台上创建好相应的资源，创建流程可参见阿里云官网：https://help.aliyun.com/document_detail/56329.html。资源创建完毕后，便可以配置规则引擎的转发操作，选择操作为“存储到时序时空数据库（TSDB）中”，然后按照页面提示设置参数，如图6-18所示。选择待存入的数据库实例及其所在区域后，配置UNIX时间戳timestamp和tag，最后授权物联网平台向TSDB写数据。此时物联网平台会向TSDB实例中添加网络白名单，用于物联网平台访问TSDB数据库，请勿删除这些IP段。

注意，平台转发到TSDB的消息中除了在规则引擎中配置为timestamp或tag值的字段外，其他字段都将作为metric写入时序时空数据库。举例来说，假设规则引擎的SQL数据处理语句为SELECT time，city，distance，power，FROM "/myproduct/myDevice/update"，tag字段为device，product以及cityName，它们的值分别为deviceName()，bikes以及${city}。此时若设备上报到平台的消息如下：

图6-18　配置转发操作

```
{
    "time": 1513677897,
    "city": "beijing",
    "distance": 8545,
    "power": 93.0
}
```

那么规则引擎会向时序时空数据库中写入两条数据：

```
数据：timestamp:1513677897, [metric:distance value:8545]
tag:device=myDevice,product=bikes,cityName=Beijing
```

```
数据：timestamp:1513677897, [metric:power value:93.0]
tag:device=myDevice,product=bikes,cityName=Beijing
```

配置好数据流转规则之后，启动该规则，经过SQL语句处理的数据就会被转发到TSDB中存储起来。

6.3.8 转发数据到函数计算

函数计算（Function Compute，FC）是一个事件驱动的全托管计算服务，以事件驱动的方式连接不同的服务。当事件源服务触发事件时，系统会自动调用关联的函数处理事件，如图6–19所示。通过函数计算，用户无须管理服务器等基础设施，只需编写代码并上传，函数计算会为用户准备好计算资源，以弹性、可靠的方式运行用户上传的代码，并提供日志查询、性能监控、报警等功能。关于阿里云函数计算的更多信息可参见阿里云官网：https://help.aliyun.com/product/50980.html。

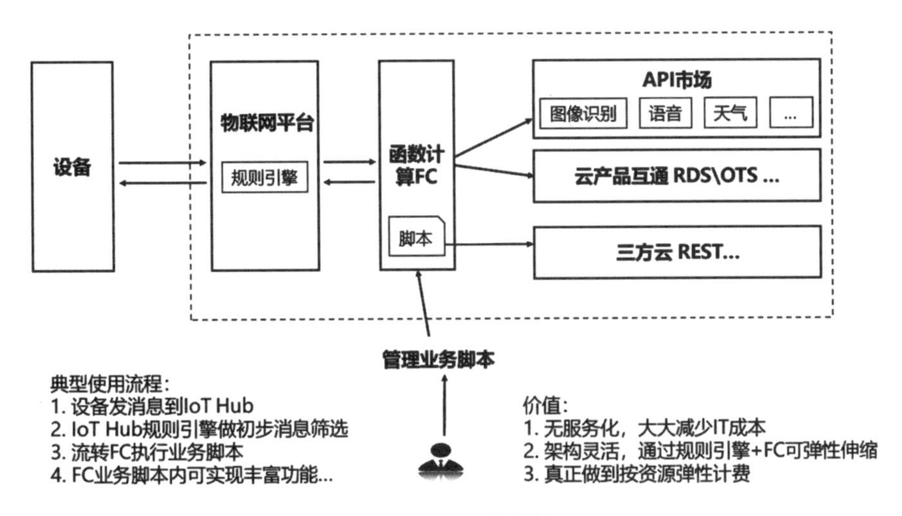

图6–19　函数计算

使用规则引擎可以将经过SQL语句处理的数据转发到函数计算中，在配置转发操作之前，首先要在函数计算控制台（https://fc.console.aliyun.com/overview）创建好服务和函数资源。资源创建完毕后，便可以配置规则引擎的转发操作，选择操作为“发送数据到函数计算（FC）中”，然后选择服务、函数及资源所在地域，最后授权物联网平台操作函数的权限，如图6–20所示。

配置好数据流转规则之后，启动该规则，经过SQL语句处理后的数据就会被转发到函数计算中，函数计算根据用户函数定义的逻辑对数据进行处理和展示。

6.4 数据流转实例

在前3节内容的基础上，用户可以对发送到Topic中的数据进行处理，并将其根据需要转发到对应的云产品中去。下面通过两个实例分别说明自定义Topic和系统Topic中的数据流转过程以及不同阶段的数据格式。

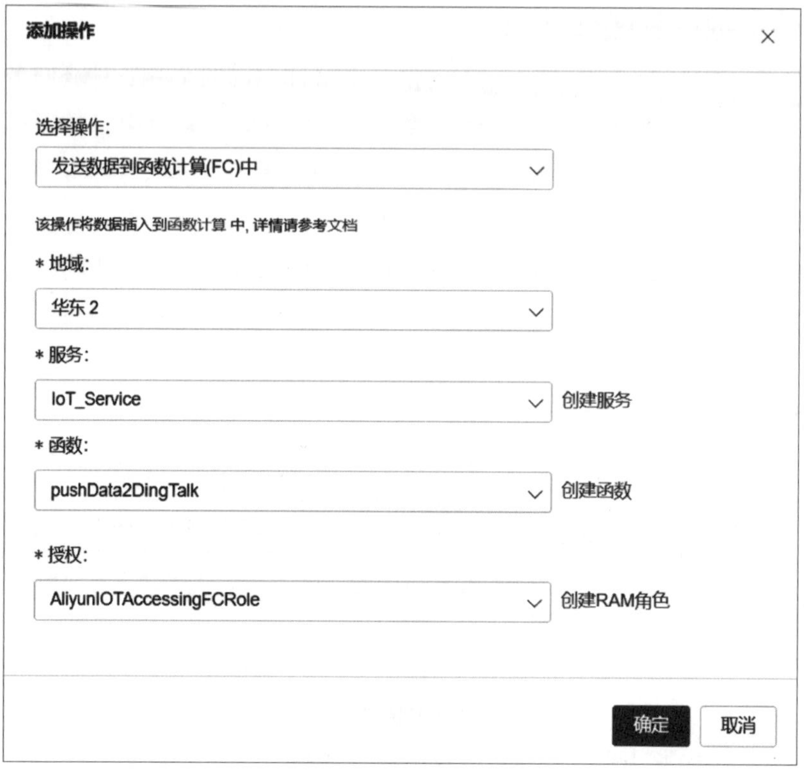

添加操作

选择操作:

发送数据到函数计算(FC)中

该操作将数据插入到函数计算 中, 详情请参考文档

* 地域:

华东 2

* 服务:

IoT_Service 创建服务

* 函数:

pushData2DingTalk 创建函数

* 授权:

AliyunIOTAccessingFCRole 创建RAM角色

确定 取消

图6-20 配置转发操作

6.4.1 自定义Topic

自定义Topic中的设备数据直接透传到物联网平台，数据结构不变，如图6-21所示。

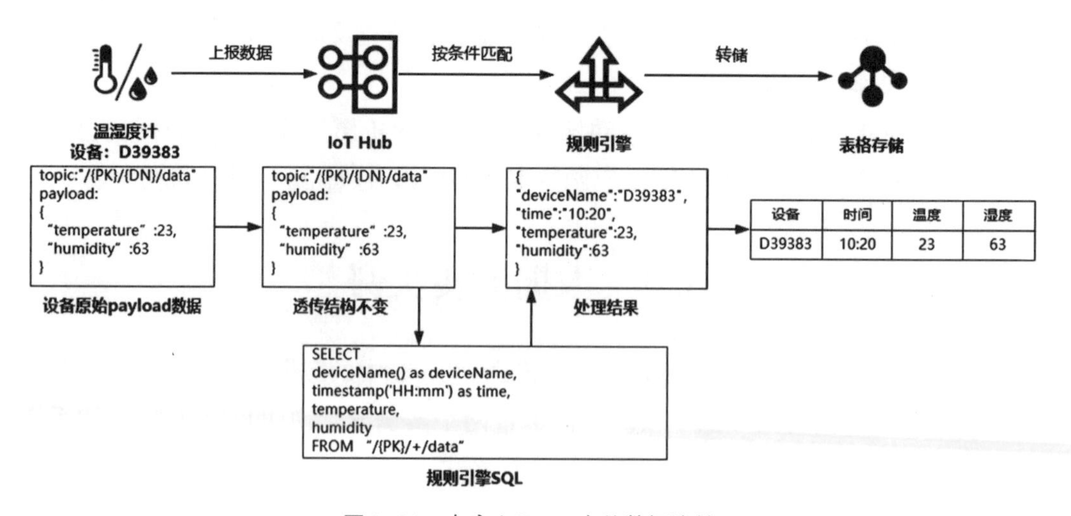

图6-21 自定义Topic中的数据流转

用户希望将D39383号温湿度计设备通过自定义Topic：data上报的温湿度数据存储到表格存储产品中。设备上报的原始payload数据如下：

```
Topic: "/{productKey}/{deviceName}/data"
payload:
{
  "temperature":23,
  "humidity":63
}
```

数据内容通过IoT Hub透传至规则引擎模块，结构内容不变。规则引擎内编写的SQL语句为：

```
SELECT deviceName() as deviceName,timestamp('HH:mm') as time,temperature,humidity
FROM "/{productKey}/+/data"
```

设备数据经过规则引擎处理后的内容如下：

```
{
  "deviceName":"D39383",
  "time":"10:20",
  "temperature":23,
  "humidity":63
}
```

上述内容被转发到表格存储产品中，数据表中产生如下新行：

设备	时间	温度	湿度
D39383	10:20	23	63

6.4.2 系统Topic

系统Topic中的数据均为Alink JSON格式，设备上报到物联网平台的数据在进入规则引擎处理之前，会首先经过物模型的解析，变成平台定义好的数据格式，如图6-22所示。

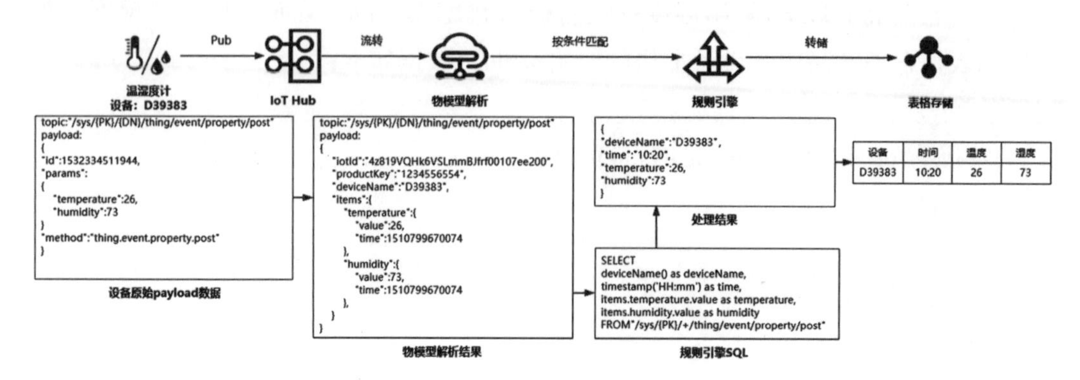

图6–22　系统Topic中的数据流转

用户希望将D39383号温湿度计设备通过属性上报Topic发送的温湿度属性值存储到表格存储产品中。设备上报的原始payload数据如下，为平台定义好的Alink协议通信格式：

```
Topic: "/sys/{ProductKey}/{DeviceName}/thing/event/property/post"
payload:
{
  "id":1532334511944,
  "params":
  {
    "temperature":26,
    "humidity":73,
  }
  "method":"thing.event.property.post"
}
```

数据内容通过IoT Hub流转到物联网平台上后，平台会根据该设备的物模型将数据内容组织为如下定义好的数据格式：

```
Topic: "/{ProductKey}/{DeviceName}/thing/event/property/post"
payload:
{
  "iotId":"4z819VQHk6VSLmmBJfrf00107ee200",
  "productKey":"1234556554",
  "deviceName":"D39383",
```

```
  "items":{
    "temperature":{
      "value":26,
      "time":1510799670074
    },
    "humidity":{
      "value":73,
      "time":1510799670074
    },
  }
}
```

上述经过物模型解析后的数据被转发到规则引擎模块中，规则引擎内编写的SQL语句如下：

```
SELECT deviceName() as deviceName,timestamp ('HH:mm') as time,items.temperature.
value as temperature,items.humidity.value as humidity FROM "/{ProductKey}/+/thing/
event/property/post"
```

设备数据经过规则引擎处理后的内容如下：

```
{
  "deviceName":"D39383",
  "time":"10:20",
  "temperature":26,
  "humidity":73
}
```

上述内容被转发到表格存储产品中，数据表中产生如下新行：

设备	时间	温度	湿度
D39383	10:20	26	73

通过上述两个例子，读者可以清楚地看到自定义Topic和系统Topic内的数据在整个流转过程中的格式变化。实际开发过程中，用户必须严格按照Topic内的数据格式编写SQL语句，否则将无法提取出所需要的正确字段。处理系统Topic内的数

据时尤其需要注意，必须按照平台定义的数据格式而非用户自定义的数据格式来编写SQL语句。

本章小结

本章围绕规则引擎的数据处理与数据转发方法，介绍了SQL表达式的编写方法，转发操作的配置方法以及数据在整个过程中的流转格式等内容，希望帮助读者掌握规则引擎的完整使用流程。

第7章 用户服务端开发指南

用户利用物联网平台开发物联网应用的过程中，服务器端必然需要从平台上获取设备上报的数据，需要根据业务需求在平台上创建产品和设备，还需要通过平台向设备下发命令等。本章针对以上需求，向读者介绍用户服务器端订阅设备消息和调用API操作物联网平台的方法。

7.1 服务端订阅设备消息

7.1.1 服务端订阅

设备连接到阿里云物联网平台并将数据上报至平台之后，用户服务器需要获取平台上的数据以进行物联网应用的开发。通过学习第6章的内容，用户可以先配置规则引擎将数据转发到消息服务（MNS）或消息队列（MQ）中，然后用户服务器从消息服务（MNS）或消息队列（MQ）中获取数据。但可能存在一些物联网应用场景希望设备数据不通过云产品中转，由业务服务器直接接收，此时便可以使用阿里云物联网平台提供的服务端订阅功能。

通过使用服务端订阅功能，设备产生的消息便可以通过HTTP/2通道直接推送到业务服务器；业务服务器通过接入HTTP/2 SDK，便可以直接接收设备数据，进而根据自身业务场景消费数据，如图7-1所示。

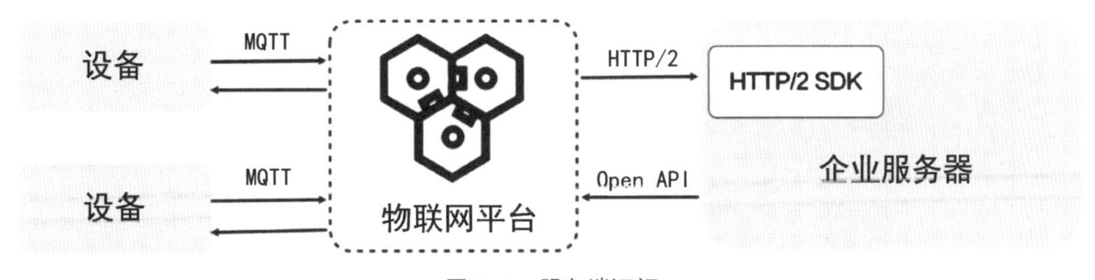

图7-1 服务端订阅

阿里云提供的HTTP/2 SDK提供身份认证、Topic订阅、消息发送和消息接收能力，并支持设备接入和云端接入能力，适用于物联网平台与企业服务器之间的大量消息流转，也支持设备与物联网平台之间的消息收发。

7.1.2 服务端订阅Demo例程

本节介绍服务端订阅功能的开发方法，包括如何配置服务端订阅，如何将用户服务器接入HTTP/2 SDK等内容。

1. 创建产品和设备

登录物联网平台控制台（https://iot.console.aliyun.com），在设备管理下的产品页面中创建一个节点类型为“设备”“HTTP2_TEST”的产品，如图7-2所示。

图7-2　创建产品

创建完产品之后，在该产品下创建一个设备，如图7-3所示。

添加设备
特别说明：deviceName可以为空，当为空时，阿里云会颁发全局唯一标识符作为deviceName。
产品：
HTTP2_TEST
DeviceName：
http2
确认
取消

图7-3　添加设备

2. 配置服务端订阅

进入HTTP2_TEST产品详情页，点击查看“服务端订阅”页面，此时可以看到“服务端订阅”和“服务端订阅（推送MNS）”两栏，如图7-4所示。“服务端订阅”对应的是通过HTTP/2通道的消息流转方式；“服务端订阅（推送MNS）”对应的是通过阿里云消息服务MNS的消息流转方式，该方式曾被旧版物联网平台使用，目前新版物联网平台均使用HTTP/2方式。

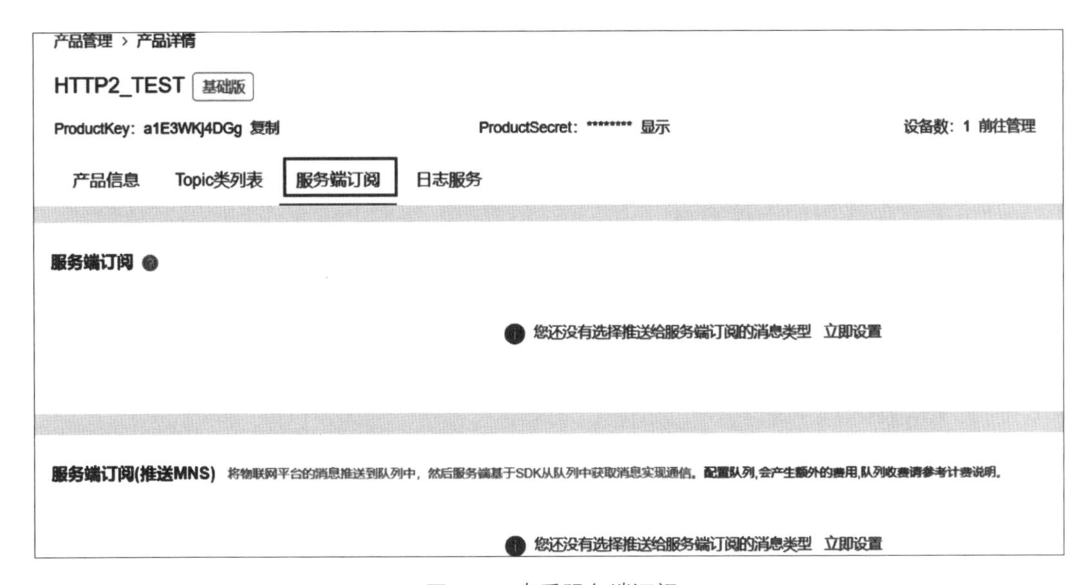

图7-4 查看服务端订阅

点击“服务端订阅”栏的“设置”按钮，选择需要推送的消息类型，如图7-5所示。

图7-5 配置服务端订阅

此处待选择的消息类型包括设备上报消息、设备状态变化通知消息和设备生命周期变更消息三类。

（1）设备上报消息

设备上报消息指产品下所有设备Topic列表中，具有发布权限的Topic中的消息，包括设备上报的自定义数据和物模型数据（包括属性上报、事件上报、属性设置响应和服务调用响应）。

例如，一个产品有3个Topic类，分别是：/${ProductKey}/${DeviceName}/user/get，具有订阅权限；/${ProductKey}/${DeviceName}/user/update，具有发布权限；/sys/${ProductKey}/${DeviceName}/thing/event/property/post，具有发布权限。那么，服务端订阅会推送具有发布权限的Topic类中的消息，即/${ProductKey}/${DeviceName}/user/update和/sys/${ProductKey}/${DeviceName}/thing/event/property/post中的消息。其中，/sys/${ProductKey}/${DeviceName}/thing/event/property/post中的数据已经过系统处理。

（2）设备状态变化通知消息

设备状态变化通知消息指一旦该产品下的设备状态变化，例如上线、下线时的通知消息。设备状态消息的发送Topic为/as/mqtt/status/${ProductKey}/${DeviceName}。

（3）设备生命周期变更消息

设备生命周期变更消息包括设备创建、删除、禁用和启用的通知消息。

选中后保存，用户服务器便可以通过HTTP/2 SDK接收已勾选类型的消息。

3. 配置服务端订阅Demo例程

（1）SDK接入

下载阿里云提供的服务端订阅Demo（https://help.aliyun.com/document_detail/89227.html）并解压，如图7-6所示。注意，该SDK Demo目前仅支持Java8。

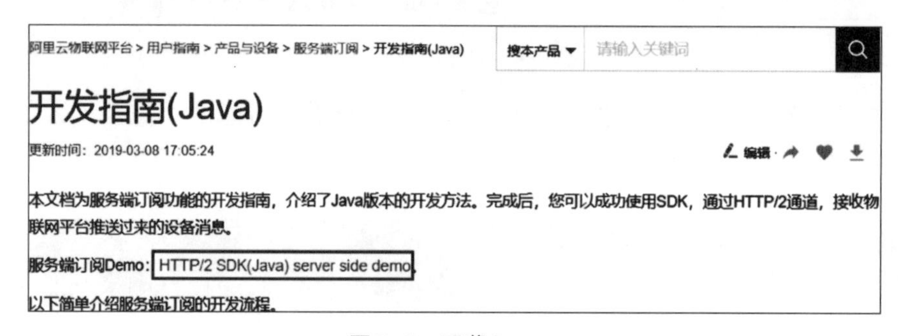

图7-6 下载Demo

打开IntelliJ IDEA软件，点击“Open”，如图7-7所示。然后找到存放该Demo的目录并打开，如图7-8所示。

首先查看该工程下的pom.xml文件中是否包含如下maven依赖，若未包含，则手动添加依赖以接入SDK。

```
<dependency>
    <groupId>com.aliyun.openservices</groupId>
    <artifactId>iot-client-message</artifactId>
    <version>1.1.2</version>
</dependency>
```

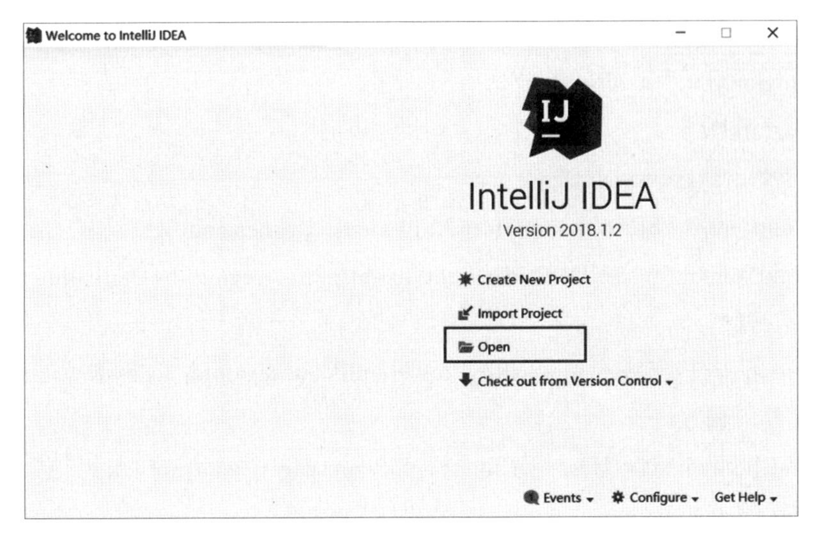

图7-7 打开Demo（1）

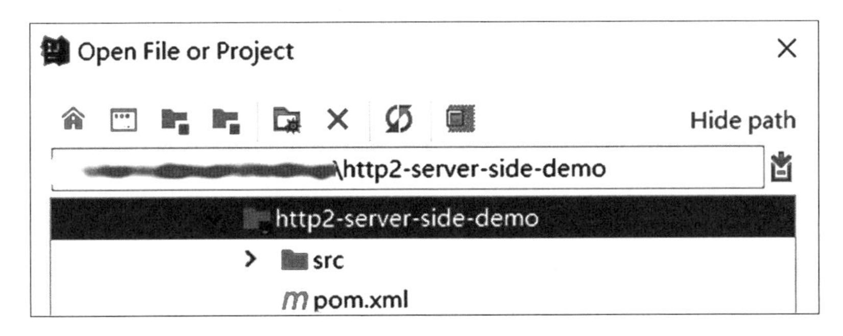

图7-8 打开Demo（2）

```
<dependency>
  <groupId>com.aliyun</groupId>
  <artifactId>aliyun-java-sdk-core</artifactId>
  <version>3.7.1</version>
</dependency>
```

（2）身份认证

当使用服务端订阅功能接收设备数据时，服务器需要基于用户的阿里云accessKey进行身份认证，并建立与物联网平台的连接。示例如下：

```
/*阿里云accessKey*/
String accessKey = "xxxxxxxxxxxxxxx";
/*阿里云accessSecret*/
String accessSecret = "xxxxxxxxxxxxxxx";
```

```
/*regionId*/
String regionId = "cn-shanghai";
/* 阿里云 uid*/
String uid = "xxxxxxxxxxxx";
/*endPoint: https://${uid}.iot-as-http2.${region}.aliyuncs.com*/
String endPoint = "https://" + uid + ".iot-as-http2." + regionId + ".aliyuncs.com";
/* 连接配置 */
Profile profile = Profile.getAccessKeyProfile(endPoint, regionId, accessKey, accessSecret);
/* 构造客户端 */
MessageClient client = MessageClientFactory.messageClient(profile);
/* 数据接收 */
client.connect(messageToken -> {
   Message m = messageToken.getMessage();
   System.out.println("receive message from " + m);
   return MessageCallback.Action.CommitSuccess;
});
```

上述代码内容也可以在Demo项目的src\main\java\com\aliyun\iot\demo目录下的H2Client.java文件中查看。代码中涉及的参数（accessKey、accessSecret、regionId和uid）需要用户从控制台（https://iot.console.aliyun.com）上获取并填入Demo代码中。获取方式如下：

accessKey和accessSecret是账号的AccessKey ID和Access Key Secret。AccessKey ID 用于标识访问者身份；Access Key Secret是用于加密签名字符串和服务器端验证签名字符串的密钥，必须严格保密。将光标移至控制台右上角的账号头像上，点击“accesskeys”，如图7-9所示，即可获取到账户所对应的AccessKey ID和Access Key Secret，如图7-10所示。

regionId是待订阅产品所在的物联网平台服务地域，当产品创建在“华东2（上海）”区域时，regionId为“cn-shanghai”。

uid是当前账号的ID，点击控制台右上角头像栏下的“安全设置”，如图7-11所示，即可查看当前账号的ID，即代码中所需的uid参数，如图7-12所示。

4.设备上报消息，服务端接收测试

代码参数修改完毕后，启动H2Client程序，如图7-13所示。本Demo中已经写好了数据接收的接口，当服务端与物联网平台建立连接后，便会收到平台推送的消息，并且会将消息以“receive message from+消息内容”的格式打印在控制台上。

图7-9 获取AccessKey ID和Access Key Secret（1）

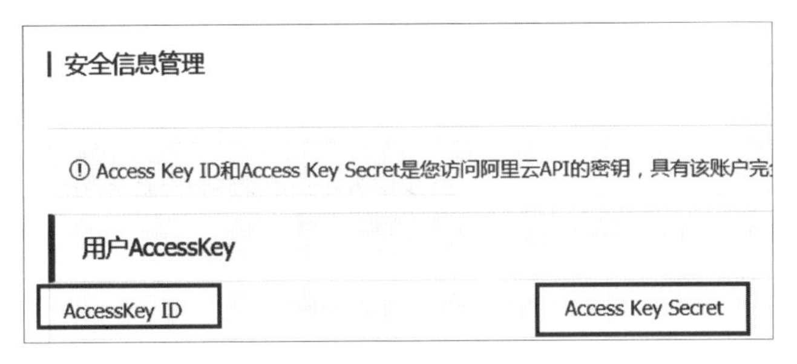

图7-10 获取AccessKey ID和Access Key Secret（2）

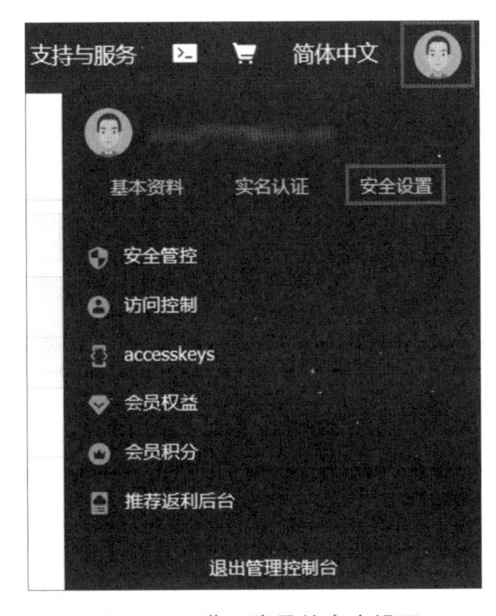

图7-11 进入账号的安全设置

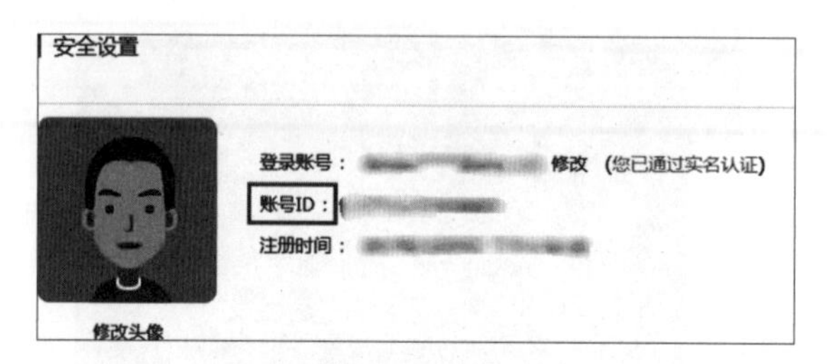

图7-12　获取uid

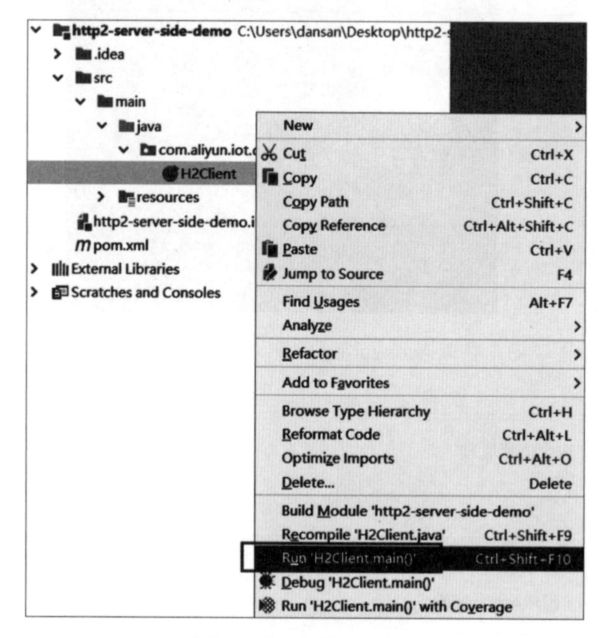

图7-13　运行Demo

此处使用AIoTKIT开发板，基于3.2节“AIoTKIT设备接入物联网平台”中的设备端代码，通过修改代码中的设备的三元组信息让开发板与本节中创建的HTTP2_TEST产品下的http2设备对应，从而接入物联网平台并上报数据。

当AIoTKIT设备成功接入平台并上报数据后，在IntelliJ IDEA软件中查看Demo的运行日志，如图7-14所示。

观察日志内容可以发现服务端首先接收到了设备上线的消息：

```
receive message from Message{
  payload={
    "lastTime":"2019-03-12 16:42:16.044",
    "utcLastTime":"2019-03-12T08:42:16.044Z",
    "clientIp":"125.119.251.149",
    "utcTime":"2019-03-12T08:42:16.050Z",
    "time":"2019-03-12 16:42:16.050",
```

```
http2-server-side-demo C:\Users\dansan\Desktop\http2-
  .idea
  src
    main
      java
        com.aliyun.iot.demo
          H2Client
      resources
  target
  http2-server-side-demo.iml
  pom.xml
External Libraries
Scratches and Consoles

21      String uid = "1357112462968683";
22      // endPoint:  https://${uid}.iot-as-http2.${region}.aliyuncs.com
23      String endPoint = "https://" + uid + ".iot-as-http2." + regionId + ".aliyuncs.com";
24
25      // 连接配置
26      Profile profile = Profile.getAccessKeyProfile(endPoint, regionId, accessKey, accessSecret);
27
28      // 构造客户端
29      MessageClient client = MessageClientFactory.messageClient(profile);
30
31      // 数据接收
32      client.connect(messageToken -> {
33          Message m = messageToken.getMessage();
34          System.out.println("receive message from " + m);

H2Client › main() › messageToken -> (...)

Run: H2Client
2019-03-12 16:40:26 [nioEventLoopGroup-2-9] INFO  c.a.o.iot.api.http2.IotHttp2Client - connection status changed, connection: b0e50ffe, status: CREATED
2019-03-12 16:40:26 [nioEventLoopGroup-2-9] INFO  c.a.o.iot.api.http2.IotHttp2Client - connection status changed, connection: b0e50ffe, status: AUTHORIZED
2019-03-12 16:42:16 [nioEventLoopGroup-2-7] INFO  c.a.o.i.a.m.impl.MessageClientImpl - receive msg, messageId:1105388524611357184, data size: 244
receive message from Message{payload={"lastTime":"2019-03-12 16:42:16.044","utcLastTime":"2019-03-12T08:42:16.044Z","clientIp":"125.119.251.149","utcTime":"2019-03-12T08:42:16.050Z","
2019-03-12 16:42:19 [nioEventLoopGroup-2-9] INFO  c.a.o.i.a.m.impl.MessageClientImpl - receive msg, messageId:1105388538108628480, data size: 45
receive message from Message{payload={"attr_name":"temperature", "attr_value":"1"}, topic='/a1E3WKj4DGg/http2/update', messageId='1105388538108628480', qos=1, generateTime=1552380139
2019-03-12 16:42:19 [nioEventLoopGroup-2-9] INFO  c.a.o.i.a.m.impl.MessageClientImpl - consume message: Message{payload={"attr_name":"temperature", "attr_value":"1"}, topic='/a1E3WKj
2019-03-12 16:42:28 [nioEventLoopGroup-2-1] INFO  c.a.o.i.a.m.impl.MessageClientImpl - receive msg, messageId:1105388575765087744, data size: 45
receive message from Message{payload={"attr_name":"temperature", "attr_value":"4"}, topic='/a1E3WKj4DGg/http2/update', messageId='1105388575765087744', qos=1, generateTime=1552380148
2019-03-12 16:42:28 [iot-message-client-receiver-2] INFO  c.a.o.i.a.m.impl.MessageClientImpl - consume message: Message{payload={"attr_name":"temperature", "attr_value":"4"}, topic=',
2019-03-12 16:42:34 [nioEventLoopGroup-2-2] INFO  c.a.o.i.a.m.impl.MessageClientImpl - receive msg, messageId:1105388601010582016, data size: 45
receive message from Message{payload={"attr_name":"temperature", "attr_value":"6"}, topic='/a1E3WKj4DGg/http2/update', messageId='1105388601010582016', qos=1, generateTime=1552380154
2019-03-12 16:42:34 [iot-message-client-receiver-3] INFO  c.a.o.i.a.m.impl.MessageClientImpl - consume message: Message{payload={"attr_name":"temperature", "attr_value":"6"}, topic=',
2019-03-12 16:42:37 [nioEventLoopGroup-2-7] INFO  c.a.o.i.a.m.impl.MessageClientImpl - receive msg, messageId:1105388613434092032, data size: 45
receive message from Message{payload={"attr_name":"temperature", "attr_value":"7"}, topic='/a1E3WKj4DGg/http2/update', messageId='1105388613434092032', qos=1, generateTime=1552380157
2019-03-12 16:42:37 [iot-message-client-receiver-4] INFO  c.a.o.i.a.m.impl.MessageClientImpl - consume message: Message{payload={"attr_name":"temperature", "attr_value":"7"}, topic=',
2019-03-12 16:42:43 [nioEventLoopGroup-2-3] INFO  c.a.o.i.a.m.impl.MessageClientImpl - receive msg, messageId:1105388638671225344, data size: 45
receive message from Message{payload={"attr_name":"temperature", "attr_value":"9"}, topic='/a1E3WKj4DGg/http2/update', messageId='1105388638671225344', qos=1, generateTime=1552380163
2019-03-12 16:42:43 [iot-message-client-receiver-5] INFO  c.a.o.i.a.m.impl.MessageClientImpl - consume message: Message{payload={"attr_name":"temperature", "attr_value":"9"}, topic=',
2019-03-12 16:42:49 [nioEventLoopGroup-2-8] INFO  c.a.o.i.a.m.impl.MessageClientImpl - receive msg, messageId:1105388663988059648, data size: 46
receive message from Message{payload={"attr_name":"temperature", "attr_value":"11"}, topic='/a1E3WKj4DGg/http2/update', messageId='1105388663988059648', qos=1, generateTime=155238016
2019-03-12 16:42:49 [iot-message-client-receiver-6] INFO  c.a.o.i.a.m.impl.MessageClientImpl - consume message: Message{payload={"attr_name":"temperature", "attr_value":"11"}, topic=
```

图7-14 查看运行日志

```
        "productKey":"a1E3WKj4DGg",
        "deviceName":"http2",
        "status":"online"
    },
    topic='/as/mqtt/status/a1E3WKj4DGg/http2',
    messageId='1105388524611357184',
    qos=0,
    generateTime=1552380136050
}
```

随后服务端接收到了设备上报的自定义消息：

```
receive message from Message{
    payload={"attr_name":"temperature", "attr_value":"1"},
    topic='/a1E3WKj4DGg/http2/update',
    messageId='1105388538108628480',
    qos=1,
    generateTime=1552380139268
}
```

至此，服务端订阅功能开发完成，设备上报到平台的数据成功通过HTTP/2通道流转到了用户服务器。

7.2 服务端调用API

7.2.1 API调用介绍

在开发物联网应用的过程中，用户服务器端可能需要操作物联网平台，例如在物联网平台上创建设备或者通过物联网平台向设备下发消息，此时便需要调用阿里云提供的云端API。

通过向API的服务端地址发送HTTPS/HTTP GET/POST请求，并按照接口说明在请求中加入相应的请求参数，便可以实现对API接口的调用。根据请求的处理情况，系统会向发起调用请求的云端返回处理结果。

GET/POST请求的结构为：http://Endpoint/?Action=xx&Parameters。各参数说明如下：

①Endpoint：调用的云服务的接入地址。在物联网平台上创建产品和设备时选择的地域不同，API的服务端接入地址也不相同。其中"华东2（上海）"为iot.cn-shanghai.aliyuncs.com。

②Action：要执行的操作，如使用Pub接口向指定Topic中发布消息。

③Parameters：请求参数，由调用每个API都需要使用的API版本号，身份验证等公共请求参数和各个API的自定义参数组成，每个参数之间用"&"分隔。

目前物联网平台提供的云端API列表可参见阿里云官网：https://help.aliyun.com/document_detail/69893.html。平台还提供了Java、PHP、Python、.NET语言版本的SDK，用户可以从阿里云官网（https://github.com/aliyun/iotx-api-demo）下载这些Demo，通过运行Demo体验API的调用。

7.2.2 Java SDK Demo使用说明

本节介绍物联网平台提供的Java 版本的云端SDK的使用方法，通过使用Java SDK，用户可以方便地调用云端API操作物联网平台。

1. 安装SDK

下载阿里云提供的Java版本的云端SDK使用Demo（https://help.aliyun.com/document_detail/30579.html）并解压，如图7-15所示。

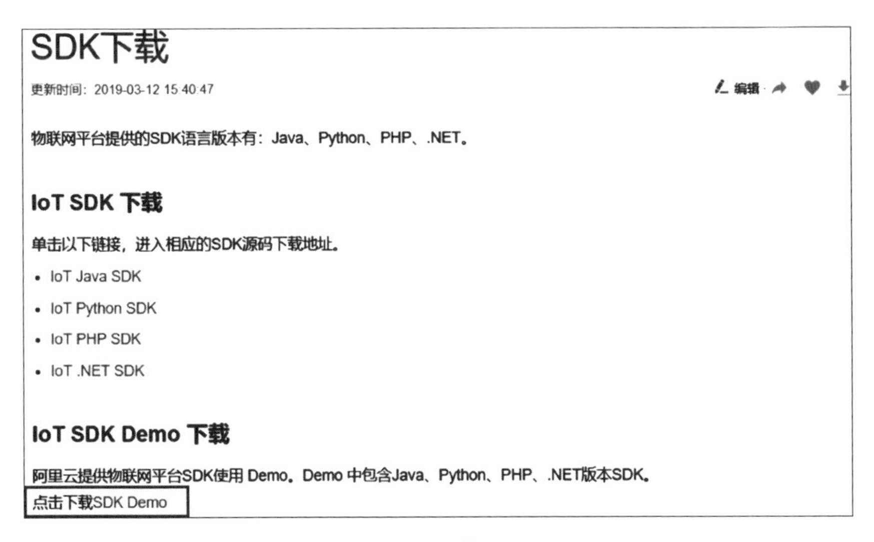

图7–15　下载Demo

打开IntelliJ IDEA软件，找到存放该Demo的目录并打开，如图7–16所示。

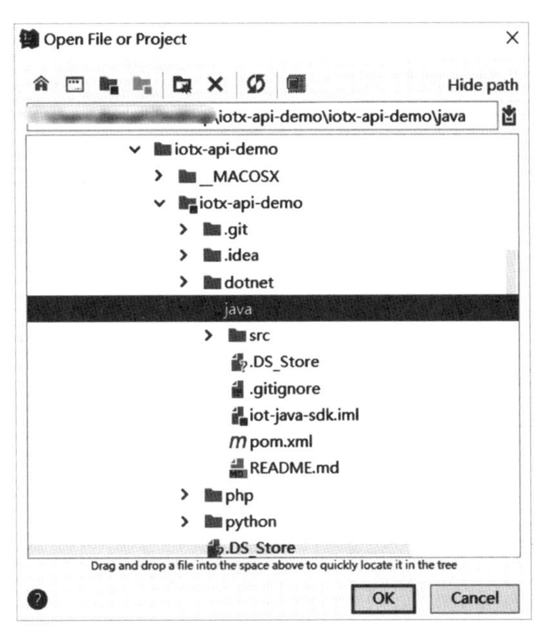

图7–16　打开Java SDK Demo

首先查看该工程下的pom.xml文件中是否包含如下maven依赖，若未包含，则手动添加依赖以安装SDK。

```
<!-- https://mvnrepository.com/artifact/com.aliyun/aliyun-java-sdk-iot -->
<dependency>
    <groupId>com.aliyun</groupId>
    <artifactId>aliyun-java-sdk-iot</artifactId>
```

```
    <version>6.7.0</version>
</dependency>

<dependency>
    <groupId>com.aliyun</groupId>
    <artifactId>aliyun-java-sdk-core</artifactId>
    <version>3.5.1</version>
</dependency>
```

2. 初始化SDK

在项目中找到src\main\java\com\aliyun\iot\client目录下的IotClient.java文件，对代码中的参数进行初始化。将文件第43~54行，即与catch配对的try后大括号内的内容（见图7-17），替换为如下内容：

```
38    public static DefaultAcsClient getClient() {
39        DefaultAcsClient client = null;
40
41        Properties prop = new Properties();
42        try {
43            prop.load(Object.class.getResourceAsStream( name: "/config.properties"));
44            accessKeyID = prop.getProperty("user.accessKeyID");
45            accessKeySecret = prop.getProperty("user.accessKeySecret");
46            regionId = prop.getProperty("iot.regionId");
47            domain = prop.getProperty("iot.domain");
48            version = prop.getProperty("iot.version");
49
50            IClientProfile profile = DefaultProfile.getProfile(regionId, accessKeyID, accessKeySecret);
51            DefaultProfile.addEndpoint(regionId, regionId, prop.getProperty("iot.productCode"),
52                    prop.getProperty("iot.domain"));
53            // 初始化client
54            client = new DefaultAcsClient(profile);
55
56        } catch (Exception e) {
57            LogUtil.print("初始化client失败！exception:" + e.getMessage());
58        }
59
60        return client;
61    }
```

图7-17　初始化SDK

```
accessKeyID="<your accessKeyID>";
accessKeySecret="<your accessKeySecret>";
regionId="cn-shanghai";
domain="iot.cn-shanghai.aliyuncs.com";
IClientProfile profile = DefaultProfile.getProfile("cn-shanghai", accessKeyID,
accessKeySecret);
DefaultProfile.addEndpoint("cn-shanghai", "cn-shanghai", "Iot", "iot.cn-shanghai.
aliyuncs.com");
// 初始化client
client = new DefaultAcsClient(profile);
```

其中，accessKeyID和accessKeySecret可以从控制台上获取（https://ak-console.aliyun.com/#/accesskey）。getProfile函数的第一个参数为“regionId”。addEndpoint函数的四个参数依次为“endpointName”“regionId”“product”和“domain”，对于创建在“华东2（上海）”地域的设备，对应的regionId和endpointName为“cn-shanghai”，服务地址domain为“iot.cn-shanghai.aliyuncs.com”，参数product可设置为“Iot”。

3. 发起调用

完成SDK的安装和初始化之后，项目便可成功运行。在src\main\java\com\aliyun\iot\api\common\openApi目录下找到Test.java文件，打开便可以看到许多已经封装好的接口函数，如负责创建产品的函数，注册设备的函数等，如图7-18所示。

```
129    /**
130     * 创建产品
131     *
132     * @param productName 产品名称
133     * @param productDesc 产品描述 可空
134     * @return 产品的PK
135     */
136    public static String createProductTest(String productName, String productDesc) {
137        CreateProductRequest request = new CreateProductRequest();
138        request.setName(productName);
139        request.setDesc(productDesc);
140        CreateProductResponse response = (CreateProductResponse)executeTest(request);
141        if (response != null && response.getSuccess() != false) {
142            LogUtil.print("创建产品成功！productKey:" + response.getProductInfo().getProductKey());
143            return response.getProductInfo().getProductKey();
144        } else {
145            LogUtil.error( msg: "创建产品失败！requestId:" + response.getRequestId() + "原因:" + response.getErrorMessage());
146        }
147        return null;
148    }
149
150    /**
151     * 修改产品
152     *
153     * @param productKey 产品PK 必需
154     * @param productName 产品名称 非必需
155     * @param productDesc 产品描述 非必需
156     */
157    public static void updateProductTest(String productKey, String productName, String productDesc) {
158        UpdateProductRequest request = new UpdateProductRequest();
159        request.setProductKey(productKey);
160        request.setProductName(productName);
161        request.setProductDesc(productDesc);
162        UpdateProductResponse response = (UpdateProductResponse)executeTest(request);
163        if (response != null && response.getSuccess() != false) {
164            LogUtil.print("修改产品成功！");
```

图7-18　SDK中已封装好的功能函数

以创建产品为例，如果用户不使用阿里云提供的SDK，自行调用阿里云提供的CreateProduct接口也可实现产品的新建。调用过程中需要加入的请求参数如表7-1所示。

表7-1　创建产品的请求参数

名称	类型	是否必需	描述
Action	String	是	要执行的操作，取值：CreateProduct
ProductName	String	是	为新建产品命名，产品名要在当前账号下保持唯一
NodeType	Integer	是	产品的节点类型，取值： 0：设备； 1：网关

续 表

名称	类型	是否必需	描述
AliyunCommodityCode	String	否	产品版本类型，可选值： iothub_senior：高级版； iothub：基础版； 若不传入此参数，则默认为基础版 注意：前面曾提到物联网平台的基础版和高级版已经统一，如果仍想创建之前基础版模板的产品，可以通过API创建；但该方法只是暂时开放，不推荐
DataFormat	Integer	是	产品版本类型选择为iothub_senior的产品数据格式； 此参数为高级版产品的特有参数，并且是创建高级版产品的必需参数，可选值： 0：透传/自定义格式（CUSTOM_FORMAT）； 1：Alink协议（ALINK_FORMAT）
Description	String	否	为新建产品添加描述信息，描述信息应在100字符以内
Id2	Boolean	否	是否使用ID^2认证，可选值： true：开通ID^2认证； false：不开通ID^2认证 不传入此参数，则默认为不开通
ProtocolType	String	否	设备接入网关的协议类型； 此参数为创建高级版产品，且产品节点类型为要接入网关的设备时的特有参数，可选值： modbus：Modbus协议； opc-ua：OPC UA协议； customize：自定义协议； ble：BLE协议； zigbee:ZigBee协议
NetType	String	否	联网方式； 此参数为创建高级版产品，产品节点类型为网关或不接入网关的设备时的特有参数，可选值： WIFI:Wi-Fi； CELLULAR：蜂窝网； ETHERNET：以太网； OTHER：其他 若不传入此参数，则默认为Wi-Fi
公共请求参数	-	是	公共请求参数，如签名信息、API版本号等
Desc	String	否	产品描述

如果使用阿里云提供的SDK，创建产品操作实现起来就简单得多。在Test.java下的main函数中写入如下语句：

```
createProductTest("Java_SDK_Demo","服务端sdk创建");
```

将main函数中的其他语句注释掉，运行项目，如图7-19所示。

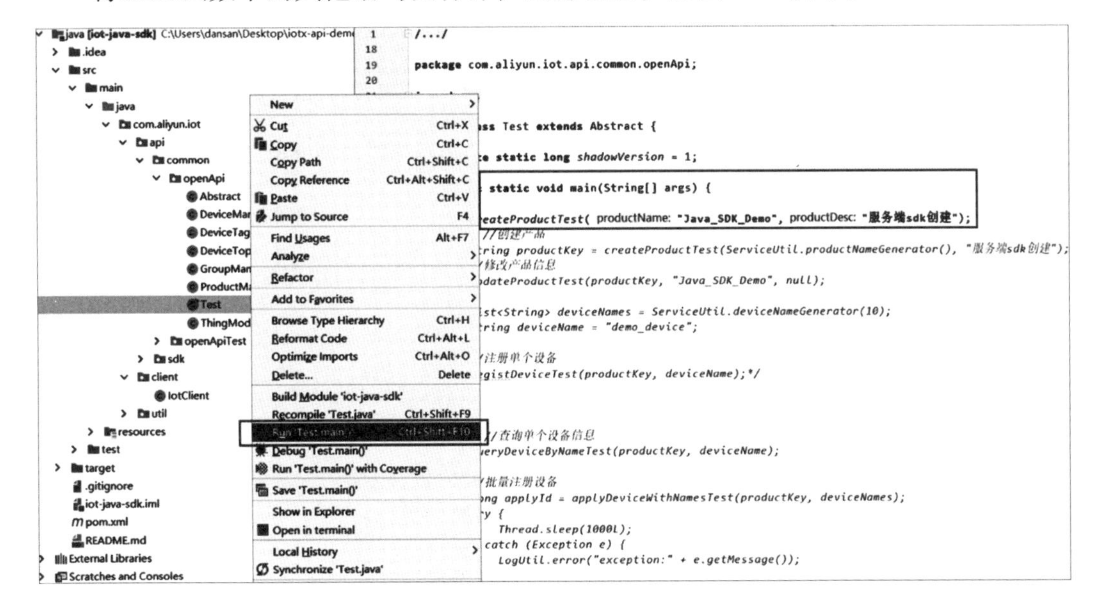

图7-19 运行项目

运行结果如图7-20所示。

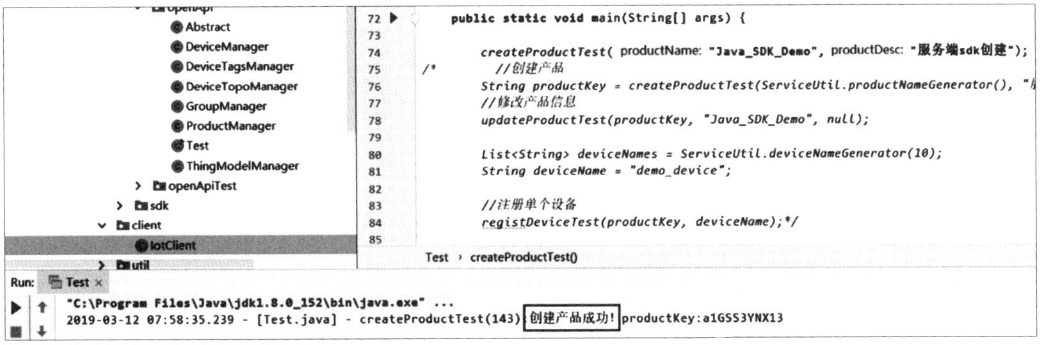

```
72  public static void main(String[] args) {
73
74      createProductTest( productName: "Java_SDK_Demo", productDesc: "服务端sdk创建");
75  /*      //创建产品
76      String productKey = createProductTest(ServiceUtil.productNameGenerator(), "
77      //修改产品信息
78      updateProductTest(productKey, "Java_SDK_Demo", null);
79
80      List<String> deviceNames = ServiceUtil.deviceNameGenerator(10);
81      String deviceName = "demo_device";
82
83      //注册单个设备
84      registDeviceTest(productKey, deviceName);*/
85

Run: Test
"C:\Program Files\Java\jdk1.8.0_152\bin\java.exe" ...
2019-03-12 07:58:35.239 - [Test.java] - createProductTest(143):创建产品成功!productKey:a1GSS3YNX13
```

图7-20 运行日志

同时，登录物联网平台控制台，进入设备管理下的产品页面可以看到刚刚新创建的产品“Java_SDK_Demo”，如图7-21所示，可见产品创建成功。

本节仅以创建产品这一个接口为例介绍了阿里云提供的Java版本云端SDK的使用方法，其他接口的使用方法类似，读者可以自行尝试。

图7-21　运行结果

本章小结

本章通过两个Demo例程，详细介绍了用户服务器端获取设备发布到物联网平台上的数据以及操作物联网平台的开发流程与方法，为读者开发个性化的物联网应用打下基础。

第8章　物联网平台综合开发实践

经过前面各章节的学习，相信读者已经掌握了物联网平台各个组件的功能和使用方法。本章将综合物联网平台的各个组件功能，同时结合阿里云的其他云产品完成3个数据流转实验，让读者体验从设备上报数据到物联网平台再到云端计算/存储产品的流程实现。

8.1　温湿度计上报数据到钉钉群机器人

8.1.1　实验内容与软硬件准备

本节实验将带有温湿度传感器的AIoTKIT开发板通过MQTT协议连接到物联网平台，并通过规则引擎模块，将设备上报的温湿度数据转发到函数计算中，由编写好的函数Node.js脚本进行处理，并推送到配置了温湿度机器人的钉钉群组。整个流程如图8-1所示。

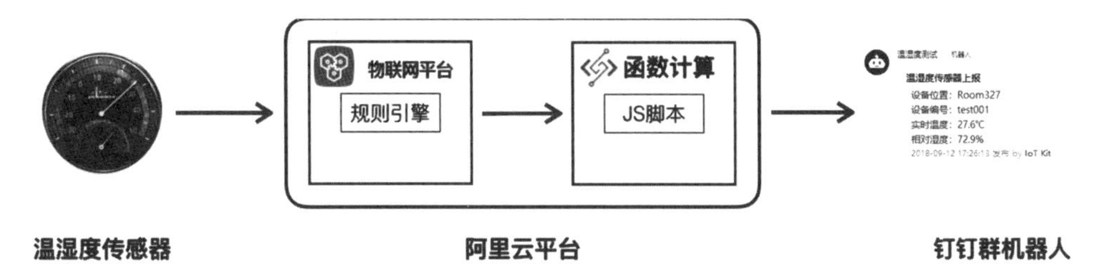

图8-1　温湿度传感流程

需要准备的软硬件如下：

- AIoTKIT开发板一块；
- 带有Windows操作系统的PC机；
- Micro USB连接线；
- 安装alios-studio插件的Visual Studio Code；
- AliOS Things 1.3.3版本；
- ST-Link驱动程序；
- 开通阿里云物联网平台服务；
- 开通函数计算服务。

8.1.2 实验步骤

1. 钉钉群机器人配置

群机器人是钉钉的一项高级扩展功能，借助群机器人，用户可以将来自第三方服务的信息聚合到群聊中，实现信息的自动化同步，例如通过聚合GitHub源码管理服务，实现源码更新的同步通知。

登录钉钉电脑版，点击右上角账户右侧的下拉按钮，然后点击“机器人管理”，如图8-2所示。

图8-2 管理钉钉群机器人

选择“自定义”机器人，如图8-3所示，按照提示输入机器人名字，选择好待添加的群组后，记录下生成的webhook地址，如图8-4所示，其中包含了访问钉钉群机器人必需的accessToken（webhook链接末尾包含access_token=xxxxxx），该信息非常重要。

图8-3 选择“自定义”机器人

图8-4 添加机器人

2. 函数计算脚本编写

（1）新建服务与函数

开通阿里云函数计算服务后，登录函数计算控制台（https://fc.console.aliyun.com/overview），选择“华东2（上海）”区域，进入“服务-函数”页面，点击“新建函数”右侧的下拉符号，选择“新建服务”，如图8-5所示。新建一个名为IoT_Service的服务，如图8-6所示。服务是资源管理的基本单位，用户可以在服务上执行授权、创建函数等操作。

图8-5 新建服务

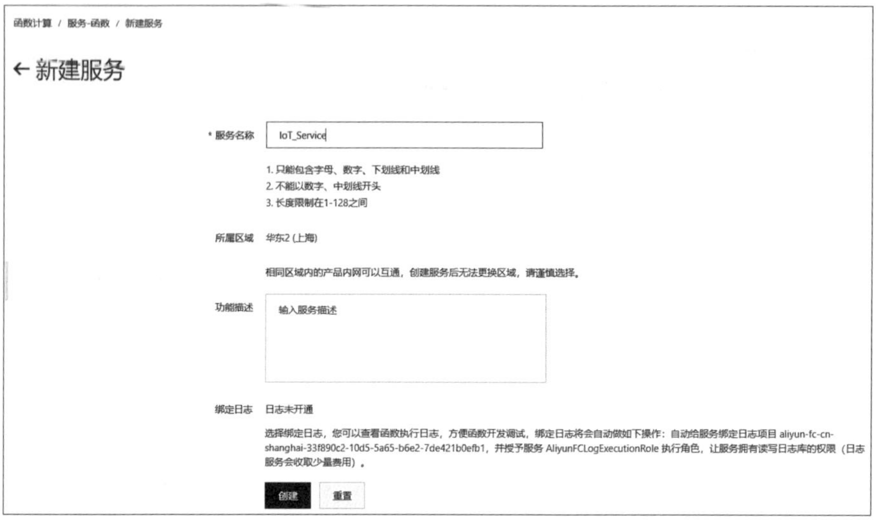

函数计算 / 服务-函数 / 新建服务

← 新建服务

* 服务名称 IoT_Service

1. 只能包含字母、数字、下划线和中划线
2. 不能以数字、中划线开头
3. 长度限制在1-128之间

所属区域 华东2 (上海)

相同区域内的产品内网可以互通，创建服务后无法更换区域，请谨慎选择。

功能描述 输入服务描述

绑定日志 日志未开通

选择绑定日志，您可以查看函数执行日志，方便函数开发调试，绑定日志将会自动做如下操作：自动给服务绑定日志项目 aliyun-fc-cn-shanghai-33f890c2-10d5-5a65-b6e2-7de421b0efb1，并授予服务 AliyunFCLogExecutionRole 执行角色，让服务拥有读写日志库的权限（日志服务会收取少量费用）。

创建 重置

图8-6 指定服务名称

服务新建成功后，同样在“服务-函数”页面，点击“新建函数”，如图8-7所示。函数是由用户编写的，由事件触发，执行特定功能的一段代码，是调度和运行的基本单位。新建函数时，选择创建方式为“事件函数”，即创建空白函数，如图8-8所示。首先确认当前函数所在的服务为刚才所创建的“IoT_Service”，如图8-9所示。然后，将函数命名为pushData2DingTalk，运行环境选择为nodejs6，如图8-10所示。函数入口默认为index.handler，即函数计算会去加载index.js文件中定义的handler函数，函数内存、超时时间和单实例并发度也使用默认值，如图8-11所示。全部设置完成后，点击“完成”即可。此时，在“服务-函数”页面的“函数列表”下，即可查看刚才所创建的函数，如图8-12所示。

图8-7 新建函数

图8-8 选择函数创建方式

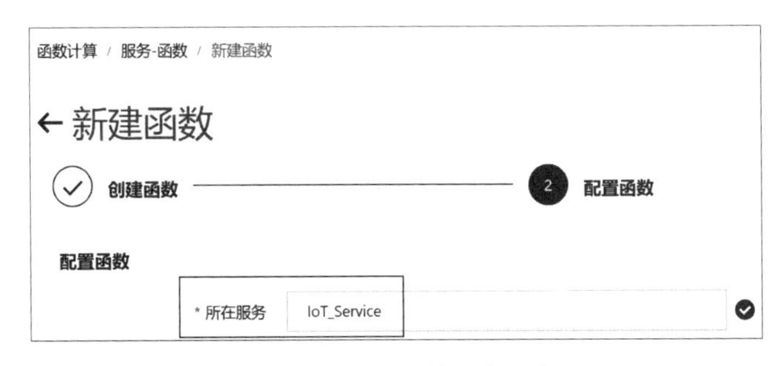

图8-9 确认函数所在服务

图8-10 函数配置1

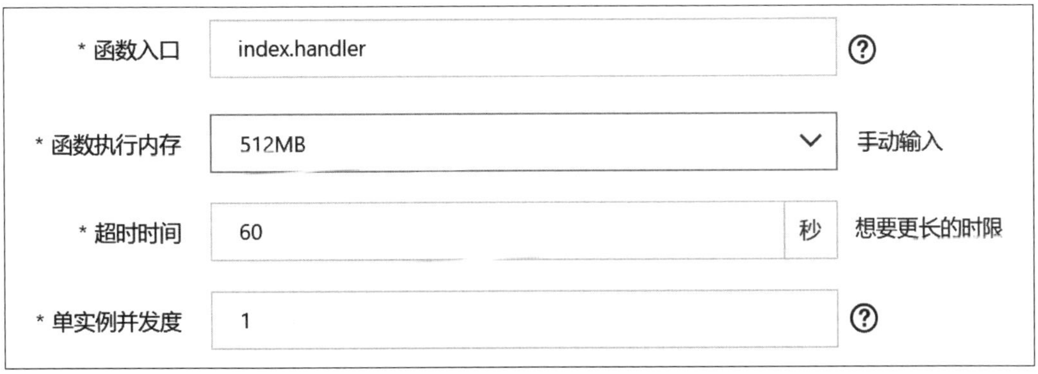

* 函数入口 index.handler

* 函数执行内存 512MB 手动输入

* 超时时间 60 秒 想要更长的时限

* 单实例并发度 1

图8-11 函数配置2

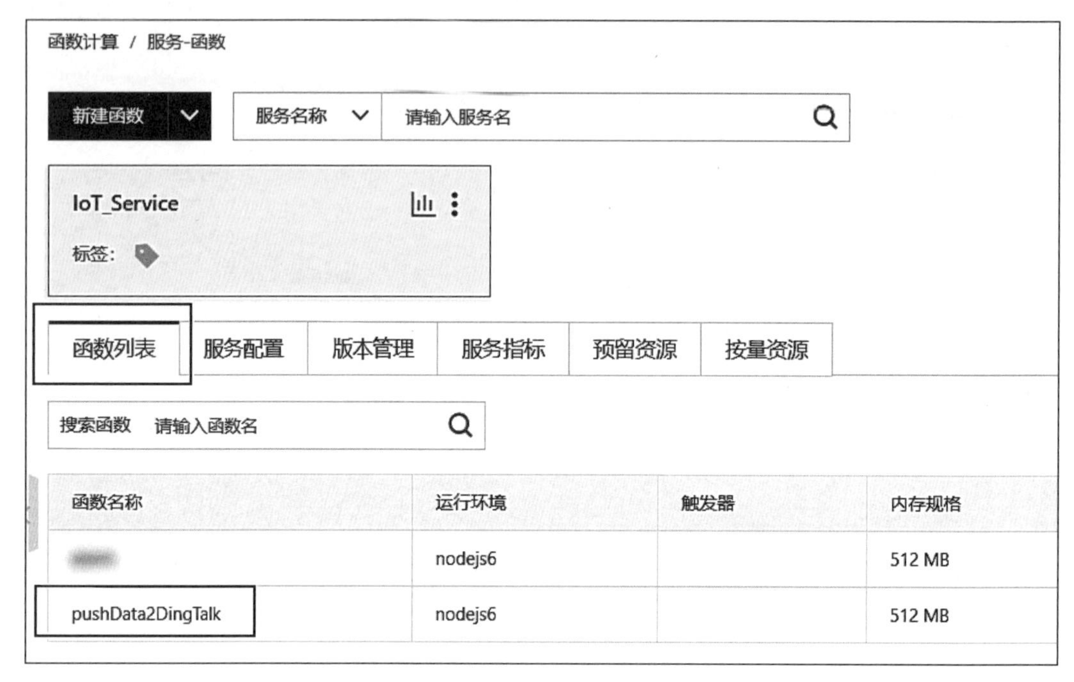

图8-12　函数创建成功

（2）编写函数脚本

该函数需要将从上游物联网平台获取的设备位置信息、设备编号信息、实时温度信息、相对湿度信息和上报时间信息，依据钉钉消息格式进行组装，并用HTTPS模块将数据发布到钉钉群机器人的webhook接口。

有关钉钉消息格式的详细信息可参见钉钉官网提供的文档：https://open-doc.dingtalk.com/docs/doc.htm?treeId=172&articleId=104972&docType=1。

该实验中函数pushData2DingTalk完整脚本如下：

```
const https = require('https');
const accessToken = '此处填写钉钉机器人webhook的accessToken';
module.exports.handler = function(event, context, callback) {
  var eventJson = JSON.parse(event.toString());
  /* 钉钉消息格式 */
  const postData = JSON.stringify({
    "msgtype": "markdown",
    "markdown": {
      "title": "温湿度传感器",
      "text": "#### 温湿度传感器上报\n" +
        "> 设备位置：" + eventJson.tag + "\n\n" +
```

```
            "> 设备编号：" + eventJson.isn+ "\n\n" +
            "> 实时温度：" + eventJson.temperature + "℃ \n\n" +
            "> 相对湿度：" + eventJson.humidity + "%\n\n" +
            "> ###### " + eventJson.time + " 发布  by [IoT Kit](https://www.aliyun.com/
                                                            product/iot) \n"
        },
        "at": {
            "isAtAll": false
        }
    });
    const options = {
        hostname: 'oapi.dingtalk.com',
        port: 443,
        path: '/robot/send?access_token=' + accessToken,
        method: 'POST',
        headers: {
            'Content-Type': 'application/json',
            'Content-Length': Buffer.byteLength(postData)
        }
    };
    const req = https.request(options, (res) => {
        res.setEncoding('utf8');
        res.on('data', (chunk) => {});
        res.on('end', () => {
            callback(null, 'success');
        });
    });
    /*异常返回*/
    req.on('error', (e) => {
        callback(e);
    });
    /*写入数据*/
    req.write(postData);
    req.end();
};
```

3. 物联网平台配置

（1）创建产品和设备

登录物联网平台控制台，创建产品“温湿度测试”，并在该产品下新建“test”设备，如图8–13所示。

设备管理 › 设备详情
test 离线
产品：温湿度测试 查看
ProductKey：a1Q9PP17SGy 复制
设备信息
Topic列表
设备影子
日志服务
设备信息
产品名称
温湿度测试
ProductKey
a1Q9PP17SGy 复制
节点类型
设备
DeviceName
test 复制
当前状态
离线
IP地址
223.104.247.157
添加时间
2018/08/06 13:20:56
激活时间
2018/08/07 12:32:41
实时延迟
测试

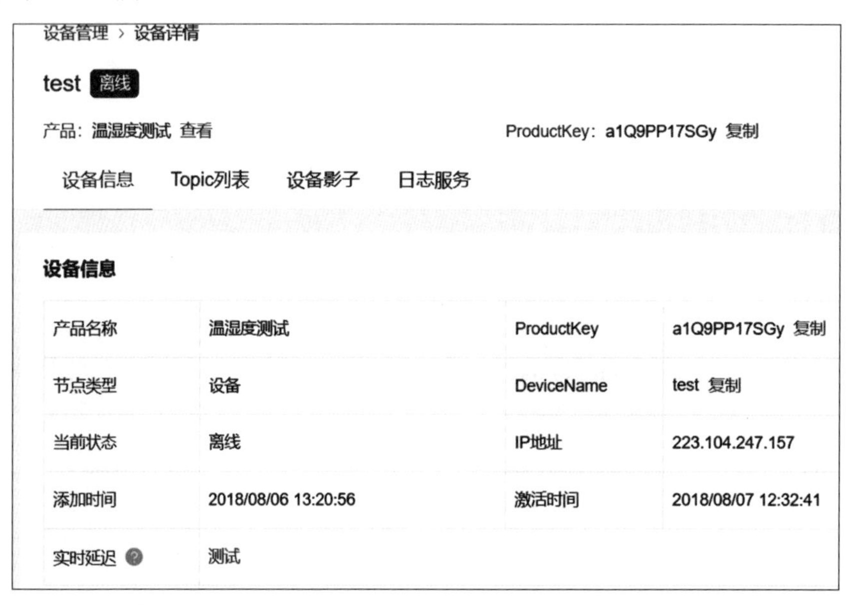

图8–13　创建产品和设备

然后为该设备添加设备标签，如图8–14所示，在设备详情页面下的标签信息栏处添加如表8–1所示的两个设备属性。

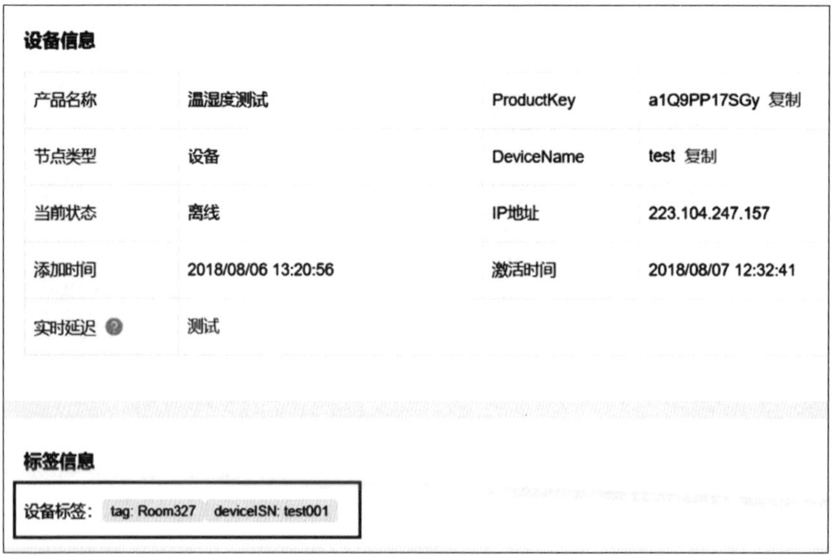
设备信息
产品名称
温湿度测试
ProductKey
a1Q9PP17SGy 复制
节点类型
设备
DeviceName
test 复制
当前状态
离线
IP地址
223.104.247.157
添加时间
2018/08/06 13:20:56
激活时间
2018/08/07 12:32:41
实时延迟
测试
标签信息
设备标签：
tag: Room327
deviceISN: test001

图8–14　添加设备标签

表8-1 设备属性

属性	属性值	描述
tag	Room327	设备所在位置
deviceISN	test001	设备序列号

（2）设置规则引擎

设备连接到物联网平台后，会通过update Topic向平台上报温湿度数据。观察函数计算的脚本可见，钉钉群机器人上报的消息内容包括实时温度和相对湿度数据，还包括设备位置、设备编号和时间信息。因此在设置规则引擎时，需要提取出温度值temperature信息和湿度值humidity信息，需要从设备的自定义属性中获取标签tag和设备序列号deviceISN信息，还需要利用规则引擎支持的函数获取时间信息。

经过以上分析，在物联网平台控制台上新建一条规则，其中处理数据的完整SQL语句如下：

```
SELECT attribute('tag') as tag, attribute('deviceISN') as isn, state.reported.temperature,
state.reported.humidity, timestamp('yyyy-MM-dd HH:mm:ss') as time FROM "
/${ProductKey}/+/update"
```

注意：此处提取温湿度字段的语句结构“state.reported.temperature, state.reported.humidity”取决于设备上报的消息格式，并非平台规定的固定格式。

配置完数据处理操作后，为了触发后续的函数计算和钉钉群机器人，还需要将经过处理的数据转发到“函数计算”中去。因此接下来为转发数据添加操作，选择“发送数据到函数计算（FC）中”，选择刚刚创建的IoT_Service服务和pushData2DingTalk函数，并授权物联网平台操作函数的权限，如图8-15所示。规则设置完毕后，启动规则。

4. 设备端开发

在本实验中我们使用AIoTKIT开发板上自带的温湿度传感器采集环境温湿度信息，并通过MQTT协议将采集到的温湿度信息上传到物联网平台。

（1）新建项目工程

首先打开Visual Studio Code，点击“文件”→“打开文件夹”（或者直接按下快捷键Ctrl+O），打开下载的示例程序。

点击工程界面左下角，选择此次的例程为humi_temp_app例程，开发板选择为AIoTKIT开发板。

（2）主要代码讲解

在本次实验中，设备端要完成的功能较为简单。只需要定时读取温湿度传感器

图8-15　转发数据

的温湿度信息，并按照指定格式将温湿度信息拼合起来，并上传到云端即可。

应用于本次实验的App和4.6节“基于Topic的实验”中用到的App代码内容相同，所以代码部分在这里不再赘述，详情可以参考4.6节。

（3）修改设备相关参数

打开该工程framework\protocol\linkkit\iotkit\sdk-encap\imports目录下的iot_import_product.h文件，将其中设备相关信息修改为在物联网平台创建的test设备对应的PRODUCT_KEY、DEVICE_NAME和DEVICE_SECRET信息。具体参数修改如图8-16所示。

```
#elif  MQTT_TEST
#define PRODUCT_KEY              "yfTuLfBJTiL"
#define DEVICE_NAME              "TestDeviceForDemo"
#define DEVICE_SECRET            "fSCl9Ns5YPnYN8Ocg0VEel1kXFnRlV6c"
#define PRODUCT_SECRET           ""
```

图8-16　修改设备的三元组信息

（4）项目编译下载

工程编译与下载的方式与3.2节“AIoTKIT设备接入物联网平台”相同，详情可参考3.2节，此处不再赘述。

8.1.3 实验结果

设备运行代码连接到物联网平台后，开始上报数据。上报的数据格式如下：

```
{
  "state":{
    "reported":{
      "temperature":%.1f,
      "humidity":%.1f
    }
  }
}
```

此时便可以在之前配置好机器人的钉钉群组中看到如图8-17所示的由“温湿度测试”机器人推送的温湿度消息。

图8-17 钉钉群机器人消息

8.2 温湿度计上报消息并存储到表格存储

8.2.1 实验内容与软硬件准备

本节和下一节实验内容的设备端开发部分与8.1节“温湿度计上报数据到钉钉群机器人”中的设备端开发部分相同，不同之处在于平台上规则引擎的转发操作和后续的计算存储操作。与上一节将设备上报的数据转发到函数计算不同，本节实验将借助阿里云的表格存储产品，将设备上报到平台的温湿度数据流转到表格存储中去。需要准备的软硬件如下：

- AIoTKIT开发板一块；
- 带有Windows操作系统的PC机；
- Micro USB连接线；

- 安装alios-studio插件的Visual Studio Code；
- AliOS Things 1.3.3版本；
- ST-Link驱动程序；
- 开通阿里云物联网平台服务；
- 开通表格存储服务。

8.2.2 实验步骤

1. 创建实例和数据表

开通表格存储产品后，进入表格存储控制台（https://ots.console.aliyun.com）。选择“华东2（上海）”区域后，点击页面右上角的“创建实例”按钮，填写实例信息后点击“确定”，如图8-18所示。

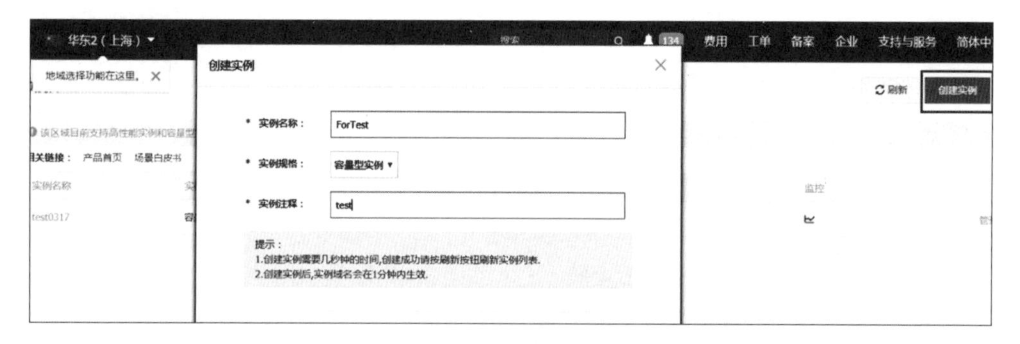

图8-18 创建实例

创建成功后等待几秒并刷新页面，此时新建的实例就会出现在列表中，如图8-19所示。

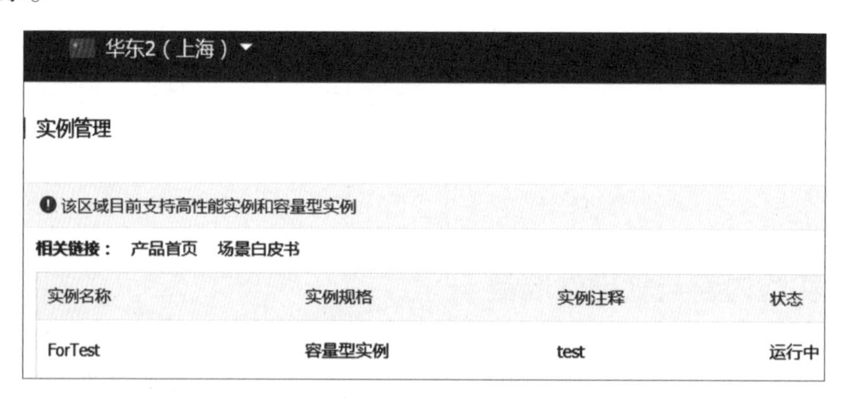

图8-19 实例管理

接着在实例下创建数据表，点击实例右侧的“管理”按钮，进入实例详情页面，点击页面右上角的“创建数据表”，填写数据表信息后点击“确定”，如图8-20所示。注意：数据表名称必须保证在实例中唯一，每个表最多设置4个主键。在选择主键类型时也需要特别注意，如果设备端上报的温湿度数据为小数，那么主键类型不能选择为“整型”，而应该选择为“字符串”类型，否则设备上报的数据将无法成功存入。

数据表创建成功后，将显示在数据表列表栏中，如图8-21所示。

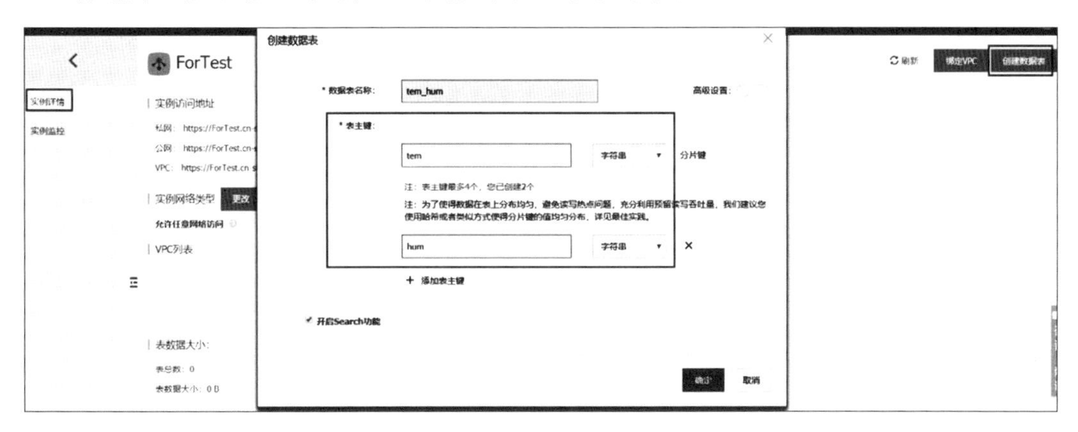

图8-20　创建数据表

图8-21　数据表列表

2. 物联网平台配置

登录物联网平台控制台，在“华东2（上海）”地域下创建产品Table_TEST，并在该产品下添加test设备，如图8-22所示。

图8-22　创建产品和设备

产品和设备创建完成后，进入规则引擎页面，创建一条新规则并编写处理数据的SQL语句。由于设备上报到物联网平台的数据格式与8.1节中设备上报的数据格式完全相同，因此此处编写的完整SQL语句与之前类似，具体语句为：

```
SELECT state.reported.temperature, state.reported.humidity,timestamp('yyyy-MM-dd HH:mm:ss') as time FROM "/${ProductKey}/+/update"
```

然后，配置数据流转到刚刚在华东2区域下创建的数据表中。当用户选择好地域、实例和数据表之后，控制台会自动读出该数据表的主键，用户只需要配置主键的值即可，同时还必须授权物联网平台对数据表进行写数据，如图8-23所示。配置完毕后启动规则即可。

图8-23　配置数据转发

8.2.3 实验结果

按照8.1节中的设备端开发步骤，让AIoTKIT开发板运行humi_temp_app例程。当设备携带Table_TEST产品下test设备的三元组信息接入物联网平台并开始向update Topic上报消息后，便可以在表格存储控制台上查看消息，点击所创建的数据表右侧的“数据管理”按钮进入数据管理页面，如图8-24所示。

图8-24　管理数据

可以看到随着设备不断地上报温湿度数据，表格中的数据行增加。通过观察发现，表格数据除了主键tem和hum两列，还包括一列time，如图8-25所示。这是因为经过规则引擎SQL语句处理后的消息中不仅包含了tem和hum字段，还包含了time字段，表格存储的NoSQL特性使得time字段也被成功插入了数据表中。

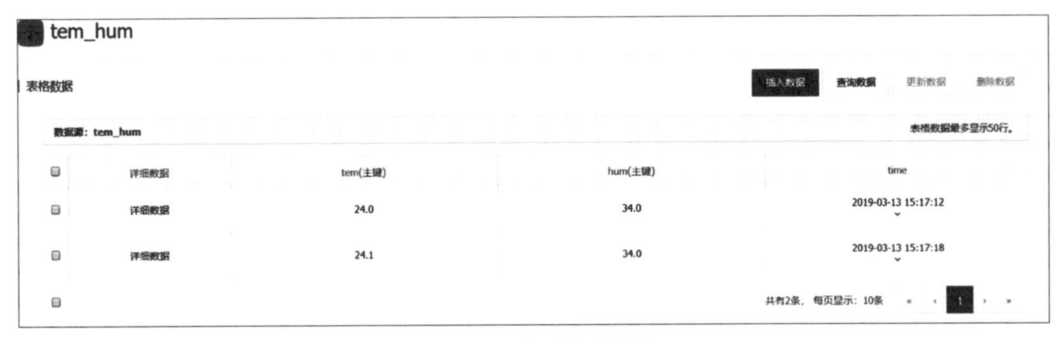

图8-25　查看表格数据

8.3　温湿度计上报消息到用户服务器

8.3.1　实验内容与软硬件准备

不同于上两节中将设备上报的数据转发到函数计算和表格存储，本节实验将借助阿里云的消息队列MQ产品，采用“设备—物联网平台—MQ消息队列—用户服务器”的架构方式，将设备上报到平台的数据流转到用户自己的服务器上去，便于用户后续的应用开发。同时，此方式还可以借助消息队列削峰填谷的能力来缓冲消息，使用户服务器可以根据自身能力来消费队列中的海量消息，减轻服务器同时接收大量设备消息的压力。需要准备的软硬件如下：

- AIoTKIT开发板　块；
- 带有Windows操作系统的PC机；
- Micro USB连接线；
- 安装alios-studio插件的Visual Studio Code ；
- AliOS Things 1.3.3版本；
- ST-Link驱动程序；

- 开通阿里云物联网平台服务；
- 开通消息队列服务；
- 配置好JDK的IntelliJ IDEA。

8.3.2 实验步骤

1. 消息队列配置

开通消息队列产品后，进入消息队列控制台（https://ons.console.aliyun.com）创建实验所需的实例、消息主题Topic、客户端ID（Group ID）等消息队列资源。注意：区域选择为“公网”，否则消息队列服务将不能从本地（非阿里云ECS服务器）访问。

点击左侧导航栏中的“实例管理”，点击右上角的“创建实例”按钮，按照页面提示输入参数后点击“确定”即可，如图8-26所示。实例是用于消息队列MQ服务的虚拟机资源，会存储消息主题Topic和客户端ID（Group ID）信息。

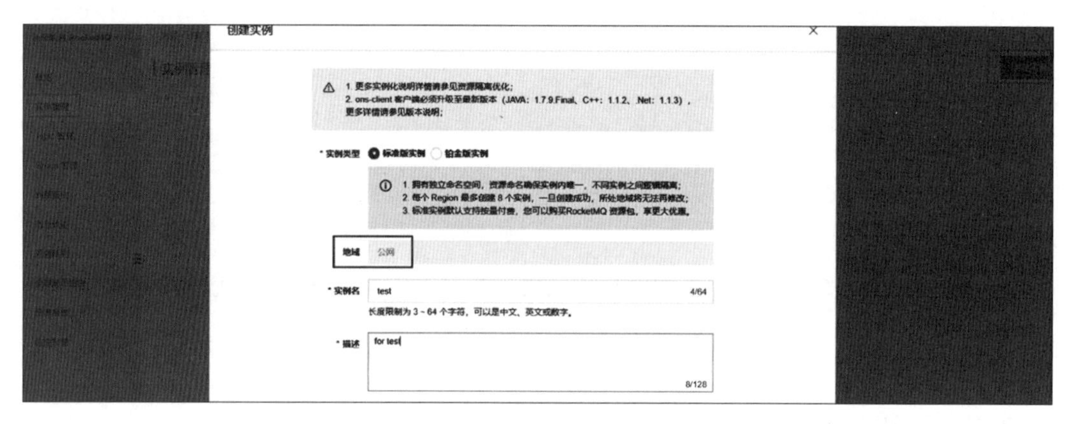

图8-26 创建实例

接着点击左侧导航栏中的“Topic管理”，在Topic管理页面上方选择刚刚创建的实例，然后点击右侧的“创建Topic”按钮，按照页面提示输入参数即可，如图8-27所示。消息主题Topic是消息队列MQ中对消息进行的一级归类，消息生产者将消息发送到某个指定的Topic中，消息消费者通过订阅指定的Topic来获取和消费消息。

其中各参数说明如下：

（1）Topic：代表Topic名称，需要保证在实例中唯一。

（2）消息类型：该Topic对应的消息类型，即用该Topic收发何种类型的消息，包括五种类型。

①普通消息：无特性的消息，区分于事物消息、定时/延时消息和顺序消息。

②事务消息：提供类似X/Open XA的分布事务功能，能达到分布式事务的最终一致。

图8-27　创建消息主题Topic

③定时/延时消息：可以指定消息延迟投递，即在未来的某个特定时间点或一段特定的时间后投递。

④分区顺序消息：消息根据sharding key进行分区，提供整体并发度与使用性能。同一个分区的消息严格按照先进先出（FIFO）的顺序进行生产和消费。

⑤全局顺序消息：所有消息严格按照FIFO的顺序进行生产和消费。

创建完实例和Topic之后，还需要为消息的消费者，在本实验中即用户的服务器创建客户端ID（Group ID）。Group ID是消息消费者的标识，只有具有对应的Group ID后，用户服务器才能够消费消息队列中的消息。点击左侧导航栏中的"Group管理"，在Group管理页面上方选择刚刚创建的实例，然后点击右侧的"创建Group ID"按钮，按照页面提示输入参数即可，如图8-28所示。注意：Group ID必须保证在实例内唯一。

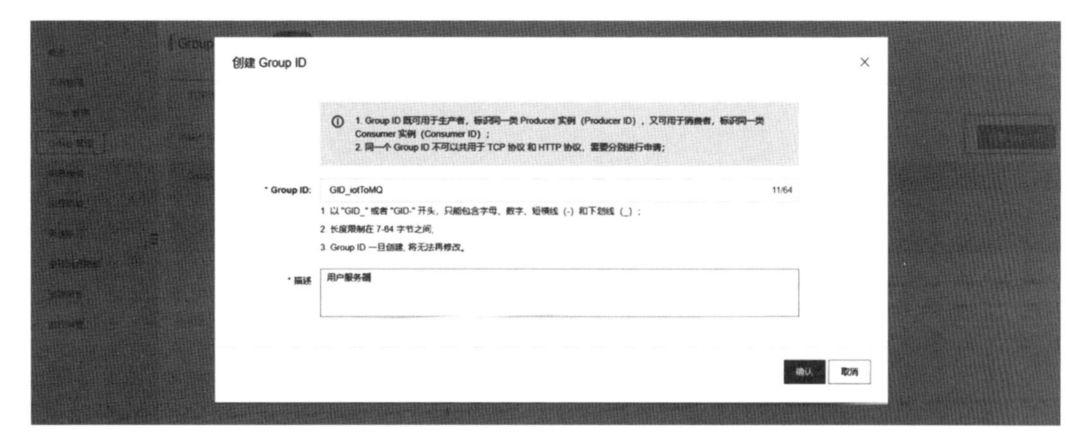

图8-28　创建Group ID

2. 物联网平台配置

登录物联网平台控制台，在“华东2（上海）”区域下创建产品MQ_TEST，并在该产品下添加test设备，如图8-29所示。

图8-29　创建产品和设备

产品和设备创建完成后，进入规则引擎页面创建一条新规则并编写处理数据的SQL语句。由于设备上报到物联网平台的数据格式与8.1节中设备上报的数据格式完全相同，因此此处编写的完整SQL语句与之前类似，具体如下：

```
SELECT state.reported.temperature, state.reported.humidity FROM "/${ProductKey}/+/
update"
```

然后，配置数据流转到刚刚在公网区域下创建的消息主题Topic中。选择好地域、实例和Topic之后，授权物联网平台向消息队列中写数据，如图8-30所示。配置完毕后启动规则即可。

3. MQ Demo配置

下载阿里云提供的Java版本的消息队列Demo工程（https://help.aliyun.com/document_detail/44711.html）并解压，如图8-31所示。

打开IntelliJ IDEA软件，找到存放该Demo的目录并打开，如图8-32所示。

在项目中找到src\main\java\com\aliyun\openservices\tcp\example\consumer目录，在该目录下新建一个类ConsumerTest，如图8-33、图8-34所示。

在ConsumerTest.java文件中写入如下内容，然后按照说明对代码中的参数进行初始化。

选择操作:

发送数据到消息队列(Message Queue)中

该操作将数据插入到消息队列(Message Queue) 中, 详情请参考文档

* 地域:

公网

* 实例:

test 创建实例

* Topic:

IoT_To_MQ 创建Topic

Tag:

请输入tag值

* 授权:

AliyunIOTAccessingMQRole 创建RAM角色

图 8–30 配置数据转发

图 8–31 下载 Demo

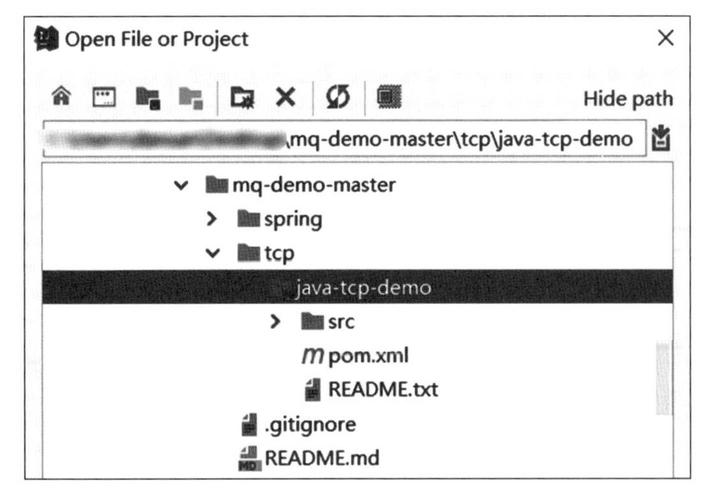

图 8–32 打开消息队列 Demo

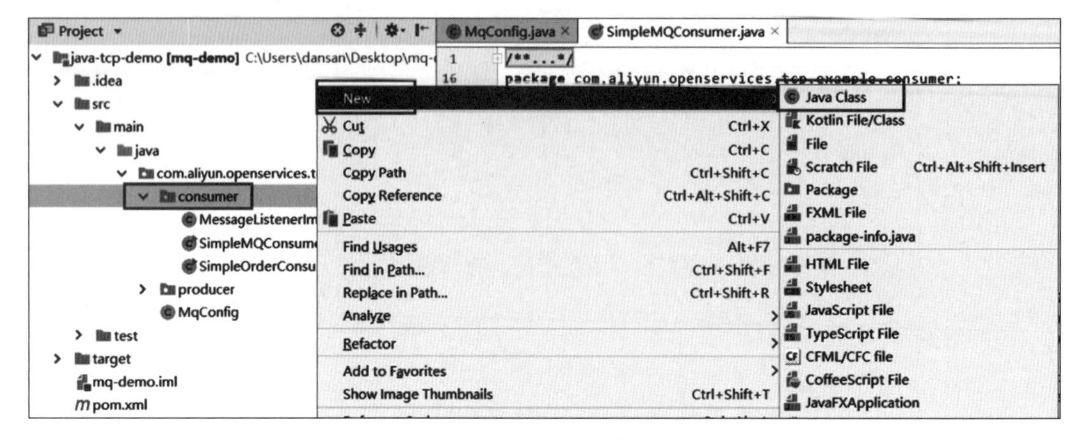

图8-33　新建类

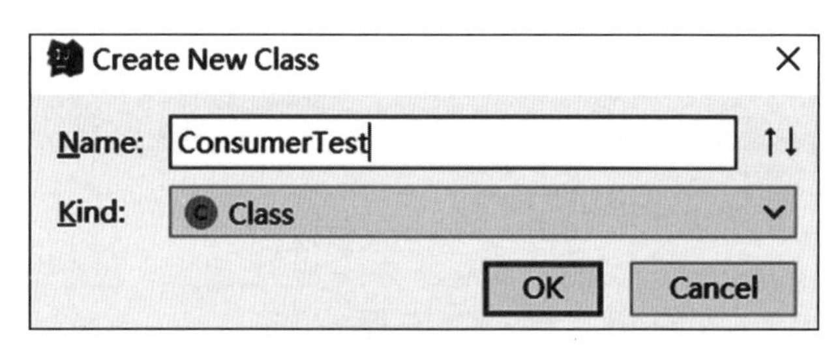

图8-34　新建类ConsumerTest

```
package com.aliyun.openservices.tcp.example.consumer;
import com.aliyun.openservices.ons.api.Action;
import com.aliyun.openservices.ons.api.ConsumeContext;
import com.aliyun.openservices.ons.api.Consumer;
import com.aliyun.openservices.ons.api.Message;
import com.aliyun.openservices.ons.api.MessageListener;
import com.aliyun.openservices.ons.api.ONSFactory;
import com.aliyun.openservices.ons.api.PropertyKeyConst;
import java.util.Properties;
public class ConsumerTest {
    public static void main(String[] args) {
        Properties properties = new Properties();
        /*在控制台创建的 Group ID*/
        properties.put(PropertyKeyConst.GROUP_ID, "XXX");
        /* 鉴权用 AccessKey */
        properties.put(PropertyKeyConst.AccessKey, "XXX");
        /* 鉴权用 SecretKey */
```

```
        properties.put(PropertyKeyConst.SecretKey, "XXX");
        /* 设置 TCP 接入域名 */
        properties.put(PropertyKeyConst.NAMESRV_ADDR, "XXX");
        Consumer consumer = ONSFactory.createConsumer(properties);
        /* 设置订阅的Topic，“*”代表消息tag可为任意 */
        consumer.subscribe("XXX", "*", new MessageListener() {
            public Action consume(Message message, ConsumeContext context) {
                System.out.println("Receive: " + message);
                return Action.CommitMessage;
            }
        });
        consumer.start();
        System.out.println("Consumer Started");
    }
}
```

其中，AccessKey和SecretKey可以从控制台上获取（https://ak-console.aliyun.com/#/accesskey）。TCP接入域名可在实例管理页面下方查看，进入控制台的实例管理页面，在页面上方选择实例后，在实例信息中的“获取接入点信息”区域查看，如图8-35所示。

图8-35　获取接入域名

参数初始化完成后，可见 GROUP_ID 字段显示为红色，即报错。此时打开该项目下的pom.xml文件，将groupId为com.aliyun.openservices，artifactId为ons-client的依赖的版本（version）由1.7.2 Final修改为1.7.9 Final并保存，如图8-36所示。此时IntelliJ IDEA软件右下角会弹出提示，询问是否要重新加载依赖，选择“Import changes”，加载完成后原来的报错消失。这是由于Java SDK客户端一直处于更新中，而从v1.7.9版本开始才支持GROUP_ID的属性设置。

图8-36 修改项目依赖

完成上述操作后，运行ConsumerTest类即可实现消息的接收，如图8-37所示。

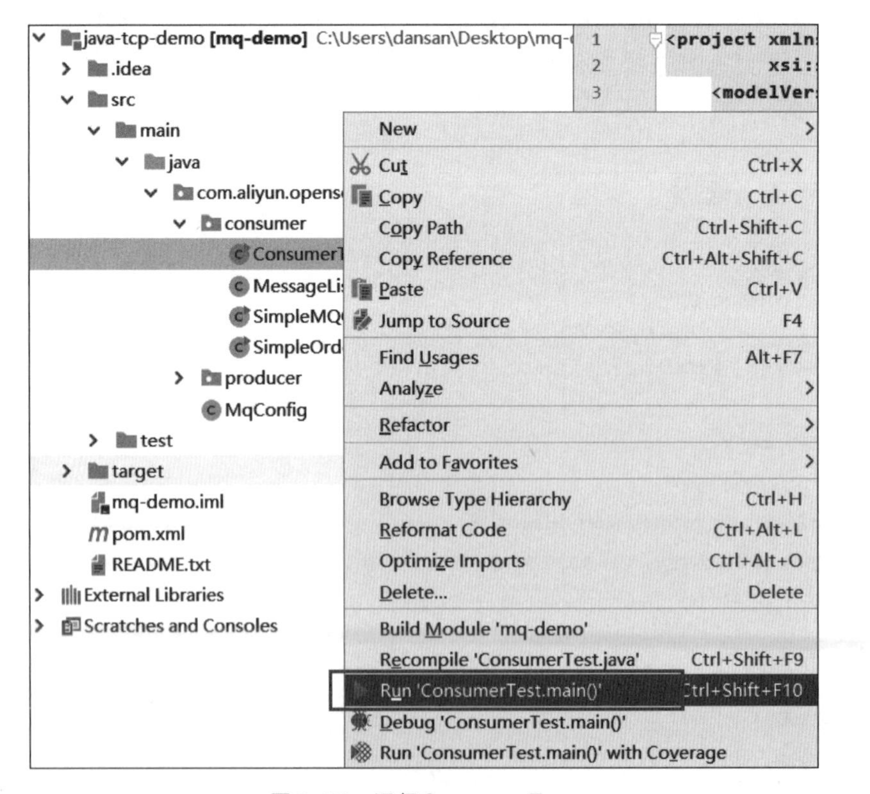

图8-37 运行ConsumerTest

控制台打印出“Consumer Started”说明用户服务器成功开始消费消息，如图8-38所示。此时，登录消息队列控制台，在Group管理页面中查看消费者状态，如图8-39所示。

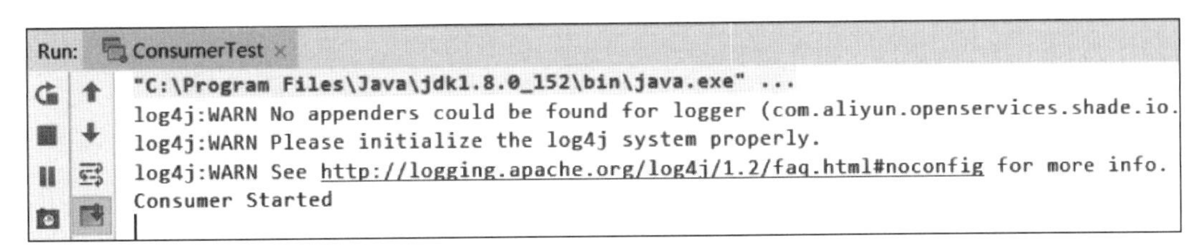

图8-38 控制台打印信息

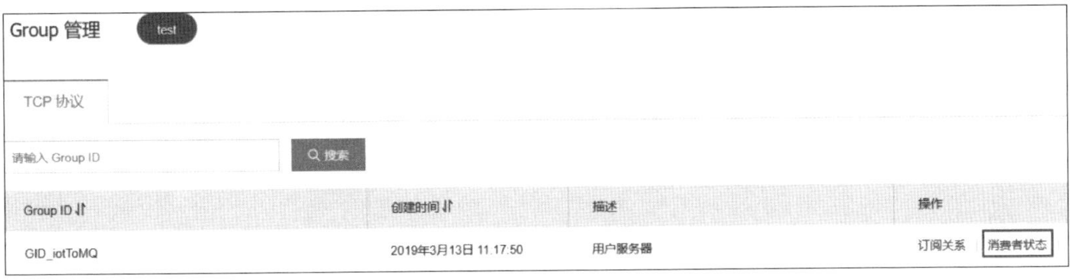

Group 管理 test

TCP 协议

请输入 Group ID　搜索

Group ID	创建时间	描述	操作
GID_iotToMQ	2019年3月13日 11:17:50	用户服务器	订阅关系 消费者状态

图8-39 查看消费者状态

可以看到消费者已经处于在线状态，如图8-40所示。如果消费者状态为离线，说明消费者没有启动或启动失败。

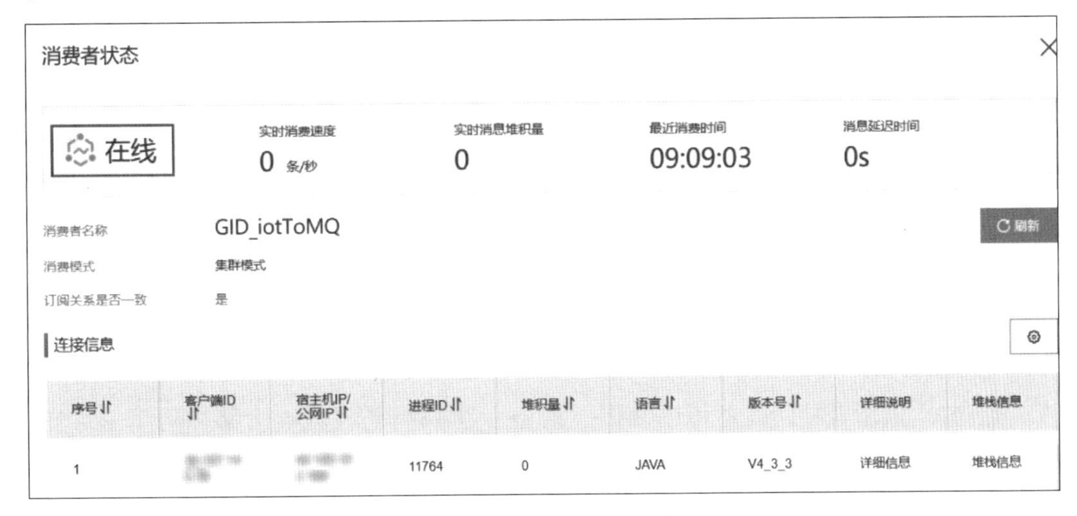

图8-40 查看消费者状态

8.3.3 实验结果

按照8.1节中的设备端开发步骤，让AIoTKIT开发板运行humi_temp_app例程。当设备携带MQ_TEST产品下test设备的三元组信息接入物联网平台并开始向update Topic上报消息后，运行“ConsumerTest”代码的本机就会从队列中消费消息。在IntelliJ IDEA控制台上可以查看到消费被接收打印的日志，如图8-41所示。

```
"C:\Program Files\Java\jdk1.8.0_152\bin\java.exe" ...
log4j:WARN No appenders could be found for logger (com.aliyun.openservices.shade.io.netty.util.internal.logging.InternalLoggerFactory).
log4j:WARN Please initialize the log4j system properly.
log4j:WARN See http://logging.apache.org/log4j/1.2/faq.html#noconfig for more info.
Consumer Started
Receive: Message [topic=IoT_To_MQ, systemProperties={KEYS=1106003558240626688, __KEY=1106003558240626688, __RECONSUMETIMES=0, __BORNHOST=/11.197.222.118:50530, __MSGID=0BC5DE762C4953
Receive: Message [topic=IoT_To_MQ, systemProperties={KEYS=1106003570894883840, __KEY=1106003570894883840, __RECONSUMETIMES=0, __BORNHOST=/11.197.242.145:46830, __MSGID=0BC5F291334F53
Receive: Message [topic=IoT_To_MQ, systemProperties={KEYS=1106003583737810944, __KEY=1106003583737810944, __RECONSUMETIMES=0, __BORNHOST=/11.197.222.118:50530, __MSGID=0BC5DE762C4953
Receive: Message [topic=IoT_To_MQ, systemProperties={KEYS=1106003596140380160, __KEY=1106003596140380160, __RECONSUMETIMES=0, __BORNHOST=/11.197.242.145:59751, __MSGID=0BC5F291334F53
Receive: Message [topic=IoT_To_MQ, systemProperties={KEYS=1106003608786206208, __KEY=1106003608786206208, __RECONSUMETIMES=0, __BORNHOST=/11.197.242.145:59751, __MSGID=0BC5F291334F53
Receive: Message [topic=IoT_To_MQ, systemProperties={KEYS=1106003621494935042, __KEY=1106003621494935042, __RECONSUMETIMES=0, __BORNHOST=/11.197.222.118:50530, __MSGID=0BC5DE762C4953
Receive: Message [topic=IoT_To_MQ, systemProperties={KEYS=1106003634044292097, __KEY=1106003634044292097, __RECONSUMETIMES=0, __BORNHOST=/11.197.222.118:50530, __MSGID=0BC5DE762C4953
Receive: Message [topic=IoT_To_MQ, systemProperties={KEYS=1106003646673352192, __KEY=1106003646673352192, __RECONSUMETIMES=0, __BORNHOST=/11.197.242.145:46830, __MSGID=0BC5F291334F53
Receive: Message [topic=IoT_To_MQ, systemProperties={KEYS=1106003659302387712, __KEY=1106003659302387712, __RECONSUMETIMES=0, __BORNHOST=/11.197.242.145:46830, __MSGID=0BC5F291334F53
```

图8-41 消费消息日志

可见，用户服务器端成功收到了来自消息主题IoT_To_MQ的数据，日志中还包括了每条消息的ID，即MSGID字段。在消息队列控制台的消息查询页面可以按照Message ID查询消息，如图8-42所示。

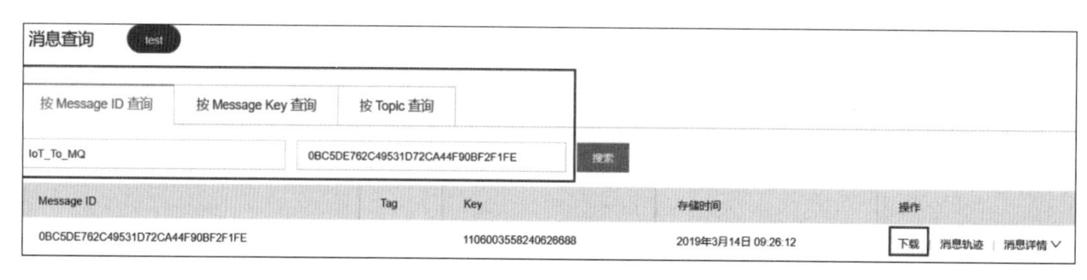

图8-42 消费查询

点击“下载”按钮即可查看此条消息的具体内容：

```
{"temperature":20.7,"humidity":49.0}
```

这条消息即为设备上报的温湿度数据，可以看到消息成功地从设备经过消息队列（MQ）流转到了用户服务器上，之后用户可以通过在服务器上编写应用程序来处理设备上报的消息，开发相应的物联网应用。

本章小结

通过本章的学习，读者可以掌握“设备—物联网平台规则引擎—阿里云存储/计算产品或用户服务器”整个流程的开发方法。本章实验中的数据流转均基于以/${ProductKey}/${DeviceName}/user/开头的自定义Topic进行，如果使用平台创建的物模型相关的系统Topic，这些实验也都能够实现，读者可以自行尝试，注意数据流转过程中系统Topic内的数据格式即可。

附录A　术语及概念

表 A-1　名词解释

名词	描述
产品	设备的集合，通常指一组具有相同功能的设备，每个产品下可以有成千上万的设备。物联网平台为每个产品颁发全局唯一的 ProductKey
ProductKey	物联网平台为产品颁发的唯一标识
ProductSecret	物联网平台颁发的产品密钥，通常与 ProductKey 成对出现，可用于一型一密的认证方案
设备	归属于某个产品下的具体设备，物联网平台为设备颁发产品内唯一的证书 DeviceName。设备可以直接连接物联网平台，也可以作为子设备通过网关连接物联网平台
子设备	本质上也是设备。子设备不能直接连接物联网平台，只能通过网关连接
网关	能够直接连接物联网平台的设备，且具备子设备管理功能，能够代理子设备连接云端
DeviceName	用户注册设备时，自定义的或自动生成的设备名称，具备产品维度内的唯一性
DeviceSecret	物联网平台为设备颁发的设备密钥，与 DeviceName 成对出现
设备证书	设备证书即设备三元组：ProductKey、DeviceName 和 DeviceSecret
Topic	发布 / 订阅模型中消息的传输中介，可以向 Topic 中发布或订阅消息
Topic 类	同一产品不同设备的 Topic 集合，用 ${ProductKey} 和 ${DeviceName} 通配一个唯一的设备，一个 Topic 类对一个 ProductKey 下的所有设备通用
发布 /pub	操作 Topic 的权限类型，具有往 Topic 中发布消息的权限
订阅 /sub	操作 Topic 的权限类型，具有从 Topic 中订阅消息的权限
授权	设备必须具有权限，才可以往某个 Topic 中发布或订阅消息，这让用户可以完全控制 Topic 的消息转发，帮助用户控制数据的安全性
RRPC	全称 Revert-RPC，可以实现由服务端请求设备端并能够使设备端响应的功能
标签	包括产品标签和设备标签：产品标签用于描述同一个产品下所有设备具有的共性信息；设备标签是根据设备的特性为设备添加的特有的标记，用户可以灵活地自定义
Alink	阿里云定义的设备与云端之间的通信协议

续　表

名词	描述
物模型	对设备在云端的功能描述，包括设备的属性、服务和事件。物联网平台还定义了一种 JSON 格式的物的描述语言来描述物模型，称为 TSL（Thing Specification Language），用户可以根据 TSL 组装上报设备的数据
属性	设备的功能模型之一，一般用于描述设备运行时的状态，如环境监测设备所读取的当前环境温度等。属性支持 get 和 set 方法，即应用系统可以发起对属性的读取和设置请求
服务	设备的功能模型之一，设备可以被外部调用的能力或方法，可设置输入参数和输出参数。相比于下发指令设置属性值，服务可以通过一条指令实现更加复杂的业务逻辑，如执行某项特定的任务
事件	设备的功能模型之一，设备运行时的事件。事件一般包含设备需要被外部感知和处理的通知信息，可包含多个输出参数，如某项任务完成的信息、设备发生故障、告警时的温度等，事件可以被订阅和推送
数据解析脚本	针对采用透传 / 自定义格式进行通信的设备，用户可以在云端编写数据解析脚本，将设备上报的二进制数据或者自定义的 JSON 数据，转换为平台上的 Alink JSON 数据格式
设备影子	设备影子是一个 JSON 文档，用于存储设备或者应用的当前状态信息。每个设备在云端都有唯一的设备影子对应，无论该设备是否连接到 Internet，用户都可以使用设备影子通过 MQTT 协议或 HTTP 协议获取和设置设备的状态
规则引擎	提供类 SQL 语言的规则引擎，帮助用户将 Topic 中的数据进行过滤处理，并将处理后的数据发送到阿里云其他服务，如 MNS、Table Store、DataHub 等

附录B 使用树莓派基于C语言版SDK接入物联网平台

当用户想要使用嵌入式设备接入物联网平台时，可以使用阿里云物联网平台提供的嵌入式设备快速接入平台的软件包。在本附录中我们以树莓派（3B+）为例，介绍如何在嵌入式设备中使用阿里云物联网平台提供的C语言版SDK接入阿里云物联网平台。

1. C语言版SDK介绍

C语言版SDK是运行在嵌入式设备中，为设备提供阿里云物联网平台接口的软件开发工具包。SDK的架构框图如图B-1所示，SDK在操作系统上层建立了抽象层，将与操作系统相关的定时器、线程、互斥量、内存管理和套接字等抽象为操作系统抽象层，将与具体硬件设备相关的Flash和Wi-Fi抽象为硬件抽象层。以上抽象设计便于开发者将SDK针对不同的操作系统和硬件设备进行适配后，得到一致的功能和体验。

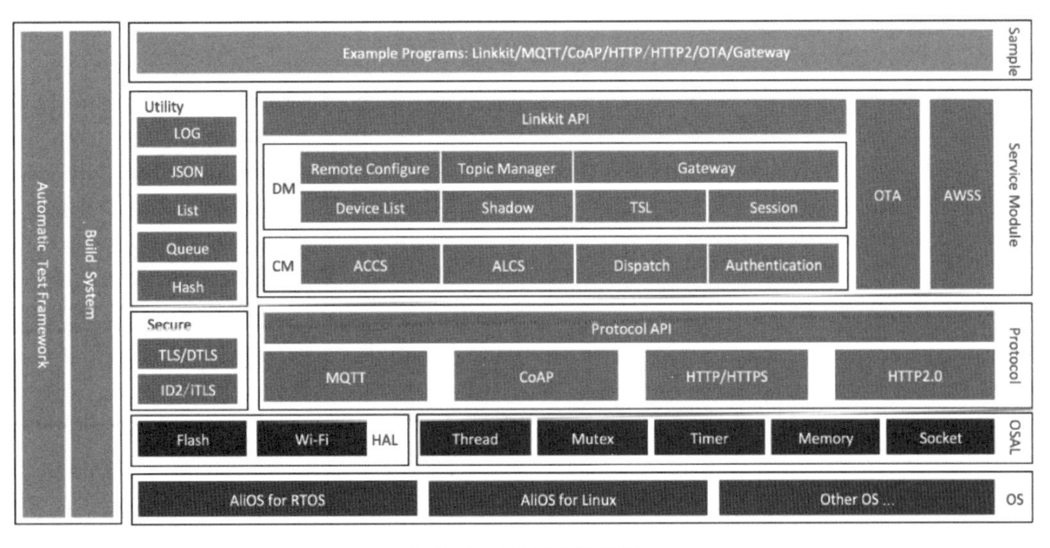

图B-1 SDK架构框图

SDK在抽象层的基础上实现了对多种通信协议的支持，以适应不同设备的通信需求与工作环境。物联网通信协议中常用的MQTT协议、CoAP协议、HTTP协议等都以高效轻量的协议栈的方式集成于SDK中。SDK为不同的协议提供了标准接口，开发者通过引入SDK，可以使设备具有快速入网、稳定通信的能力。在阿里云物联网平台上，不同通信协议的注册设备之间可以进行数据传输与指令下发，实现了SDK中包含的多种通信协议之间的无缝对接，快速构建不同物理设备之间的通信交互功能。SDK在通信协议部分提供了高效的安全能力，使用ID^2认证和TLS/DTLS安全协议，对设备身份进行认证，并对用户传输的数据提供保密性和数据完整性。

SDK在通信协议层的基础上建立了服务模块层。设备在SDK提供的软件框架下接入阿里云物联网时，同时具备了物模型、设备影子、远程固件升级等多种高级应用的能力。SDK在服务模块层中封装了Link Kit应用接口，将不同的功能模块封装在SDK统一的接口中，从而屏蔽了底层的实现，为上层用户应用提供一致的应用程序接口。

SDK还封装了服务模块所用到的系统功能，包括设备调试所需的日志打印，设备通信常用的JSON对象解析等功能。SDK为物联网设备开发中所需的多种系统功能提供标准的接口，便于开发者在硬件抽象层的基础上便捷地调用所需的系统功能。在用户应用示例中，SDK包含了MQTT、CoAP、HTTP、OTA等多个示例Demo，开发者在应用Demo的基础上可以快速开发出自己的系统应用。

SDK中所有函数与功能都是在C语言上实现的，遵循GNU标准规范。在GNU编译环境下，开发者可以使用make工具对项目进行编译和链接，得到可执行文件，快速对项目进行验证。SDK的目录与文件组成如下：

```
+-- make.settings: 记录用户使用SDK中哪些功能，关闭哪些功能的配置文件
+-- makefile: 使用 Ubuntu16.04 及SDK 自带编译系统时的makefile
+-- extract.bat: 使用 Windows 主机作为开发环境时的代码抽取脚本
+-- config.bat: 使用 Windows 主机作为开发环境时的功能配置脚本
+-- extract.sh: 使用 Linux 主机作为开发环境时的代码抽取脚本
+-- model.json
|
+-- output: SDK代码抽取以及编译构建的输出目录
| |
| +-- eng: SDK代码抽取输出目录，运行extract.sh或extract.bat后产生
| | +-- dev_model
| | +-- dev_sign
| | +-- infra: 被抽取出来的各个功能点的实现源码
```

```
| | +-- mqtt
| | +-- wrappers
| |
| +-- examples: 被抽取出来的各个功能点API调用例程
|
+-- certs: 服务端根证书目录，存放阿里云IoT物联网平台的云端证书
+-- external_libs: SDK使用的第三方开源库
| +-- mbedtls
| +-- nghttp2
+-- src: SDK中各个功能点的实现源码，运行extract.sh或extract.bat后会抽取到
        output
| |
| +-- infra: 基座组件，与用户无关，其内容的多寡由用户选择使用的功能点多少
             自动适应
| +-- dev_sign: 设备签名模块，体积最小的SDK可仅选用此功能
| +-- mqtt: MQTT上云
| +-- coap: CoAP上云
| +-- http: HTTP上云
| +-- ota: OTA固件升级
| +-- dev_model: 物模型管理
| +-- dynamic_register: 一型一密
| +-- dev_bind: 设备绑定
| +-- dev_reset: 设备重置
| +-- http2: HTTP/2流式传输和文件上传
| +-- wifi_provision: Wi-Fi配网
| +-- atm: AT命令辅助模块，将SDK运行在外挂网络通信模组的MCU上，MCU
           和模组间用AT指令通信时使用
|
+-- tools: SDK抽取代码等行为所依赖的主机工具，用户不必关心
+-- wrappers: SDK对外界依赖的函数接口HAL_XXX或者wrapper_xxx的参考
              实现
+-- atm
+-- os
| +-- freertos: SDK运行在FreeRTOS操作系统上的对接代码示例
| +-- nos: SDK运行在无操作系统的设备上的对接代码示例
```

```
|  +-- ubuntu: SDK运行在Ubuntu操作系统上的对接代码示例
|  +-- nucleus: SDK运行在Nucleus操作系统上的对接代码示例
+-- tls
```

SDK支持根据配置文件进行快速裁剪，以适配具有不同资源的物联网设备。对V3.0.1以上版本，SDK的裁剪可以用make menuconfig命令或者config.bat脚本对SDK进行功能裁剪，分别用于Linux、Windows主机上进行图形化配置SDK，将配置结果输出到make.setting文件中。图形化界面如图B-2所示，在该界面中按下空格键可以选中或令某个功能失效，使用小键盘的上、下键来在不同功能之间选择。如果想知道每个选项的具体含义，先用方向键将高亮光条移到对应选项上，再按键盘上的H键，将出现帮助文本，对选项进行详细说明。

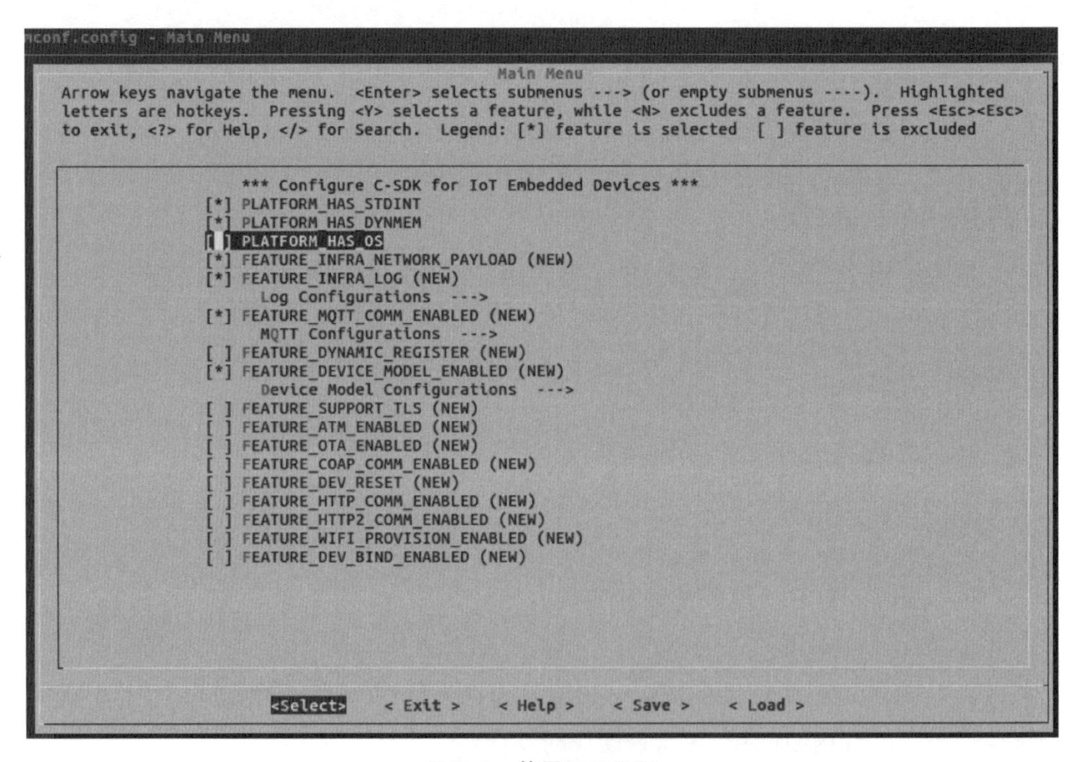

图B-2 编译配置界面

根据文件中配置变量的值，系统会选择对应的文件进行编译，得到具备不同功能的可执行文件。在裁剪的过程中，我们需要配置FEATURE_MQTT_COMM_ENABLED、FEATURE_COAP_COMM_ENABLED、FEATURE_HTTP_COMM_ENABLED、FEATURE_DYNAMIC_REGISTER等多个变量的值来打开不同的通道开关。部分配置说明如表B-1所示，具体配置在阿里云官网会不断地同步更新，以官网相关文档为准。

表B-1 部分配置选项说明

配置选项	含义
FEATURE_MQTT_COMM_ENABLED	MQTT 上云功能开关，所谓 MQTT 上云是指搭载了 C 语言版 SDK 的嵌入式设备和阿里云服务器之间使用 MQTT 协议进行连接和交互
FEATURE_COAP_COMM_ENABLED	CoAP 上云功能开关，所谓 CoAP 上云是指搭载了 C 语言版 SDK 的嵌入式设备和阿里云服务器之间使用 CoAP 协议进行连接和交互
FEATURE_HTTP_COMM_ENABLED	HTTP/S 上云功能开关，所谓 HTTP/S 上云是指搭载了 C 语言版 SDK 的嵌入式设备和阿里云服务器之间使用 HTTP 协议或 HTTPS 协议进行连接和交互
FEATURE_DYNAMIC_REGISTER	一型一密/动态注册功能开关，所谓动态注册是指不需要为同个品类下的不同设备烧录不同的三元组，只需烧录相同的 productSecret，每个设备在网络通信中动态注册自己
FEATURE_DEPRECATED_LINKKIT	高级版接口风格的开关，配置进行高级版物模型相关的编程时，C 语言版 SDK 是提供 linkkit_xxx_yyy() 风格的旧版接口，还是提供 IOT_Linkkit_XXX() 风格的新版接口

我们可以对配置选项进行不同的赋值，选择需要的功能而关闭其他的功能，以节省嵌入式设备上的资源。例如，一个具有网关功能的Wi-Fi模组，设备和阿里云直接的连接不仅用于它自己和云端的通信，还会用于代理给其他嵌入式设备进行消息上报和指令下发或固件升级等。其make.settings文件如下：

```
FEATURE_MQTT_COMM_ENABLED = y #一般Wi-Fi模组都有固定供电，所以都采用MQTT的方式上云
FEATURE_MQTT_DIRECT = y #MQTT直连效率更高，该选项只在部分海外设备上才会关闭
FEATURE_OTA_ENABLED = y #一般Wi-Fi模组的用户，都会使用阿里提供的固件升级服务
FEATURE_DEVICE_MODEL_ENABLED = y #一般Wi-Fi模组片上资源充足，可以容纳高级版功能，所以打开该选项
FEATURE_DEVICE_MODEL_GATEWAY = y #如上述说明，如果要使用高级版网关功能，需要打开该选项
FEATURE_WIFI_PROVISION_ENABLED = y #一般Wi-Fi模组的用户都会使用阿里提供的配网SDK，输入SSID和密码使模组连接对应的Wi-Fi网络
FEATURE_SUPPORT_TLS = y #绝大多数的用户都是用标准的TLS协议连接公网
```

2．准备工作

在本节中，我们将使用C语言版SDK使设备快速接入物联网云平台。进行设备接入时，首先需要在C语言版SDK中设置设备鉴权信息，然后对C语言版SDK进行编译，编译生成可执行文件。最后运行生成的可执行文件便完成了设备的快速接入。当然，在进行C语言版SDK的开发时，我们需要准备好完整的开发环境。C语言版SDK默认支持Linux、Win_mingw32和Win_VC60平台环境，在其他平台下开发时需要对硬件抽象层进行适配。下面开始介绍在树莓派3B+平台上开发环境的准备过程。

（1）安装Raspbian

在安装系统前要确保拥有如下工具：树莓派 3B+、SD卡（建议容量最少8GB）、读卡器、键盘、HDMI接口线、带有HDMI输入接口的显示器和Micro USB接口线。

安装步骤：

· 下载NOOBS系统安装工具、SD卡格式化工具。

· 格式化SD卡。

· 解压下载的NOOBS压缩包，将解压后的所有文件直接复制到格式化之后的SD卡上。

· 插卡上电后打开显示器按照引导流程安装系统，安装成功后配置Wi-Fi。

首先我们到树莓派官方网站下载系统固件，固件下载地址为https://www.raspberrypi.org/downloads/，进入网站后选择NOOBS，之后下载如图B-3所示NOOBS工具。

图B-3 下载NOOBS工具

然后开始下载SD卡格式化工具，我们使用官方推荐的链接地址下载：https://www.sdcard.org/downloads/formatter_4/eula_windows/。下载并安装完成后，使用读卡器将SD卡插入计算机，打开该工具，直接点击“Format”即可。

SD卡格式化之后将NOOBS解压出来的所有文件直接拷贝到SD卡中。拷贝完毕后将SD卡插到树莓派中，将显示器和键盘与树莓派连接，上电启动后按照引导流程安装RASPBERRY系统。

（2）获取C语言版SDK源码

使用git工具从官方网站https://github.com/aliyun/iotkit-embedded便可以获取最新的C语言版SDK源码了，通过clone命令将源码克隆至本地home目录下。在文件目录的操作过程中常常需要管理员权限，所以我们需要先获取系统管理员权限。执行获取权限命令“su”，根据系统的提示输入管理员密码便可获取权限。获取管理员权限命令过程如下：

```
pi@xxx: ~$ su
Password:
root@xxx:/home #
```

获取管理员权限后，接着进入系统home目录下克隆源码。开发者也可根据实际需求设置为其他目录。运行命令“cd ~/”，进入系统home目录，然后运行命令“git clone https://github.com/aliyun/iotkit-embedded”，克隆源码至home目录下。获取源码命令执行过程如下：

```
root@xxx:# cd ~/
root@xxx: ~# git clone https://github.com/aliyun/iotkit-embedded
Cloning into 'iotkit-embedded'...
remote: Counting objects: 13046, done.
remote: Compressing objects: 100% (3/3), done.
remote: Total 13046 (delta 0), reused 1 (delta 0), pack-reused 13043
Receiving objects: 100% (13046/13046), 61.31 MiB | 81.00 KiB/s, done.
Resolving deltas: 100% (5349/5349), done.
Checking connectivity... done.
```

3．设备接入

本节中我们将在C语言SDK的mqtt例程上开发一个树莓派与物联网云平台双向通信的应用。应用中设备连接到阿里云IoT，并通过MQTT协议进行pub/sub通信，将用户数据发送到云平台。接下来我们开始SDK的开发工作。

1. 应用开发

首先进入目录~\iotkit-embedded\src\mqtt\examples\，我们以mqtt-example.c文件

为基础进行应用开发。在~/iotkit-embedded/sample/mqtt目录下输入命令“vim mqtt-example.c”，打开该文件。具体代码如下：

```
void example_message_arrive(void *pcontext,void *pclient,iotx_mqtt_event_msg_pt msg)
{
    iotx_mqtt_topic_info_t *topic_info = (iotx_mqtt_topic_info_pt) msg->msg;

    switch (msg->event_type) {
        case IOTX_MQTT_EVENT_PUBLISH_RECEIVED:
            EXAMPLE_TRACE("Message Arrived:");
            EXAMPLE_TRACE("Topic  : %.*s", topic_info->topic_len, topic_info->ptopic);
            EXAMPLE_TRACE("Payload: %.*s", topic_info->payload_len, topic_info->
                            payload);
            EXAMPLE_TRACE("\n");
            break;
        default:
            break;
    }
}
int example_subscribe(void *handle)
{
    int res = 0;
    const char *fmt = "/%s/%s/get";
    char *topic = NULL;
    int topic_len = 0;
    topic_len = strlen(fmt) + strlen(DEMO_PRODUCT_KEY) +
                strlen(DEMO_DEVICE_NAME) + 1;
    topic = HAL_Malloc(topic_len);
    if (topic == NULL) {
        EXAMPLE_TRACE("memory not enough");
        return -1;
    }
    memset(topic, 0, topic_len);
    HAL_Snprintf(topic, topic_len, fmt, DEMO_PRODUCT_KEY,
                DEMO_DEVICE_NAME);
```

```
    res=IOT_MQTT_Subscribe(handle,topic,IOTX_MQTT_QOS0,
                                example_message_arrive, NULL);
    if (res < 0) {
        EXAMPLE_TRACE("subscribe failed");
        HAL_Free(topic);
        return -1;
    }

    HAL_Free(topic);
    return 0;
}
int example_publish(void *handle)
{
    int             res = 0;
    const char      *fmt = "/%s/%s/get";
    char            *topic = NULL;
    int             topic_len = 0;
    char            *payload = "{\"message\":\"hello!\"}";

    topic_len = strlen(fmt) + strlen(DEMO_PRODUCT_KEY) +
                strlen(DEMO_DEVICE_NAME) + 1;
    topic = HAL_Malloc(topic_len);
    if (topic == NULL) {
        EXAMPLE_TRACE("memory not enough");
        return -1;
    }
    memset(topic, 0, topic_len);
    HAL_Snprintf(topic, topic_len, fmt, DEMO_PRODUCT_KEY,
                DEMO_DEVICE_NAME);

    res = IOT_MQTT_Publish_Simple(0, topic, IOTX_MQTT_QOS0, payload,
                                strlen(payload));
    if (res < 0) {
        EXAMPLE_TRACE("publish failed, res = %d", res);
        HAL_Free(topic);
```

```
        return -1;
    }

    HAL_Free(topic);
    return 0;
}
void example_event_handle(void *pcontext, void *pclient, iotx_mqtt_event_msg_pt msg)
{
    EXAMPLE_TRACE("msg->event_type : %d", msg->event_type);
}
int main(int argc, char *argv[])
{
    void                *pclient = NULL;
    int                 res = 0;
    int                 loop_cnt = 0;
    iotx_mqtt_param_t       mqtt_params;

    HAL_GetProductKey(DEMO_PRODUCT_KEY);
    HAL_GetDeviceName(DEMO_DEVICE_NAME);
    HAL_GetDeviceSecret(DEMO_DEVICE_SECRET);

    EXAMPLE_TRACE("mqtt example");
    memset(&mqtt_params, 0x0, sizeof(mqtt_params));

    mqtt_params.handle_event.h_fp = example_event_handle;

    pclient = IOT_MQTT_Construct(&mqtt_params);
    if (NULL == pclient) {
        EXAMPLE_TRACE("MQTT construct failed");
        return -1;
    }
    res = example_subscribe(pclient);
    if (res < 0) {
        IOT_MQTT_Destroy(&pclient);
        return -1;
```

```
    }

    while (1) {
        if (0 == loop_cnt % 20) {
            example_publish(pclient);
        }
        IOT_MQTT_Yield(pclient, 200);
        loop_cnt += 1;
    }
    return 0;
}
```

mqtt-example.c文件是基础的MQTT相关例程，该例程中使用MQTT基本API实现设备接入阿里云平台。接下来我们对代码中的主要函数接口进行更为细致的分析。

设备接收消息处理函数example_message_arrive负责解析物联网云平台的下行消息。该函数有三个输入参数：第一个参数void *pcontext并没有实际使用；第二个参数void *pclient是一个void指针，指向调用者的MQTT资源；第三个参数iotx_mqtt_event_msg_pt msg包含的内容是物联网云平台的下行消息，即需要终端解析的对象。

订阅云平台Topic函数example_subscribe输入参数为mqtt客户端句柄，包含准备订阅的Topic信息，该函数中调用了MQTT功能接口IOT_MQTT_Subscribe，使用example_message_arrive函数作为接收到平台下行消息时的回调函数。

上报数据到云平台的函数example_publish输入参数同样为mqtt客户端句柄，该函数首先构造上报数据的目标Topic字符串/${ProductKey}/${DeviceName}/get，之后调用MQTT功能接口IOT_MQTT_Publish_Simple将payload指向的字符串上报到对应的Topic。

主函数main中实现的功能包括：设备接入云平台，订阅云平台Topic，持续上报数据。设备接入云平台需要使用设备的三元组信息，这里使用HAL_GetProductKey、HAL_GetDeviceName和HAL_GetDeviceSecret提取三元组信息，之后调用MQTT功能接口IOT_MQTT_Construct与云平台建立MQTT连接。连接正常建立之后调用example_subscribe订阅下行Topic，再调用example_publish持续上报数据。

代码分析完毕之后，我们将注册设备的鉴权信息替换自己所创建的设备的三元组信息，三元组信息在文件wrappers/os/ubuntu/HAL_OS_linux.c中初始化，如图B-4所示，将方框内的三元组替换为平台设备的三元组即可。

```
#include "infra_config.h"
#include "infra_compat.h"
#include "infra_defs.h"
#include "wrappers_defs.h"

#define PLATFORM_WAIT_INFINITE (~0)

#ifdef DYNAMIC_REGISTER
    char _product_key[IOTX_PRODUCT_KEY_LEN + 1]       = "a1ZETBPbycq";
    char _product_secret[IOTX_PRODUCT_SECRET_LEN + 1] = "L68wCVXYUaNg1Ey9";
    char _device_name[IOTX_DEVICE_NAME_LEN + 1]       = "example1";
    char _device_secret[IOTX_DEVICE_SECRET_LEN + 1]   = "";
#else
    #ifdef DEVICE_MODEL_ENABLED
        char _product_key[IOTX_PRODUCT_KEY_LEN + 1]       = "a1RIsMLz2BJ";
        char _product_secret[IOTX_PRODUCT_SECRET_LEN + 1] = "fSAF0hle6xL0oRWd";
        char _device_name[IOTX_DEVICE_NAME_LEN + 1]       = "example1";
        char _device_secret[IOTX_DEVICE_SECRET_LEN + 1]   = "RDXf67itLqZCwdMCRrw0N5FHbv5D7jrE";
    #else
        char _product_key[IOTX_PRODUCT_KEY_LEN + 1]       = "a1MZxOdcBnO";
        char _product_secret[IOTX_PRODUCT_SECRET_LEN + 1] = "h4I4dneEFp7EImTv";
        char _device_name[IOTX_DEVICE_NAME_LEN + 1]       = "test_01";
        char _device_secret[IOTX_DEVICE_SECRET_LEN + 1]   = "t9GmMf2jb3LgWfXBaZD2r3aJrfVWBv56";
    #endif
#endif
```

图B-4　修改三元组信息

（3）配置编译选项

完成了应用代码的编写后，在进行编译前还需要配置编译设备功能，由于本次实验使用基础设备，所以关闭SDK中有关物模型的功能，将FEATURE_DEVICE_MODEL_ENABLED关闭即可，如图B-5所示，修改完成后选择“Save”选项保存配置信息到make.setttings文件。

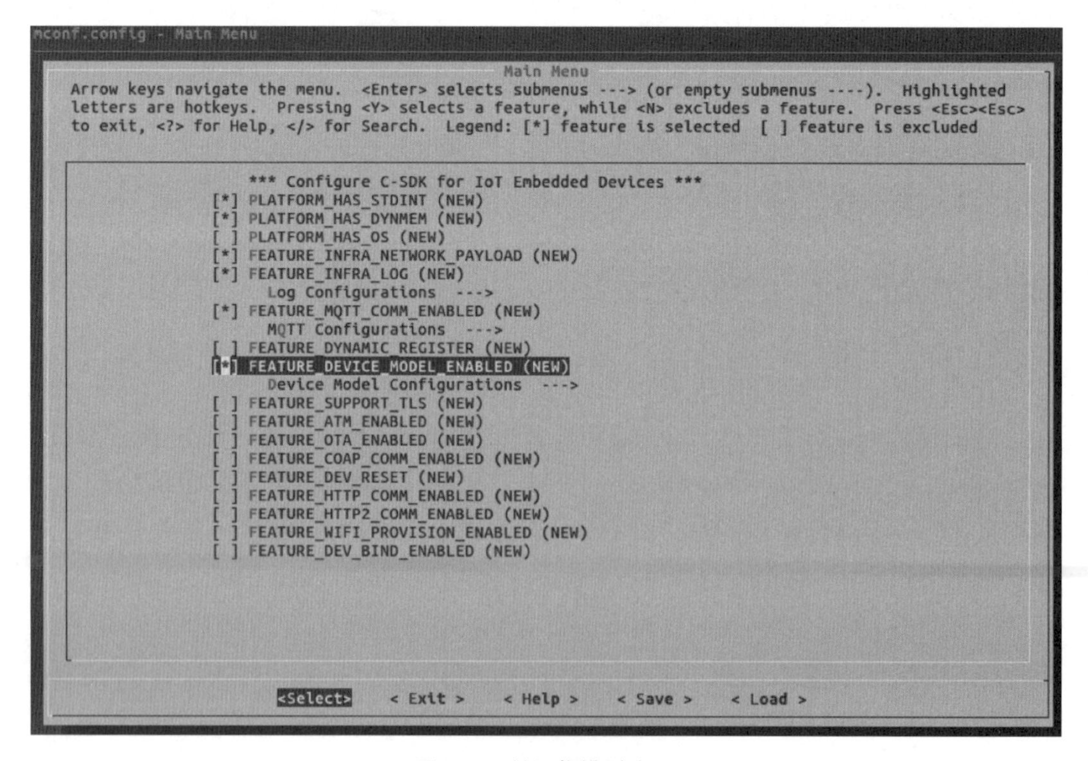

图B-5　关闭物模型功能

（4）编译SDK

现在我们成功完成了应用程序的编写和编译选项的配置，接下来的工作就是对这个工程进行编译，得到我们所需的可执行文件。工程的编译是通过Linux下的make工具完成的。在上一节的准备工作中，我们已经安装了强大的make工具，此时只需要一条简单的命令就可以完成工程的编译。但是，在编译之前，需要了解一下make工具的使用方法。

make是Linux中的一个命令工具，负责执行我们编写的关于文件编译与链接的命令。通常，我们将需要编译与链接的文件按照make中的规则进行组织，然后调用gcc中的命令对文件进行编译与链接，生成可执行目标文件。这些关于make中所需的文件组织与编译命令都被存放于文件名为makefile的文件中。在我们运行make命令时，系统会找到该文件然后执行文件中存放的命令。现在运行cd ~/iotkit-embedded命令进入~/iotkit-embedded目录。然后运行ls命令查看该目录下的文件，发现SDK中已经有编写完成的makefile文件，接下来就可以开始工程的编译啦。

首先运行make distclean命令，执行distclean中的内容，清除先前编译产生的目标文件。接下来运行make命令，对工程进行编译。编译完成时系统输出的编译结果如下：

```
| RATE   | MODULE NAME          | ROM        | RAM        | BSS         | DATA    |
|-------|----------------------|-----------|-----------|------------|--------|
| 64.3% | src/mqtt             | 19420      | 52         | 52          | 0       |
| 31.7% | src/infra            | 9594       | 532        | 140         | 392     |
| 5.53% | src/dev_sign         | 1672       | 96         | 0           | 96      |
|-------|----------------------|-----------|-----------|------------|--------|
  101%  | - IN TOTAL -         | 30686      | 680        | 192         | 488     |
```

（5）运行目标文件

make工具编译项目后，生成的目标文件保存于~/iotkit-embedded/output/release/bin目录中，接下来运行命令cd~/iotkit-embedded/output/release/bin，进入该目录后用ls命令查看目录中的文件，发现目标文件mqtt-example.c就在该目录下。最后运行命令./mqtt-example，开始执行MQTT客户端程序。

①设备上线

执行命令./mqtt-example，设备开始运行，输出成功建立TCP连接的状态信息。具体结果如下所示：

```
main|125 :: mqtt example
establish tcp connection with server(host='G7IjOAOrWlV.iot-as-mqtt.cn-shanghai.
```

aliyuncs.com', port=[1883])

success to establish tcp, fd=3

终端打印日志表示设备已经成功接入物联网云平台，此时我们在物联网云平台的设备管理界面中可以看到，设备test的状态从未激活变成在线。设备上线如图B-6所示。

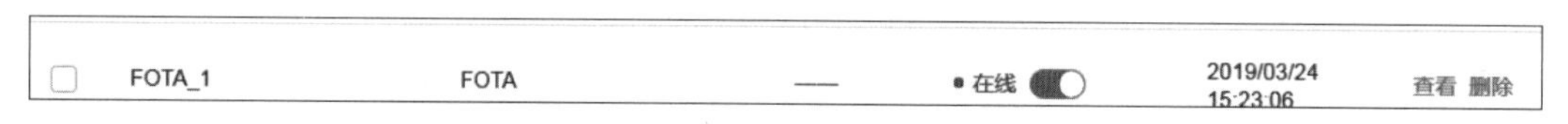

图B-6 设备上线

②设备上行消息

设备接入网络后将向物联网云平台发送消息，设备发送的第一个消息为“update: hello! IoT!”。在物联网云平台中进入监控运维页面，点击“日志服务”选项，选择对应产品查看设备上行消息。设备上行消息如图B-7所示。

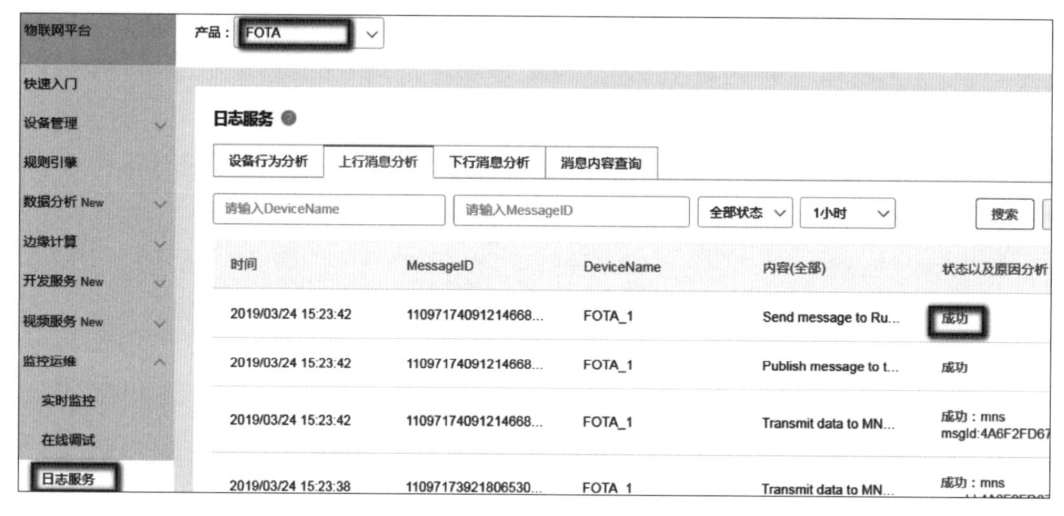

图B-7 设备上行消息

③物联网平台下发消息

设备成功与物联网云平台连接后，可以进行消息的上发，也可以接收云平台下发的消息，实现设备与云平台的双向通信。接下来我们通过物联网云平台将消息发送到设备上。

示例程序为了尽量简单地演示发布/订阅，代码中对Topic：/${Productey}/${DeviceName}/get进行了订阅，意味着设备发送给物联网平台的数据将会被物联网平台发送回设备。在平台端将设备对应产品的Topic：/${Productey}/${DeviceName}/get操作权限设置为发布和订阅，如图B-8所示。

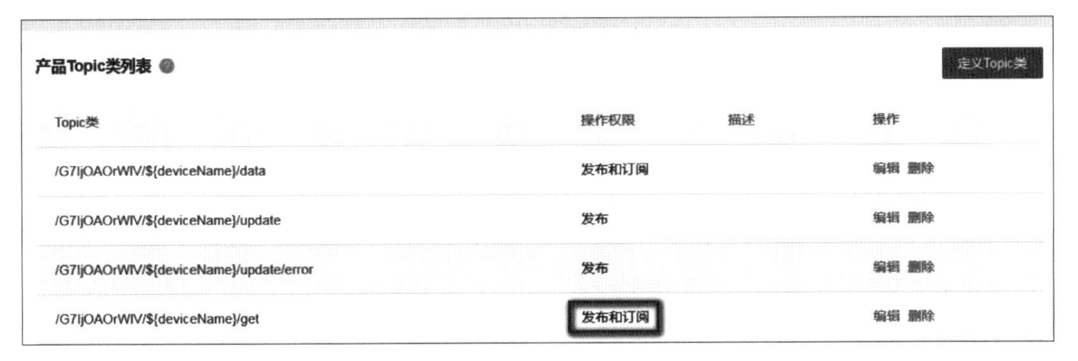

产品Topic类列表 定义Topic类

Topic类	操作权限	描述	操作
/G7IjOAOrWlV/${deviceName}/data	发布和订阅		编辑 删除
/G7IjOAOrWlV/${deviceName}/update	发布		编辑 删除
/G7IjOAOrWlV/${deviceName}/update/error	发布		编辑 删除
/G7IjOAOrWlV/${deviceName}/get	发布和订阅		编辑 删除

图B-8　修改Topic操作权限

操作权限修改完成后，查看日志服务中的“下行消息分析”栏可以看到设备上报的消息被该Topic下发到了终端，如图B-9所示。

设备行为分析　上行消息分析　下行消息分析　消息内容查询

请输入DeviceName　请输入MessageID　全部状态　1小时　搜索

时间	MessageID	DeviceName	内容(全部)	状态以及原因分析
2019/03/24 15:23:46	11097174260706201...	FOTA_1	Publish message to t...	成功
2019/03/24 15:23:42	11097174091214668...	FOTA_1	Publish message to t...	成功
2019/03/24 15:23:38	11097173921806530...	FOTA_1	Publish message to t...	成功

图B-9　下行消息分析

此时，我们返回设备日志打印窗口，物联网云平台下发的消息被设备接收并成功解析，设备将解析后的消息“hello!”打印在输出日志上。日志信息如下：

```
< {
<     "message": "hello!"
< }

example_message_arrivel031 :: Message Arrived:
example_message_arrivel032 :: Topic  : /G7IjOAOrWlV/FOTA_1/get
example_message_arrivel033 :: Payload: {"message":"hello!"}
example_message_arrivel034 ::
```

我们已经成功完成了第一个基于SDK开发的应用程序，应用在mqtt例程的基础上实现了设备与云平台的双向通信功能。当然这只是SDK功能的冰山一角，开发者在SDK的基础上可以设计出更高级的应用程序。

4. 常用API集

SDK为开发者提供了丰富的应用程序接口，便于开发者对功能模块的直接调用，重点关注业务逻辑而无须重复编写底层的实现。API集中包含系统运行必须调用的系统程序接口和不同应用功能对应的程序接口。API功能说明如表B-2所示。

表B-2 API功能

序号	函数名	说明
系统功能API		
1	IOT_OpenLog	开始打印日志信息（log），接受一个const char *为入参，该入参表示模块名称
2	IOT_SetLogLevel	设置打印的日志等级，接受入参从1到5，数字越大，打印越详细
3	IOT_CloseLog	停止打印日志信息（log），入参为空
4	IOT_DumpMemoryStats	调试函数，打印内存的使用统计情况，入参为1~5，数字越大，打印越详细
CoAP功能API		
5	IOT_CoAP_Init	CoAP实例的构造函数，入参为iotx_coap_config_t结构体，返回创建的CoAP会话句柄
6	IOT_CoAP_Deinit	CoAP实例的摧毁函数，入参为IOT_CoAP_Init()所创建的句柄
7	IOT_CoAP_DeviceNameAuth	基于控制台申请的DeviceName、DeviceSecret、ProductKey进行设备认证
8	IOT_CoAP_GetMessageCode	CoAP会话阶段，从服务器的CoAP Response报文中获取Respond Code
9	IOT_CoAP_GetMessagePayload	CoAP会话阶段，从服务器的CoAP Response报文中获取报文负载
10	IOT_CoAP_SendMessage	CoAP会话阶段，连接已成功建立后调用，组织一个完整的CoAP报文向服务器发送
11	IOT_CoAP_Yield	CoAP会话阶段，连接已成功建立后调用
MQTT功能API		
12	IOT_SetupConnInfo	MQTT连接前的准备，基于DeviceName + DeviceSecret + ProductKey产生MQTT连接的用户名和密码等
13	IOT_MQTT_CheckStateNormal	MQTT连接后，调用此函数检查长连接是否正常
14	IOT_MQTT_Construct	MQTT实例的构造函数，入参为iotx_mqtt_param_t结构体，连接MQTT服务器，并返回被创建句柄

续 表

序号	函数名	说明
15	IOT_MQTT_Destroy	MQTT 实例的摧毁函数，入参为 IOT_MQTT_Construct() 创建的句柄
16	IOT_MQTT_Publish	MQTT 会话阶段，组织一个完整的 MQTT Publish 报文，向服务端发送消息发布报文
17	IOT_MQTT_Subscribe	MQTT 会话阶段，组织一个完整的 MQTT Subscribe 报文，向服务端发送订阅请求
18	IOT_MQTT_UnSubscribe	MQTT 会话阶段，组织一个完整的 MQTT UnSubscribe 报文，向服务端发送取消订阅请求
19	IOT_MQTT_Yield	MQTT 会话阶段，MQTT 主循环函数，内含了心跳的维持、服务器下行报文的收取等
OTA 功能 API		
20	IOT_OTA_Init	OTA 实例的构造函数，创建一个 OTA 会话的句柄，并返回
21	IOT_OTA_Deinit	OTA 实例的摧毁函数，销毁所有相关的数据结构
22	IOT_OTA_Ioctl	OTA 实例的输入输出函数，根据不同的命令字可以设置 OTA 会话的属性，或者获取 OTA 会话的状态
23	IOT_OTA_GetLastError	OTA 会话阶段，若某个 IOT_OTA_*() 函数返回错误，调用此接口可获得最近一次的详细错误码
24	IOT_OTA_ReportVersion	OTA 会话阶段，向服务端汇报当前的固件版本号
25	IOT_OTA_FetchYield	OTA 下载阶段，在指定的 timeout 时间内，从固件服务器下载一段固件内容，保存在入参 buffer 中
26	IOT_OTA_IsFetchFinish	OTA 下载阶段，判断迭代调用 IOT_OTA_FetchYield() 是否已经下载完所有的固件内容
27	IOT_OTA_IsFetching	OTA 下载阶段，判断固件下载是否仍在进行中，尚未完成全部固件内容的下载
28	IOT_OTA_ReportProgress	在 OTA 下载阶段，调用此函数向服务端汇报已经下载了全部固件内容的百分比
HTTP 功能 API		
29	IOT_HTTP_Init	HTTPS 实例的构造函数，创建一个 HTTP 会话的句柄并返回
30	IOT_HTTP_DeInit	HTTPS 实例的摧毁函数，销毁所有相关的数据结构
31	IOT_HTTP_DeviceNameAuth	基于控制台申请的 DeviceName、DeviceSecret、ProductKey 做设备认证
32	IOT_HTTP_SendMessage	HTTPS 会话阶段，组织一个完整的 HTTP 报文向服务器发送，并同步获取 HTTP 回复报文

续 表

序号	函数名	说明
33	IOT_HTTP_Disconnect	HTTPS 会话阶段，关闭 HTTP 层面的连接，但是仍然保持 TLS 层面的连接
设备影子功能 API		
34	IOT_Shadow_Construct	建立一个设备影子的 MQTT 连接，并返回被创建的会话句柄
35	IOT_Shadow_Destroy	摧毁一个设备影子的 MQTT 连接，销毁所有相关的数据结构，释放内存，断开连接
36	IOT_Shadow_Pull	把服务器端被缓存的 JSON 数据下拉到本地，更新本地的数据属性
37	IOT_Shadow_Push	把本地的数据属性上推到服务器缓存的 JSON 数据，更新服务端的数据属性
38	IOT_Shadow_Push_Async	和 IOT_Shadow_Push() 接口类似，但是异步的，上推后便返回，不等待服务端回应
39	IOT_Shadow_PushFormat_Add	向已创建的数据类型格式中增添成员属性
40	IOT_Shadow_PushFormat_Finalize	完成一个数据类型格式的构造过程
41	IOT_Shadow_PushFormat_Init	开始一个数据类型格式的构造过程
42	IOT_Shadow_RegisterAttribute	创建一个数据类型注册到服务端，注册时需要 *PushFormat*() 接口创建的数据类型格式
43	IOT_Shadow_DeleteAttribute	删除一个已被成功注册的数据属性
44	IOT_Shadow_Yield	MQTT 的主循环函数，调用后接受服务端的下推消息，更新本地的数据属性

本节我们学习了C语言SDK的基本功能，并以SDK为基础开发了第一个用户应用程序，掌握了SDK的基本开发流程，实现了设备与物联网云平台的双向消息传输；最后给出了SDK中常用的API集的说明，为开发者提供了更大的设计空间。

参考文献

[1] 阿里云. Sdk_overview[EB/OL]. [2019-09-15]. https://code.aliyun.com/edward.yangx/public-docs/wikis/user-guide/linkkit/SDK_Overview.

[2] 阿里云.阿里云物联网平台[EB/OL]. (2019-08-01)[2019-09-15]. https://help.aliyun.com/product/30520.html.

[3] 阿里云.表格存储[EB/OL]. [2019-09-15]. https://help.aliyun.com/product/27278.html.

[4] 阿里云. 函数计算[EB/OL]. [2019-09-15]. https://help.aliyun.com/product/50980.html.

[5] 阿里云. 时序时空数据库TSDB[EB/OL]. [2019-09-15]. https://help.aliyun.com/product/54825.html.

[6] 阿里云. 消息队列RocketMQ版[EB/OL]. [2019-09-15]. https://help.aliyun.com/product/29530.html.

[7] 阿里云. 消息服务MNS[EB/OL]. [2019-09-15]. https://help.aliyun.com/product/27412.html.

[8] 阿里云. 云数据库RDS版[EB/OL]. [2019-09-15]. https://help.aliyun.com/product/26090.html.

[9] AWS. AWS IoT开发人员指南[EB/OL]. [2019-09-15].https://docs.aws.amazon.com/zh_cn/iot/latest/developerguide/what-is-aws-iot.html.

[10] 百度智能云. 物接入IoT Hub[EB/OL]. [2019-09-15].https://cloud.baidu.com/doc/IOT/index.html.

[11] 陈旖,张美平,许力.WSN应用层协议MQTT-SN与CoAP的剖析与改进[J].计算机系统应用,2015,24(02):229-234.

[12] 陈云,张华,张益平.关于我国物联网产业发展的思考与建议[J].科技管理研究,2010, 30(20):103-106.

[13] 丁飞. 物联网开放平台：平台架构、关键技术与典型应用[M]. 北京：电子工业出版社，2018.

[14] 冯茂岩,蒋兰芝.浅谈“智慧城市”与“智慧产业”发展——以南京为例[J].改革与战略,2011,27(09):127-128,155.

[15] 机智云. 机智云平台概述[EB/OL]. [2019-09-15]. http://docs.gizwits.com/zh-cn/overview/overview.html.

[16] 赖有水,郑莉莉,范鹏飞.我国物联网产业发展分析及对策研究[J].价值工程,2013,32(18):14-16.

[17] MQTT Community.Welcome to the MQTT community[EB/OL].(2017-09-24)[2019-09-15. https://github.com/mqtt/mqtt.github.io/wiki.

[18] 彭德林.物联网技术的研究与探讨[J].科技创新导报,2011(19):4.

[19] 全球物联网观察. 物联网平台的四大门派与他们的未来[EB/OL]. (2017-12-11)[2019-09-15].http://www.sohu.com/a/209712616_828257?spm=smpc.author.fd-d--1.23.1568513327927qJfPoqj.

[20] Reese G.云计算应用架构 [M].程桦,译.北京:电子工业出版社,2010.

[21] 史治国,陈积明.物联网操作系统 AliOS Things 探索与实践[M]. 杭州：浙江大学出版社，2018.

[22] 史治国,潘骏,陈积明. NB-IoT实战指南[M]. 北京：科学出版社，2018.

[23] 王见,赵帅,曾鸣,等.物联网之云：云平台搭建与大数据处理[M]. 北京：机械工业出版社，2018.

[24] 网宿小鱼.深度聚焦：Jasper-全球物联网服务平台的领导者[EB/OL]. (2016-07-12)[2019-09-15]. https://xueqiu.com/9561897525/71760341.

[25] 吴霖.浅谈物联网通信技术应用及发展研究[J].中国新通信,2018,20(19):120.

[26] 小米IoT开发者平台. 平台简介[EB/OL]. [2019-09-15]. https://iot.mi.com/new/guide.html?file=01-平台介绍/01-平台简介.

[27] 许岩,李胜琴.物联网技术研究综述[J].电脑知识与技术,2011,7(09):2039-2040.

[28] 薛博召.云计算架构及其技术研究[J].电脑知识与技术,2015,11(03):72-73.

[29] 杨运平,吴成宾.一种无线环境监测数据采集与推送系统[J].成都大学学报(自然科学版),2015,34(01):59-62.

[30] 于忠成.物联网,下一场必须打赢的战争[J].信息与电脑,2010(03):44-46.

[31] 张潮,刘茜,冯锋.基于区块链的物联网技术应用研究[J].无线互联科技,2018,15(15): 19-21.

[32] 张显金,贺龙祥.基于CoAP的无线传感器网络与互联网的互联研究[J].电信网技术,2014(03):18-21.

[33] 张永战,贺立龙,朱亮.物联网时代传感器低成本化发展的思考[J].物联网技术,2012, 2(12):32-35,38.

[34] 中国移动. OneNET物联网平台[EB/OL]. [2019-09-15]. https://open.iot.10086.cn/doc/.

[35] 中国移动.中国移动与爱立信签署DCP物联网设备连接管理平台合作协议[EB/OL]. (2018-06-27)[2019-09-15]. http://iot.10086.cn/news/read/id/1004.